2022

Abitur

Original-Prüfungsau
mit Lösungen

Berlin · Brandenburg

Biologie

ST

Ge
Sowie

18. ergänzte Auflage
www.stark-verlag.de

DEIN COACH ZUM ERFOLG!

So geht's ins ActiveBook:

Du kannst auf alle digitalen Inhalte (Prüfung 2021, interaktive Aufgaben, Videos) online zugreifen. Registriere dich dazu unter **www.stark-verlag.de/mystark** mit deinem **persönlichen Zugangscode:**

125700-002287

gültig bis 31. Juli 2022

ActiveBook

Das ActiveBook *bietet dir:*

- Viele interaktive Übungsaufgaben zu prüfungsrelevanten Themenbereichen
- Sofortige Ergebnisauswertung
- Detailliertes Feedback
- Lernvideos zu zentralen Themen

DEIN COACH ZUM ERFOLG!

So kannst du interaktiv lernen:

Interaktive Aufgaben

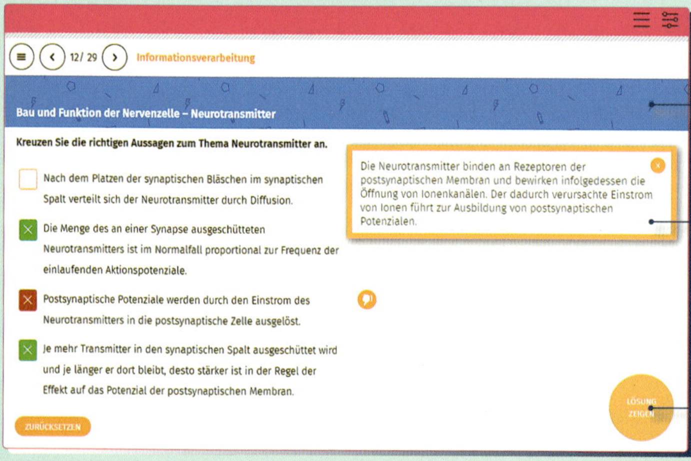

Prüfungsrelevante Themenbereiche

Hilfreiches Feedback bei falschen Antworten

Sofortige Ergebnisauswertung

Lernvideos

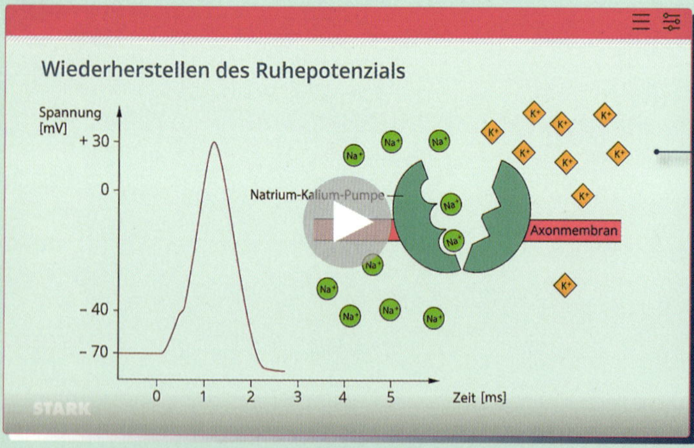

Lernvideos zu wichtigen Themen

Systemvoraussetzungen:
- Windows 7/8/10 oder Mac OS X ab 10.9
- Mindestens 1024×768 Pixel Bildschirmauflösung
- Chrome, Firefox oder ähnlicher Webbrowser
- Adobe Reader oder kompatibler anderer PDF-Reader
- Internetzugang

Inhalt

Das Corona-Virus hat auch im vergangenen Schuljahr die Prüfungsabläufe beeinflusst. Um Ihnen die Prüfung 2021 schnellstmöglich zur Verfügung stellen zu können, bringen wir sie in digitaler Form heraus.

Sobald die Original-Prüfungsaufgaben 2021 zur Veröffentlichung freigegeben sind, können sie als PDF auf der Plattform MyStark heruntergeladen werden (Zugangscode siehe Farbseiten vorne im Buch).

Original-Abituraufgaben Brandenburg

Abiturprüfung 2021 – Grundkurs und Leistungskurs

Das Corona-Virus hat auch im vergangenen Schuljahr die Prüfungsabläufe beeinflusst. Um Ihnen die Prüfung 2021 schnellstmöglich zur Verfügung stellen zu können, bringen wir sie in digitaler Form heraus.

Sobald die Original-Prüfungsaufgaben 2021 zur Veröffentlichung freigegeben sind, können sie als PDF auf der Plattform MyStark heruntergeladen werden (Zugangscode siehe Farbseiten vorne im Buch).

Autorinnen und Autoren

Dana Beyer	Lösungen EA-Abiturprüfungen Brandenburg 2018 bis 2020, Lösungen GK- und LK-Abiturprüfungen Brandenburg 2021
Dr. Benjamin Heynoldt	Lösungen EA-Abiturprüfungen Brandenburg 2018 bis 2020, Lösungen GK- und LK-Abiturprüfungen Brandenburg 2021
Dr. Marcel Humar	Lösungen GK- und LK-Abiturprüfung Berlin 2019 bis 2021
Dr. Ole Müller	Übungsaufgaben Berlin 1 und 2
Dr. Ruggero Noto La Diega	Lösungen GK- und LK-Abiturprüfung Berlin 2019 bis 2021
Burkhard Roloff	Lösungen GK- und LK-Abiturprüfungen Berlin 2018
Hans-Werner Schmidt	Hinweise und Tipps zur Abiturprüfung

Vorwort

Liebe Schülerinnen und Schüler,

das vorliegende Buch unterstützt Sie, sich optimal auf das **Abitur in Berlin** und **in Brandenburg** vorzubereiten. Dazu finden Sie in diesem Band die zentral gestellten **Abituraufgaben der Jahre 2018 bis 2021** für den Grund- und den Leistungskurs in Berlin sowie **Übungsaufgaben** für die mündliche Abiturprüfung in Berlin. Für die Vorbereitung auf die Abiturprüfung in Brandenburg sind die zentral gestellten **Abituraufgaben der Jahre 2018 bis 2020 (EA) und 2021 (GK und LK)** enthalten. Sobald die **Prüfung 2021** zur Veröffentlichung freigegeben ist, kann sie als PDF auf der Plattform MyStark heruntergeladen werden.

Mithilfe dieser umfangreichen Aufgabensammlung können Sie die systematische Herangehensweise an Lösungsansätze und Lösungen trainieren und entsprechend der Anforderungen im Zentralabitur üben.
Die von unseren Autorinnen und Autoren verfassten **ausführlichen Lösungsvorschläge** zu den Aufgaben dienen Ihnen bei der Klausur- und Abiturvorbereitung als Kontrolle und Hilfestellung. Mit dem Nachvollziehen der Lösungen können Vorkenntnisse reaktiviert, Wissenslücken geschlossen sowie die Beurteilung und Darstellung von Ergebnissen geübt und vertieft werden.
Weiterführende Informationen sowie **Hinweise und Tipps** zur Herangehensweise an die Aufgabenstellungen sind durch kursiven Druck abgehoben.

Weiterhin enthält der Band „**Tipps und Hinweise zur Abiturprüfung**", die Ihnen helfen, die formalen Rahmenbedingungen für das Abitur kennenzulernen. Erläuterungen zu den Prüfungsanforderungen, zum Umgang mit den Operatoren lassen Sie die Prüfungssituation besser einschätzen. Die anschließenden „**Tipps zum Umgang mit Prüfungsaufgaben**" zeigen Ihnen konkret, wie Sie erfolgreich an die Aufgaben der Abiturklausur herangehen können.
Lernen Sie gerne am **PC** oder **Tablet**? Nutzen Sie das **ActiveBook**, um mithilfe von interaktiven Aufgaben Ihr biologisches Fachwissen effektiv zu trainieren. Außerdem stehen Ihnen hier hilfreiche **Lernvideos** zu zentralen Themen zur Verfügung (vgl. Farbseiten zu Beginn des Buches).

ActiveBook Interaktives Training

Sollten nach Erscheinen dieses Bandes noch wichtige Änderungen in der Abitur-Prüfung vom Ministerium für Bildung, Jugend und Sport (Brandenburg) oder von der Senatsverwaltung für Bildung, Wissenschaft und Forschung (Berlin) bekannt gegeben werden, finden Sie aktuelle Informationen dazu ebenfalls auf der Plattform MyStark.

Für Ihre Abiturprüfung wünscht Ihnen das Autorenteam viel Erfolg!

Stichwortverzeichnis 2018 – 2020

Hinweise und Tipps zur Abiturprüfung

Die schriftliche Abiturprüfung

1 Die zentrale schriftliche Prüfung in Brandenburg

Die **zentral gestellte schriftliche Abiturprüfung in Brandenburg** gibt es seit dem Schuljahr 2004/2005. Die Aufgaben werden im Auftrag vom Ministerium für Bildung, Jugend und Sport von einer Fachkommission erstellt und von fachkundigen Gutachtern bewertet. Die Prüfung aller Schüler*innen des Leistungskurses wird am gleichen Tag zum gleichen Zeitpunkt abgelegt. An einem anderen Termin legen die Schüler*innen des Grundkurses zeitgleich ihre Prüfung ab. Wenige Tage vor der Abiturprüfung werden der Schulleitung die zentralen Aufgabenstellungen übergeben. Zwei Tage vor dem Prüfungstermin können Ihre Fachlehrkräfte die Aufgaben das erste Mal einsehen. Die Gesamtbearbeitungszeit für die Abiturprüfung des Leistungskurses beträgt 270 Minuten, die des Grundkurses ist mit 210 Minuten angesetzt. Sie beinhaltet eine individuelle Einlese- und Auswahlzeit für die Prüflinge, die 30 Minuten nicht überschreiten sollte. Sie (als Prüfling) bearbeiten die Prüfungsaufgabe, die aus dem verpflichtenden Teil A und einem der Wahlteile B und C besteht. Die Wahlteile B und C basieren auf fachspezifischem Material. Im Prüfungsteil A wird zusätzlich eine praktische Aufgabe z. B. ein Schülerexperiment, ein Lehrer-Demonstrationsexperiment oder ein Simulationsexperiment bearbeitet. Ein mögliches Schülerexperiment können Sie in der Prüfungszeit bei Bedarf wiederholen. Ein Lehrer-Demonstrationsexperiment wird im Regelfall am Anfang der Prüfung gezeigt. Die drei Teile (A, B und C) der Prüfungsaufgabe beinhalten jeweils unterschiedliche Themen, sind voneinander unabhängig und zeitlich gleichwertig. Als Hilfsmittel stehen Ihnen die zugelassenen Wörterbücher der deutschen Rechtschreibung (z. B. der Duden) und die an der Schule verwendeten und zugelassenen Taschenrechner und Formelsammlungen zur Verfügung. Bei den Prüfungen 2021 gab es als Reaktion auf die Einschränkungen durch die Corona-Pandemie 30 Minuten mehr Bearbeitungszeit und zudem wurde eine zusätzliche Aufgabe D zur Vorauswahl durch die Lehrkraft vorgelegt. Für dieses Buch wurden die Wahlteile B und C ausgewählt.
Die jährliche Schwerpunktsetzung für die Prüfungsinhalte finden Sie unter:
http://bildungsserver.berlin-brandenburg.de/unterricht/pruefungen/abitur-brandenburg/zentrale-schriftliche-abiturpruefung-2022/

2 Die zentrale schriftliche Prüfung in Berlin

Das erste **Zentralabitur für das Fach Biologie** wurde in **Berlin** im Schuljahr 2012/2013 durchgeführt. In der zentralen Prüfung werden Themen aus allen Kurshalbjahren berücksichtigt.

Grundlage der schriftlichen Aufgaben sind die verbindlichen Vorgaben des gültigen Rahmenlehrplans für die gymnasiale Oberstufe des Landes Berlin sowie die einheitliche Prüfungsordnung in der Abiturprüfung Biologie (EPA, *www.kmk.org/fileadmin/veroeffentlichungen_beschluesse/1989/1989_12_01-EPA-Biologie.pdf*).
Die Aufgaben sind kontextorientiert und materialbezogen.
Eine Aufgabenstellung besteht aus vier Aufgabenblöcken. Jeder Block setzt sich wiederum aus drei bis fünf Teilaufgaben zusammen. Die vier Aufgabenblöcke sind folgenden Themenbereichen zugeordnet:

A Funktionszusammenhänge und deren molekulare Grundlagen
   1. Kurshalbjahr: Physiologische Grundlagen ausgewählter Lebensprozesse und
   3. Kurshalbjahr: Grundlagen und Anwendungsfelder der Genetik

B Vernetzte Systeme
   2. Kurshalbjahr: Ökologie und Nachhaltigkeit

C Entwicklungsprozesse
   4. Kurshalbjahr: Evolution und Zukunftsfragen

Die Prüfung besteht aus zwei A- und jeweils einem B- und C-Block. Sie (als Prüfling) wählen aus den vier Aufgabenblöcken einen aus den Aufgabenblöcken A1 oder A2 und einen aus den Aufgabenblöcken B oder C zur Bearbeitung aus. Jeder Block geht zu 50 % in die Wertung ein. Inhaltliche Vernetzungen der Themen der einzelnen Kurshalbjahre sind in fast allen Aufgaben enthalten. Die Gesamtbearbeitungszeit beträgt 270 Minuten für den Leistungskurs und 210 Minuten für den Grundkurs, jeweils einschließlich einer Auswahlzeit von 30 Minuten. Bei den Prüfungen 2021 gab es als Reaktion auf die Einschränkungen durch die Corona-Pandemie 30 Minuten mehr Bearbeitungszeit und aus den vier Aufgabenblöcken konnten zwei ohne weitere Bedingungen ausgewählt werden.
Die Fachaufsicht Biologie legt Schwerpunkte für die zentralen Abiturklausuren fest und veröffentlicht diese rechtzeitig. Die aktuellen Prüfungsschwerpunkte findet man für den Grund- und den Leistungskurs im Internet unter:
http://www.berlin.de/sen/bildung/schule/pruefungen-und-abschluesse/abitur/

3 Schwerpunkte der schriftlichen Prüfung

Ihre Fachlehrer*innen in der Qualifikationsphase unterrichten Sie verbindlich nach den curricularen Vorgaben in der Qualifikationsphase der gymnasialen Oberstufe. In diesem Lehrplanwerk sind alle inhaltlichen Grundlagen, fachspezifischen Methoden und Arbeitstechniken festgeschrieben, die auch in der Prüfung abgefragt werden können. Diese curricularen Vorgaben (Curriculum: Theorie des Lehr- und Lernablaufes) wie auch alle weiteren Vorschriften sind im Internet veröffentlicht:
https://bildungsserver.berlin-brandenburg.de/biologie

In den Schulen beschließen die Fachkonferenzen (die Lehrer*innen, die Sie in Biologie unterrichten), wie diese Rahmenpläne ausgestaltet werden können. Dabei stehen den Lehrerinnen und Lehrern Freiräume in der Interpretation der einzelnen Inhalte offen. Zur besseren Strukturierung und Erschließung der Inhalte von Texten und Materialien sind in den EPA die **Basiskonzepte** formuliert. Die Basiskonzepte, deren Anwendung im Unterricht permanent erfolgen sollte, sollen dem Schüler bzw. der

Schülerin die Sichtweisen auf die biologischen Sachverhalte vereinfachen und strukturieren, um Zusammenhänge leichter offen zu legen (siehe folgende Tabelle).

Grundlegendes Beherrschen von Methoden – Arbeit mit Fachtexten – Hypothesenbildung – Analyse und Interpretation von grafischen Darstellungen und Messkurven – Praktisches Arbeiten (Planen und Auswerten von Experimenten ohne Durchführung, Mikroskopieren, zeichnerisches Darstellen) – Bewerten von Modellen
Basiskonzepte – Struktur und Funktion – Reproduktion – Kompartimentierung – Steuerung und Regelung – Stoff- und Energieumwandlung – Information und Kommunikation – Variabilität und Angepasstheit

Grundlegende Arbeitsmethoden und Basiskonzepte, die Sie nach den EPA anwenden sollten

4 Struktur und Anforderungen der Prüfungsaufgaben

Die Aufgaben der Abiturprüfung sollen **Qualifikationen (Kompetenzen)** in möglichst großer Breite überprüfen. Deshalb müssen Sie mit der Lösung der Aufgaben den Anforderungen aus den drei Grundbereichen Reproduktion, Reorganisation und Lösen komplexer, problemorientierter Aufgaben gerecht werden.

- Den überwiegenden Anteil (in **Brandenburg** bis zu 50 %, in **Berlin** 50–60 %) stellen dabei Aufgaben zum selbstständigen Auswählen, Anordnen und Darstellen bekannter Sachverhalte in einen abzuleitenden Zusammenhang sowie Aufgaben zum selbstständigen Übertragen des Gelernten auf neue Situationen und Zusammenhänge dar (**Anforderungsbereich II**).
- Die reine Wiedergabe von Sachverhalten und die Beschreibung von gelernten und geübten Arbeitstechniken (**Anforderungsbereich I**) macht den zweitgrößten Anteil an der geforderten Prüfungsleistung aus (in **Berlin** 30–40 %).
- Darüber hinaus enthält jeder Aufgabenkomplex Aufgabenteile, die ein planmäßiges Verarbeiten komplexer Gegebenheiten mit dem Ziel der selbstständigen Gestaltung und Problemlösung dienen sollen (Deuten, Folgern, Werten, Hypothesen bilden, Experimente planen usw.). Das sind die anspruchsvollsten Aufgaben aus dem **Anforderungsbereich III** (in **Berlin** 10–20 % der Aufgaben).

Jede Aufgabe enthält sogenannte **Operatoren** (Fragewörter, Arbeitsanweisungen). Operatoren sind Handlungsaufforderungen, die dem Lösungsansatz eine formale und inhaltliche Richtung geben. Bevor Sie die Lösungen angehen, sollten Sie prüfen, ob Sie entsprechend der Operatoren die richtige Lösungsstrategie verfolgen.

4.1 Qualifikationen/Kompetenzen

Einerseits geht es in der Abiturprüfung um einen guten Überblick über das geforderte Basiswissen der Biologie, wie es in den Rahmenrichtlinien und in den thematischen Schwerpunkten skizziert ist. Andererseits ist es auch wichtig, Strukturen und Inhalte neuer biologischer Aufgabenstellungen erfassen zu können, mit dem eigenen Wissen zu verknüpfen und zu angemessenen Lösungen zu kommen. Diese Fähigkeiten, die über das reine, angelernte Wissen hinausgehen, werden als **Qualifikationen** oder **Kompetenzen** bezeichnet. Daraus ergibt sich, dass der hauptsächliche Anspruch der Prüfungsaufgaben nicht im Wiedergeben von lückenlosem Detailwissen liegt, sondern in der Anwendung Ihres Fachwissens und im kompetenten, selbstständigen Umgang mit neuen, bisher unbekannten biologischen Sachverhalten. Diese werden Ihnen in den Materialien zur Prüfungsaufgabe z. B. als Versuchsbeschreibungen, Diagramme, Tabellen und Skizzen biologischer Objekte vorgelegt. Sie sollen bei Ihrer Bearbeitung Qualifikationen in den folgenden vier Bereichen nachweisen können.

Kompetenzbereich Fachkenntnisse

„Fachwissen" bedeutet hier nicht die bloße Wiedergabe von Fakten, Sie sollen vielmehr Ihre Kenntnisse zur Anwendung bringen. Mithilfe der in den Materialien dargestellten biologischen Phänomene, Zusammenhänge und Modelle sollen Sie die relevanten Teile Ihres Wissens gezielt abrufen und in strukturierten Darstellungen und Erklärungen anwenden können.

Kompetenzbereich Methoden

Unter „Methodenkompetenz" versteht man, dass Sie biologische Systeme analysieren und deren Eigenschaften beschreiben und erklären können. Ebenso müssen Sie in der Lage sein, biologische Ergebnisse und Erkenntnisse in komplexere Zusammenhänge zu stellen. Dazu sollten Sie z. B.

- Informationsquellen erschließen und nutzen (also Texte analysieren und interpretieren und die Informationen daraus gezielt auswählen, die Kernaussagen erkennen und diese mit dem erworbenen Wissen verknüpfen)
- Hypothesen entwickeln und Kriterien zur Überprüfung ausarbeiten
- unterscheiden können, welche Fragestellungen sich naturwissenschaftlich untersuchen lassen und welche nicht
- naturwissenschaftliche Modelle anwenden und deren Gültigkeitsbereiche prüfen, ggf. neue Modellvorstellungen entwickeln können
- Definitionen, Regeln und Gesetzmäßigkeiten formulieren können
- Sachverhalte mithilfe von Tabellen, Diagrammen, Grafiken, Skizzen o. Ä. veranschaulichen können
- biologische Phänomene präzise beschreiben, vergleichen und erklären können
- zwischen funktionaler und kausaler Betrachtungsweise unterscheiden (d. h. Zweck und Ursache eines biologischen Phänomens auseinander halten) können
- komplexe und dynamische Systeme wie Organismen und Ökosysteme untersuchen, analysieren und Zusammenhänge klären
- auch die Denkweisen und Erkenntnisse der Natur-, Gesellschafts- oder Geisteswissenschaften mit einbeziehen können.

Kompetenzbereich Kommunikation

Dieser Bereich zielt auf Ihr Verständnis und Ihren Umgang mit den vielfältigen Materialien und deren sprachliche Verwertung ab. Sie sollen beweisen, dass Sie die relevanten Informationen aus den Materialien herausziehen und Ihre Darstellung der Aufgabenstellung angemessen auf das Wesentliche reduzieren können **und nicht**

einfach alles aufschreiben, was Sie zu dem Thema wissen.

Entscheidend ist auch, dass Sie in der schriftlichen Prüfung einerseits die angemessene Fachsprache verwenden, um biologische Phänomene und Sachverhalte sowie naturwissenschaftliche Ergebnisse und Erkenntnisse darzustellen und zu diskutieren. Andererseits sollen Sie Ihre Aufzeichnungen auch allgemein verständlich, übersichtlich und strukturiert gestalten.

Kompetenzbereich Reflexion

Da die Forschungsergebnisse der Biologie immer stärkere Bedeutung z. B. in der medizinischen Anwendung erhalten, sollen Sie hier biologische Ergebnisse und Erkenntnisse in fachübergreifenden Zusammenhängen analysieren und bewerten. Besonders wichtig ist es, Anwendungsmöglichkeiten sowie Chancen und Risiken biologischer Forschungsergebnisse in Bereichen wie Gesundheit und Ernährung, Biotechnologie, Reproduktionsbiologie, Medizin und Umwelt angemessen diskutieren zu können.

4.2 Die Anforderungsbereiche

Die Prüfungsanforderungen gliedern sich in sog. **Anforderungsbereiche (AFB oder AB)** mit unterschiedlichen Niveaustufen, die dann zusammen mit der Komplexität der vorgelegten Materialien den Schwierigkeitsgrad einer Aufgabe bestimmen. Die Anforderungsbereiche unterscheiden sich vor allem im Grad der Selbstständigkeit bei der Bearbeitung der Aufgaben sowie in der Komplexität der gedanklichen Verarbeitungsprozesse.

Während die Reproduktion einfacher Inhalte zum AFB I gehört, wird die selbstständige Anwendung von Fachwissen und Fachmethoden am vorgelegten Material sowie die Herstellung neuer Zusammenhänge dem AFB II zugeordnet. Zum AFB III gehören relativ komplexe Anforderungen wie das fundierte Beurteilen und Bewerten des Materials, das Planen geeigneter Experimente zur Lösung biologischer Probleme oder das Entwickeln von aus dem Material oder dem eigenen Fachwissen sinnvoll begründeten Hypothesen.

Im Einzelnen bedeutet dies:

Der **Anforderungsbereich I** umfasst im Fach Biologie u. a.

- die Reproduktion von Basiswissen (Kenntnisse von Fakten, Zusammenhängen und Methoden)
- die Nutzung bekannter Methoden und Modelle in vergleichbaren Beispielen
- die Entnahme von Informationen aus Fachtexten und Umsetzen der Informationen in einfache Schemata (Stammbäume, Fließdiagramme o. Ä.)
- die Darstellung von Daten, Tabellen, Diagrammen oder Abbildungen mithilfe der Fachsprache

Der **Anforderungsbereich II** beinhaltet im Fach Biologie u. a.

- die Anwendung des Basiswissens in neuartigen Zusammenhängen
- die Übertragung und Anpassung von Modellvorstellungen auf unbekannte Beispiele
- die sachgerechte und strukturierte Darstellung komplexer biologischer Abläufe im Zusammenhang einer Aufgabenstellung

- die Auswahl bekannter Daten, Fakten und Methoden zur Herstellung neuer Zusammenhänge
- die gezielte Entnahme von Informationen aus vielschichtigen Materialien oder einer wissenschaftlichen Veröffentlichung unter einem vorgegebenen Aspekt
- die Auswertung von unbekannten Untersuchungsergebnissen unter bekannten Aspekten
- die Beurteilung und Bewertung eines bekannten biologischen Sachverhalts
- die Unterscheidung von Alltagsvorstellungen und wissenschaftlichen Erkenntnissen

Der **Anforderungsbereich III** umfasst im Fach Biologie u. a.
- die Entwicklung eines eigenständigen Zugangs zu einem biologischen Phänomen, z. B. die Planung eines geeigneten Experimentes oder Gedankenexperimentes
- die selbstständige, zusammenhängende Verarbeitung verschiedener Materialien unter einer selbstständig entwickelten Fragestellung
- die Entwicklung eines komplexen gedanklichen Modells bzw. eigenständige Modifizierung einer bestehenden Modellvorstellung
- die Entwicklung fundierter Hypothesen auf der Basis verschiedener Fakten, experimenteller Ergebnisse, Materialien und Modelle
- die Reflexion biologischer Sachverhalte in Bezug auf das Menschenbild
- die materialbezogene und differenzierte Beurteilung und Bewertung biologischer Anwendungen
- die Argumentation auf der Basis nicht eindeutiger Rohdaten: Aufbereitung der Daten, Fehleranalyse und Herstellung von Zusammenhängen
- die kritische Reflexion biologischer Fachbegriffe vor dem Hintergrund komplexer und widersprüchlicher Informationen und Beobachtungen

Der **Schwerpunkt aller Prüfungsaufgaben** liegt dabei immer auf dem **AFB II**, daneben werden der AFB I und – in deutlich geringerem Maße als der AFB I – der AFB III berücksichtigt. Das heißt, dass Sie nur durch reine Reproduktion keine ausreichende Leistung erzielen können.

4.3 Umgang mit Operatoren

Die in den einzelnen Arbeitsaufträgen zum Tragen kommenden Anforderungsbereiche können Sie oft schon anhand der Beschreibungen der jeweiligen Tätigkeiten, die von Ihnen verlangt werden, abschätzen. Solche Handlungsanweisungen, so genannte **Operatoren**, signalisieren Ihnen z. B., was genau Sie mit den angebotenen Materialien machen sollen.
Während z. B. beim „Nennen" biologische Sachverhalte, Phänomene und Merkmale einfach wiedergegeben oder aufgezählt werden dürfen (AFB I), erfordert das „Bewerten" selbstständige Deutungen und Begründungen in Form strukturierter, zusammenhängender Texte unter Verwendung der komplexen Materialien (AFB III).
Mit dem Arbeitsauftrag „Erläutern Sie" wird von Ihnen die verständliche, anschauliche Darstellung eines Sachverhalts unter Verwendung weiterer Informationen z. B. aus dem Material erwartet, sodass der von Ihnen dargestellte Sachverhalt gut nachvollzogen werden kann (AFB II).

Die Operatoren sowie deren Beschreibung in der folgenden Tabelle sollten Sie daher sehr genau studieren, damit Sie exakt wissen, was von Ihnen verlangt wird. In der Aufgabensammlung finden Sie außerdem viele Beispiele zum Einsatz dieser Operatoren, an denen Sie den Umgang mit solchen Handlungsanweisungen üben können.

Operator	**Beschreibung der erwarteten Leistung**	**AFB**
Ableiten	auf der Grundlage wesentlicher Merkmale sachgerechte Schlüsse ziehen	II
Analysieren/ Untersuchen	wichtige Bestandteile oder Eigenschaften auf eine bestimmte Fragestellung hin herausarbeiten	II
Auswerten	Daten, Einzelergebnisse usw. in einen Zusammenhang stellen und ggf. zu einer Gesamtaussage zusammenführen	II, III
Begründen	Sachverhalte auf Regeln und Gesetzmäßigkeiten bzw. kausale Beziehungen von Ursachen und Wirkung zurückführen	II, III
Belegen	passende Aussagen/Informationen aus Material zuordnen	I, II
Beschreiben	Strukturen, Sachverhalte oder Zusammenhänge strukturiert und fachsprachlich richtig mit eigenen Worten wiedergeben	I (II)
Beurteilen	zu einem Sachverhalt ein selbstständiges Urteil unter Verwendung von Fachwissen und -methoden formulieren und begründen	III
Bewerten	einen Gegenstand an erkennbaren Wertkategorien oder an bekannten Beurteilungskriterien messen	III, (II)
Darstellen	Sachverhalte, Zusammenhänge, Methoden etc. strukturiert und ggf. fachsprachlich wiedergeben	I (II)
Diskutieren/ Erörtern	Argumente und Beispiel zu einer Aussage oder These einander gegenüberstellen und abwägen	III
Erklären	einen Sachverhalt mithilfe eigener Kenntnisse in einen Zusammenhang einordnen sowie ihn nachvollziehbar und verständlich machen	II, III
Entwickeln	eigenständige Überlegungen zu einem Sachverhalt oder eine Methode nachvollziehbar darstellen	II, III
Erläutern	einen Sachverhalt veranschaulichend darstellen und durch zusätzliche Informationen verständlich machen	II
Ermitteln	einen Zusammenhang oder eine Lösung finden und das Ergebnis formulieren	II
Formulieren	kurze prägnante Texte/Aussagen notieren, z. B. Wiedergabe von Definitionen	I, II
Hypothese entwickeln/ aufstellen	begründete Vermutung auf der Grundlage von Beobachtungen, Untersuchungen, Experimenten oder Aussagen formulieren	III
Interpretieren/ Deuten	fachspezifische Zusammenhänge in Hinblick auf eine gegebene Fragestellung begründet darstellen	II, III

Nennen/ Angeben	Elemente, Sachverhalte, Begriffe, Daten ohne Erläuterungen aufzählen	I
Protokollieren	Beobachtungen oder die Durchführung von Experimenten detailgenau zeichnerisch einwandfrei bzw. fachsprachlich richtig wiedergeben	I
Skizzieren	Sachverhalte, Strukturen oder Ergebnisse auf das Wesentliche reduziert übersichtlich grafisch darstellen	I, II
Stellung nehmen	zu einem Gegenstand, der an sich nicht eindeutig ist, nach kritischer Prüfung und sorgfältiger Abwägung ein begründetes Urteil abgeben	III
Überprüfen/ Prüfen	Sachverhalte oder Aussagen an Fakten oder innerer Logik messen und eventuelle Widersprüche aufdecken	II, III
Vergleichen	Gemeinsamkeiten, Ähnlichkeiten und Unterschiede ermitteln	II
Zeichnen	eine möglichst exakte grafische Darstellung beobachtbarer oder gegebener Strukturen anfertigen	I (II)
Zusammen-fassen	das Wesentliche in konzentrierter Form herausstellen	I, II

5 Bewertung der schriftlichen Abiturprüfung

Die Bewertung Ihrer Prüfungsarbeit erfolgt durch Ihre betreuende Lehrkraft in 12.2, die die Arbeit als erste durchsieht und bewertet, einer zweiten Lehrkraft als Korreferent*in, die die Arbeit ebenfalls genau durchsieht und gleichfalls eine Note festsetzt.
Als Grundlage für die Beurteilung wird ein **Erwartungshorizont** herangezogen, in dem für jede einzelne Teilaufgabe der erwartete Inhalt und die möglichen Bewertungseinheiten aufgelistet sind. Eine Zuordnung der o. g. Anforderungsbereiche (AFB I–III) zu den erwarteten Teilleistungen ist ebenfalls enthalten. An diesem Erwartungshorizont soll sich die Fachlehrerin oder der Fachlehrer orientieren.
Dabei werden nicht nur die fachliche Richtigkeit und Vollständigkeit berücksichtigt, sondern auch die Schlüssigkeit Ihrer Argumentation, die Qualität Ihrer Darstellung (klarer Aufbau und richtige Verwendung der Fachsprache) sowie gegebenenfalls die Kreativität und Eigenständigkeit bei Ihren Lösungen.

- Zur **Qualität** gehören u. a. das Erfassen der Aufgabe, die Genauigkeit der Kenntnisse und Einsichten, die Sicherheit in der Beherrschung der Methoden und der Fachsprache, Stimmigkeit und Differenziertheit der Aussage, Herausarbeitung des Wesentlichen, Anspruchsniveau der Problemerfassung, Fähigkeit zur kritischen Würdigung der Bedingtheit und Problematik eigener und fremder Auffassungen, Differenziertheit und Adäquatheit des Urteils.
- Zur **Quantität** gehören u. a. der Umfang der Kenntnisse und Einsichten, die Breite der Argumentationsbasis und Vielfalt der Aspekte und Bezüge.
- Die **Kommunikations- und Darstellungsfähigkeit** erweist sich in dem Vermögen, die Aufgabenstellung zu erfassen, und in der Fähigkeit, sich in einer angemessenen Weise (u. a. durch Klarheit und Eindeutigkeit der Aussage, Übersichtlichkeit der Gliederung und inhaltliche Ordnung) verständlich zu machen.

Als Grundlage für die Einordnung der Qualität Ihrer Leistungen dienen die Angaben im Erwartungshorizont, mit dessen Hilfe Ihre Teilleistungen in Bewertungseinheiten umgesetzt werden. Auch Lösungen, die im Erwartungshorizont nicht erfasst worden waren, fachlich aber richtig sind und schlüssig dargestellt wurden, werden angemessen berücksichtigt. (Das kann z. B. der Fall sein, wenn Sie einen biologischen Sachverhalt durch eine eigene Meinung beurteilen oder begründete Hypothesen aufstellen sollten.) Ihre Arbeit kann mit ausreichend bewertet werden, wenn Sie annähernd die Hälfte der im Erwartungshorizont beschriebenen Bewertungseinheiten erreicht haben, d. h. hierfür müssen Sie mehr als nur reproduktive Leistungen des AFB I erbringen. Ein mit sehr gut beurteiltes Prüfungsergebnis erreichen Sie nur mit Leistungen auch aus dem AFB III.
Bei allem Bemühen um korrekte Inhalte dürfen Sie aber auch die äußere Form und die sprachliche Richtigkeit nicht vernachlässigen, denn schwerwiegende und gehäufte Verstöße gegen Grammatik, Rechtschreibung und Zeichensetzung oder gegen die äußere Form führen in **Brandenburg** zu einem **Abzug von bis zu zwei Punkten** (ein Punkt für die äußere Form, ein Punkt für die Rechtschreibung). In **Berlin** geht die sprachliche Qualität mit **10%** in die Gesamtleistung ein. Unübersichtliche Textstellen werden u. U. erst gar nicht bewertet.

6 Tipps zum Umgang mit den schriftlichen Prüfungsaufgaben

Im Folgenden können wir Ihnen nur eine kurze Auflistung der wichtigsten Punkte geben, die Sie beim Bearbeiten der Aufgaben beachten sollten. Ebenso kann an dieser Stelle nur exemplarisch auf einige Aspekte der Analyse von Materialien eingegangen werden.

6.1 Zeiteinteilung bei der schriftlichen Prüfung

Wie bereits angesprochen, sollte die Auswahl Ihres Prüfungsthemas sorgfältig erfolgen. Wichtig ist hierbei, dass Sie sich zunächst einen Überblick über alle Aufgaben und Materialien verschaffen, auch wenn Sie aufgrund der thematischen Überschriften schon eine Vorentscheidung gefällt haben. Vielleicht verbirgt sich in der Aufgabe ein „Haken", den Sie bei der schnellen Durchsicht nicht gesehen haben!
Für die weitere Bearbeitung setzen Sie sich einen Zeitplan, damit Ihnen nicht am Ende die Zeit für die letzte Aufgabe oder das Korrekturlesen fehlt. Lassen Sie unter jeder Aufgabe etwas Platz, um nachher noch ergänzen zu können. Die Einzelschritte, die im Folgenden noch genauer erläutert werden, könnten sein (natürlich können Sie auch Ihren eigenen Algorithmus wählen):

A Lesen der Gesamtaufgabe
B Analysieren der Teilaufgaben
C Anfertigen einer Stoffsammlung
D Erstellen einer Gliederung für die Einzelaufgaben
E Überprüfen auf Vollständigkeit
F Darstellen der Ergebnisse

Zum Schluss sollten Sie – sofern es möglich ist – noch einmal 10 bis 20 Minuten einplanen, um Ihre Lösungen noch einmal zu lesen und eventuelle Fehler (Grammatik, Zeichensetzung, Rechtschreibung) zu berichtigen. Denken Sie daran, dass Ihnen für eine mangelhafte äußere Form bis zu zwei Notenpunkte abgezogen werden können!

Eine lesbare Schrift und eine übersichtliche Gestaltung sind deshalb besonders wichtig. Zuletzt sollten Sie die Seiten vollständig durchnummerieren.

6.2 Bearbeitung der schriftlichen Aufgaben

Nachdem Sie sich einen Überblick anhand der Teilaufgaben und Materialien über die in den zwei Prüfungsaufgaben angesprochenen thematischen Schwerpunkte geschaffen und die für Sie am besten geeignete Aufgabe herausgesucht haben, muss diese nun entsprechend der Kompetenzen, Anforderungsbereiche und Operatoren von Ihnen bearbeitet werden. Dabei erleichtern Ihnen einige systematische Arbeitsschritte das Erarbeiten der zu den Anforderungen jeder Teilaufgabe passenden Lösung. Die ausführliche Bearbeitung einer schriftlichen Abituraufgabe könnte nach den folgenden Gesichtspunkten ablaufen:

A Lesen der Gesamtaufgabe

Die zu bearbeitenden Aufgaben stehen generell in einem gemeinsamen Kontext, berühren jedoch unterschiedliche Themengebiete der Biologie. In den meisten Fällen gibt ein kurzer Informationstext eine Einführung in die zu bearbeitenden Sachinhalte. Manchmal sind in diesem Text auch wichtige Informationen zur Bearbeitung der Aufgabe „versteckt".

Das in der Aufgabenstellung zu bearbeitende Material ist den einzelnen Teilaufgaben zugeordnet, sodass sich diese weitgehend nacheinander „abarbeiten" lassen. Dennoch ist es sinnvoll, sich zunächst einen Überblick über die Gesamtaufgabe zu verschaffen.

B Analysieren der Teilaufgaben

Nachdem Sie sich ein Bild von der zu bearbeitenden Thematik gemacht haben, sollten Sie sich gezielt mit den einzelnen Arbeitsaufträgen auseinandersetzen:

- Unterstreichen Sie die Arbeitsanweisungen/Operatoren unter Berücksichtigung der Organisationsebene (z. B. Zelle, Organismus, Ökosystem).
- Kennzeichnen Sie Informationen, die für den zu bearbeitenden Sachverhalt wichtig sein könnten. Beachten Sie dabei auch die Einführungstexte zu den Aufgaben!
- Gliedern Sie komplexe Aufgabenstellungen in Teilschritte.
- Kennzeichnen Sie am Material die Zuordnung zur Teilaufgabe.

C Anfertigen einer Stoffsammlung auf der Grundlage des Materials

Wenn Sie Klarheit über die Arbeitsaufträge gewonnen haben, sollten Sie sich genauer mit den Materialien der einzelnen Aufgaben beschäftigen:

- Markieren Sie wichtige Begriffe bzw. Signalwörter, die den zu bearbeitenden Sachverhalt betreffen, ggf. auch in den Einführungstexten.
- Versuchen Sie inhaltliche Schwerpunkte zu finden.
- Grenzen Sie diese gegeneinander ab und kennzeichnen Sie sie am Rand des Materials.
- Notieren Sie zu jedem Material gesondert wichtige Schlüsselbegriffe/Informationen auf einem Konzeptblatt.
- Vermeiden Sie an diesem Punkt zu ausführliche schriftliche Darstellungen (oft genügt ein Stichwort, um den Gedankengang wieder zu finden).

D Erstellen einer Gliederung für die Einzelaufgaben

- Ordnen Sie die Stichworte übersichtlich vom Allgemeinen zum Detail.
- Behalten Sie auch bei der Auseinandersetzung mit dem Detail immer den Gesamtzusammenhang im Auge.
- Kennzeichnen Sie Zusammenhänge und/oder Beziehungen durch entsprechende Zeichen.
- Beschreiben Sie bei der Auswertung von Grafiken oder Tabellen zunächst kurz die dargestellten Gegebenheiten und erklären Sie diese erst danach.
- Stellen Sie komplexe Sachverhalte wenn möglich grafisch dar (Skizzen, Schaubilder, Fließdiagramme etc.).

E Überprüfen auf Vollständigkeit

- Prüfen Sie, ob alle wesentlichen Inhalte berücksichtigt wurden.
- Kontrollieren Sie, ob Sie alle Bedingungen und Aspekte der Aufgabenstellung erfasst haben. Beachten Sie erneut die einleitenden Informationen zu den Teilaufgaben.
- Überprüfen Sie, ob das vorgegebene Material sinnvoll und angemessen ausgewertet wurde.

F Darstellen der Ergebnisse

- Berücksichtigen Sie bei der Ausformulierung Ihrer Antworten nochmals die vorgegebenen Operatoren.
- Achten Sie auf sprachlich korrekte Formulierungen und eine klare, verständliche Ausdrucksweise. Kurze Sätze sind besser als in einander verschachtelte.
- Verwenden Sie sorgfältig die Fachsprache. Fachbegriffe müssen nur bei ausdrücklicher Aufforderung umschrieben werden (oder wenn Sie bei deren Verwendung unsicher sind).
- Konzentrieren Sie Ihre Aussagen auf das Thema und vermeiden Sie weitschweifige Ausarbeitungen. Dadurch geht der rote Faden verloren!
- Achten Sie auf eine angemessene äußere Form Ihrer Ausführungen.

6.3 Analyse von Grafiken und Tabellen

Ein wesentlicher Bestandteil biologischer Aufgabenstellungen ist die Analyse von Material in Form von Tabellen sowie Grafiken. Die umfassende Untersuchung der dargestellten Sachverhalte ist oft der Schlüssel zu einer erfolgreichen Lösung der Aufgabe.

Daten aus biologischen Experimenten werden häufig in Form von **Tabellen** zusammengefasst. Eine andere Art der Darstellung von Zahlenmaterial sind die zu den Grafiken zählenden **Diagramme**. Zur Auswertung einer Tabelle oder eines Diagramms gibt es einige Grundregeln, die sich auf fast alle Tabellen und Diagramme unterschiedlichen Aufbaus und Inhaltes anwenden lassen.

- Welche Größen sind in der Tabelle/dem Diagramm dargestellt? Achten Sie auf die Überschriften und den Begleittext.
- Was für ein Diagrammtyp liegt vor (z. B. Säulendiagramm, Optimumkurve)?
- Welche Größen sind gegeneinander aufgetragen? Welche ist die variable, welche die abhängige Größe?

- Was sind die Bezugsgrößen: Zahlenarten (absolute Zahlen, Prozentzahlen), Zahlenwerte (gerundet, geschätzt, vorläufig)?
- Welche Auffälligkeiten/Tendenzen sind zu erkennen?
- Was wurde mit welcher Methode untersucht?
- Welche Kategorien werden miteinander in Beziehung gesetzt (z. B. bei Tabellen in Kopfzeile, Spalten und Vorspalten)?
- Welche Besonderheiten weist das Material auf? Bestimmen Sie wesentliche Auffälligkeiten!
- Welche Hauptaussagen lassen sich formulieren (Trends/Tendenzen)?
- Welche Teilaussagen lassen sich machen (Minima, Maxima, Zunahme, Abnahme, Stagnation, Zahlensprünge, Anomalien, Gleichmäßigkeiten und regelhafte Verläufe, unterschiedliche Phasen, Wechselbeziehungen zwischen verschiedenen Variablen/Merkmalen ...)?
- Welcher Arbeitsauftrag ist mit dem Diagramm/der Tabelle verbunden? (Unabhängig davon sollten Sie Ihre Lösung damit beginnen, eine kurze Beschreibung der Darstellung auf der Basis der o. g. Fragestellungen zu geben.)
- Welche Antwort gibt die Tabelle/das Diagramm auf die Fragestellung? Zu welchen Teilbereichen lassen sich keine Aussagen treffen?
- Welche Aussagen werden durch die Daten nahe gelegt?
- Welche neuen Fragen werden durch die Informationen der Tabelle/des Diagramms aufgeworfen?
- Was sind mögliche Ursachen für die der Tabelle/dem Diagramm entnommenen Sachverhalte?

Abbildungen in der Biologie zeigen meist entweder Strukturen (z. B. einen Blattquerschnitt) oder Prozesse (z. B. die Transformation einer Zelle). Der erste Schritt Ihrer Lösung sollte auch hier immer darin bestehen, die bildlich dargestellte Information in Worte zu fassen. Die weitere Analyse ist dann sehr stark von der Art der Abbildung und der damit verbundenen Fragestellung abhängig. Aber auch hier gibt es wieder einige Grundregeln, die zu beachten sind:

- Wie ist die Abbildung zustande gekommen? Ist es z. B. die Skizze eines mikroskopischen Bildes oder die schematische Darstellung eines Experimentes? (Beachten Sie dabei auch den vorangestellten Text, die Bildunterschrift und die angegebene Quelle.)
- Welchem Themengebiet ist die Abbildung zuzuordnen (z. B. Zellbiologie oder Gentechnik)?
- Was wissen Sie über die dargestellten Strukturen oder Abläufe? Welche Fachbegriffe können Sie zuordnen?
- Was sind die wichtigen Merkmale der dargestellten Objekte oder Sachverhalte? Vergleichen Sie Teilabbildungen miteinander. Formulieren Sie Kern- und Teilaussagen.
- Welche Arbeitsanweisung ist mit der Abbildung verknüpft? Sollen Sie z. B. die Abbildung zur Begründung oder Erläuterung eines Sachverhaltes verwenden oder wird von Ihnen eine Hypothese über den Ablauf eines dargestellten Experimentes erwartet?

- Welche für die Beantwortung der Fragestellung relevanten Informationen lassen sich aus den Darstellungen entnehmen und welche Fragen stellen sich?
- Welche Ursachen und Mechanismen könnten hinter den dargestellten Prozessen stecken? Wie sind auftretende Besonderheiten zu erklären?

6.4 Darstellung der Ergebnisse

Bei der Erstellung Ihrer Lösungen sollten Sie sich, neben der fachlichen Richtigkeit, um **sprachliche Richtigkeit und eine angemessene äußere Form** bemühen. Alle Antworten sollten Sie (sofern es nicht ausdrücklich anders verlangt ist, z. B. die Angabe als Tabelle oder Skizze) durchgehend in vollständigen Sätzen unter Verwendung der passenden **Fachbegriffe** formulieren.
Auch wenn zur Beantwortung der Aufgabe kein Fließtext gefordert wird, sollten die unkommentierte Aufzählung einzelner Schlagwörter (Ausnahme: Operator „Nennen") sowie unbeschriftete Skizzen und Tabellen vermieden werden.
Bei allen Lösungen sollten Sie außerdem beachten,

- dass Sie sich bei der Bearbeitung der Aufgabe an den Operator der Aufgabenstellung halten, damit Sie die **Lösung im Sinne der Aufgabenstellung** erstellen. Sie sollten z. B. beim Operator „Nennen/Angeben" keine weiteren Erklärungen angeben, dies wäre auch nicht im Sinne einer sinnvollen Zeiteinteilung bei der Prüfung.
- dass die Darstellung **logischen und erkennbaren Ordnungsprinzipien** folgt. Für längere Teilantworten bietet sich die „klassische", aus dem Deutschunterricht bekannte Einteilung in eine kurze Einleitung (meist reichen hier 1–2 Sätze), einen in sinnvolle Absätze gegliederten Hauptteil und Schlusssatz an.
- dass die Ausführungen **eindeutig formuliert** sind und soweit sinnvoll auch mit anderen Teilen Ihrer Klausur verknüpft werden.

Die mündliche Abiturprüfung

Diese Aufgabenstellung wird von Ihrer Lehrkraft erstellt. Diese leitet auch das Prüfungsgespräch, an dem in der Regel eine protokollierende Fachlehrkraft und ein weiteres Mitglied des Fachausschusses teilnehmen. Das zum Prüfungsbeginn ausgehändigte Aufgabenblatt enthält meist drei (**Brandenburg**) bzw. zwei (**Berlin**) materialbezogene Aufgabenstellungen (**Berlin:** eine Aufgabe aus dem Wahlsemester, eine aus dem 4. Kurshalbjahr). Sie haben in **Brandenburg** 30 Minuten, in **Berlin** 20 Minuten Zeit, sich individuell auf die Prüfung vorzubereiten. Bei Prüfungen mit einem experimentellen Teil kann die Vorbereitungszeit verlängert werden.

Tipps:

- *Nutzen Sie die Möglichkeit sowohl die Tafel wie auch eine in der Vorbereitungszeit selbst erstellte Folie in den Prüfungsvortrag einzubeziehen. Eine leere Folie und Folienstifte können Sie mitbringen. Fragen Sie nach einem Overheadprojektor.*
- *Der Prüfungsvortrag sollte gut strukturiert sein, das Thema nicht verlassen und die Aufgabenteile miteinander verknüpft werden.*
- *Kurze Hinweise auf weitergehende Bezugspunkte/praktische Anwendungen verdeutlichen Ihr Wissen.*

1 Ablauf der Prüfung in Brandenburg

Die Prüfung selbst dauert in der Regel 20 Minuten und gliedert sich in einen ersten und einen zweiten Prüfungsteil. Die Leistungen in diesen beiden Abschnitten gehen zu gleichen Anteilen in die Bewertung ein. Im ersten Prüfungsteil erfolgt ein sach- und fachgerechter, zusammenhängender Vortrag auf Basis der erhaltenen Fragen und der in der Vorbereitungszeit erstellten Aufzeichnungen. Die Fragen sind inhaltlich auf die vorgegebene Thematik (nicht Kurshalbjahr) begrenzt. Der Vortrag sollte zeitlich so gestaltet sein, dass er 12 Minuten nicht wesentlich überschreitet. Beachten Sie das Zeitmanagement der Prüfung. Anhand der Prüfungsfragen beider Prüfungsteile sind Leistungen in allen drei Anforderungsbereichen zu erbringen, die aus mindestens zwei Schulhalbjahren stammen. Im zweiten Teil der Prüfung können zu korrigierende Inhalte des ersten Teils oder völlig neue Aspekte und Themen im Mittelpunkt stehen. Theoretisch hat jedes Mitglied des Fachprüfungsausschusses ein Fragerecht.

2 Ablauf der Prüfung in Berlin

Das Prüfungsgespräch dauert 20 Minuten. Der erste Teil der Prüfung ist bei jeder der beiden Aufgaben (die Reihenfolge der Aufgaben wird von Ihnen selbst gewählt) eine selbstständige Darstellung durch Sie (als Prüfling). Daran schließt sich ein Prüfungsgespräch an.

Hinweise zur Benutzung dieses Buches

Dieses Buch enthält **Übungsaufgaben** für die mündliche Abiturprüfung in Berlin. Darüber hinaus finden Sie die zentral gestellten **EA-Abituraufgaben** der Jahre 2018 bis 2020 und die **Leistungskurs- und Grundkursaufgaben** 2021 für **Brandenburg** zur Vorbereitung auf die Prüfung sowie die **Leistungskurs- und Grundkursaufgaben** der Jahre 2018 bis 2021 für **Berlin**. Selbstverständlich können von den Schülern und Schülerinnen beider Bundesländer **alle** Aufgaben zur Vorbereitung auf das Abitur genutzt werden.
Zu allen Aufgaben bieten wir Ihnen vollständige und ausführliche **Lösungsvorschläge**. Viele der Lösungsvorschläge sind zusätzlich mit **methodischen Hinweisen** versehen. Diese Hinweise erläutern – sofern nötig – kurz den Operator sowie die Herangehensweise an die Teilaufgabe und geben Ihnen konkrete Tipps, was bei der jeweiligen Aufgabe zu beachten ist. Alle Tipps und Hinweise erkennen Sie am *kursiven* Druck und zusätzlich an den Rauten am Seitenrand.
Ideal zur Überprüfung des biologischen Fachwissens und zum Aufdecken von Wissenslücken sind die im **ActiveBook** enthaltenen **interaktiven Aufgaben**. Daneben finden Sie dort hilfreiche **Lernvideos**, die komplizierte Zusammenhänge einfach erklären (vgl. Farbseiten zu Beginn des Buches).

Biologie (Berlin): Mündliche Abiturprüfung
Übungsaufgabe 1: Ökologie

Thema: Ökologie von Ameisenlöwen

Die Larven der Ameisenjungfern (Insekten) werden in der populärwissenschaftlichen Literatur häufig als „Ameisenlöwen" bezeichnet. Bei etwa 10 % dieser räuberischen Insektenarten bauen die Larven Fangtrichter in den Boden, indem sie das sandige Substrat durch ruckartige Bewegungen des Kopfes ausschleudern. In Brandenburg sind die Trichter der Geflecktflügeligen Ameisenjungfer *(Myrmeleon formicarius)* häufig an sandigen Wegen von Kiefernwäldern oder am Rande sandiger Offenflächen zu finden.

Aufgabenstellung

1 Erläutern Sie den Begriff „Toleranzbereich".

2 Beschreiben Sie die im Material dargestellten Ergebnisse der Untersuchungen von KITCHING. Erläutern Sie ökologische Zusammenhänge zwischen Wassergehalt sowie der Temperatur, der Trichterwand und der Trichterbeschaffenheit.

3 Entwickeln Sie ein Experiment zur Überprüfung der Hypothese, die Faktoren Wassergehalt und Temperatur des Bodensubstrates würden das Habitatwahlverhalten der Larven beeinflussen.

Mögliche Zusatzfragen:

4 Erläutern Sie die Grundaussagen des Minimum-Gesetzes.

5 Beschreiben Sie weitere Beispiele von Anpassungen bei Pflanzen und Tieren an ähnlich extreme Standortfaktoren.

Material

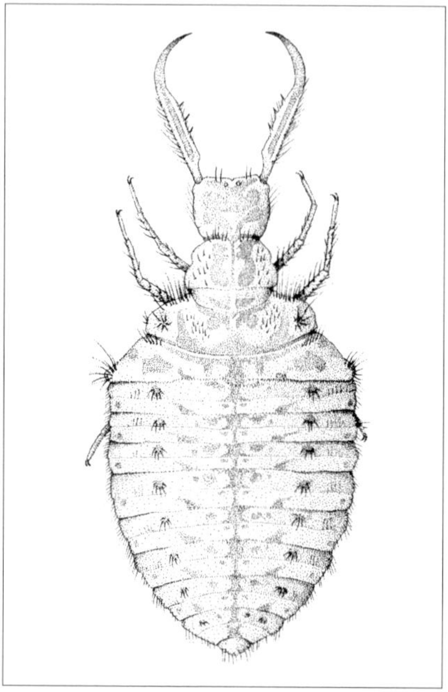

Abb. 1:
Larve von *Myrmeleon formicarius*
Dr. Ole Müller, www.bioscience-art.de

Aufgrund der besonderen Faktoren im Lebensraum sind die Larven sowohl im Verhalten als auch physiologisch und morphologisch hochgradig angepasst. Zwei dieser Anpassungen sind der spezialisierte Beutefang und die Fähigkeit zur aktiven Habitatwahl. Am Grunde der Trichter warten die Larven auf vorbeikommende Beute, die durch Ausschleudern von Sand oder passiv durch das Einrutschen der Trichterwände gefangen wird. Gehäuft werden Insekten, u. a. auch Ameisen, gefangen.

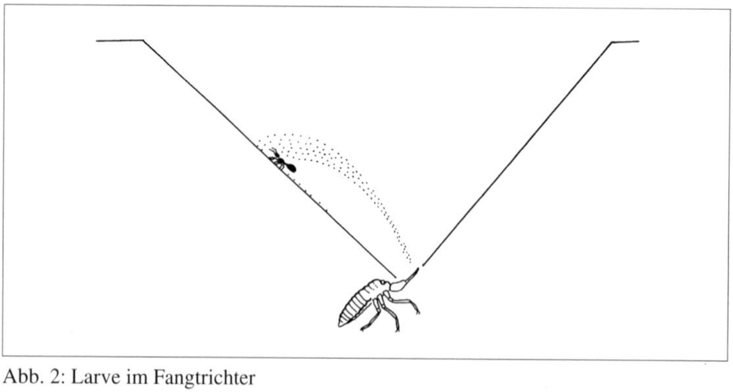

Abb. 2: Larve im Fangtrichter
Dr. Ole Müller, www.bioscience-art.de

Von KITCHING wurde festgestellt, dass die Größe der Trichter von verschiedenen Umweltfaktoren abhängig ist:

Wassergehalt des Sandes der Trichterwand [%]	**Trichter-durchmesser / Körperlänge**	**Temperatur des Sandes des Trichters [°C]**	**Trichter-durchmesser / Körperlänge**
0,0	4,3	15,0	2,0
1,5	4,0	22,5	2,8
3,6	1,1	26,8	5,7
5,6	0,0	31,0	6,6
8,0	0,0	36,0	7,0

Tab. 1: Trichterdurchmesser in Abhängigkeit des Wassergehaltes und der Temperatur des Trichtersubstrates

nach: Kitching: Some biological and physical determinations of pit size in larvae of Myrmeleon pictifrons Gerstaecker (Neuroptera: Myrmeleonidae), J. Austral. ent. Soc. 23/1984, S. 179–184

Lösungen

1 Gegenüber den verschiedenen Umweltfaktoren besitzt jeder Organismus einen spezifischen physiologischen Toleranzbereich. Er kennzeichnet die Grenzen, in denen dieser Organismus Schwankungen des Umweltfaktors ertragen kann. Unterschreitet oder überschreitet die Intensität eines Faktors den Toleranzbereich, kann der Organismus seine Lebensfunktionen auf Dauer nicht mehr aufrechterhalten.

Toleranzbereiche sind durch drei Festpunkte charakterisiert: **Minimum, Optimum und Maximum**. Dabei kennzeichnet das Minimum die untere, das Maximum die obere Grenze der Intensität eines Faktors. Im Optimum wird die Entwicklung und Fortpflanzung (Vitalität) des Organismus am meisten gefördert.

Nähert sich die Intensität des Faktors den Grenzen des Toleranzbereiches, so befindet sich der Organismus in einem ökologischen **Pessimum**. Im Bereich des Pessimums ist der Organismus in vielen Lebensfunktionen eingeschränkt, seine Vitalität sinkt. Er produziert unter diesen ungünstigen Bedingungen weniger oder keine Nachkommen.

Bewegliche Arten, wie die meisten Tiere, können sich einer ungünstigen Faktorenwirkung durch Abwanderung in andere Habitate entziehen und sich somit ihre optimalen Faktorenintensitäten selber wählen **(Habitatwahlverhalten)**.

Toleranzbereiche sind artspezifisch genetisch festgelegt und wie jedes Merkmal individuell verschieden ausgebildet **(Variabilität)**. Sie können sich in Folge unterschiedlicher Genexpression im Laufe der Individualentwicklung verändern.

2 *Da die Trichterdurchmesser generell von der Körpergröße abhängig sind (große Larven bauen unter gleichen Bedingungen größere Trichter als kleine Larven), wurden die Daten von Kitching über den Quotienten Trichterdurchmesser/Körperlänge (T : K) vergleichbar gemacht.* ***Beschreiben*** *der Ergebnisse:*

Der Trichterdurchmesser ist abhängig vom Wassergehalt des Bodens sowie von der Temperatur des Trichtersubstrates. Mit steigendem Wassergehalt nimmt der Trichterdurchmesser ab. Bei Bodenfeuchtigkeiten ab 5,6 % können die Larven keine Trichter mehr bauen. Mit steigender Substrattemperatur werden größere Trichter angelegt. Die Daten lassen offen, bei welchen Temperaturen keine Trichter mehr angelegt werden können.

Erläutern *der ökologischen Zusammenhänge:*

Wirkungen der Bodenfeuchte

In feuchten Sandsubstraten lassen sich nur schwer Trichter anlegen, die ihre Funktion als Fangtrichter erfüllen können. Durch die erhöhte Feuchtigkeit der Substratpartikel verändern sich die physikalischen Eigenschaften in Bezug auf ihren Zusammenhalt. Feuchte Substrate rutschen schwer nach. Das Anlegen von Trichtern in feuchtem Boden wird mit erhöhtem Energieaufwand verbunden sein, da sie ebenfalls durch Ausschleudern von Substratpartikeln angelegt werden. Haften viele Partikel durch erhöhte Feuchte zusammen, ist es für die Larve schwer, sie zu bewegen.

Trichter, deren Substrate feucht sind, rutschen nicht nach, wenn Beute hineingerät. Die Beutetiere können über die festen Wände leichter entkommen. In kleinen, feuchten Trichtern ist die Wahrscheinlichkeit, Tiere zufällig zu erbeuten größer als in tiefen Trichtern, da die Larven nicht so weit vom Trichterrand entfernt sind und durchlaufende Beutetiere schnell erbeuten können. In diesem Kosten-Nutzen-Zusammenhang ist die Anlage kleiner Trichter in feuchten Böden günstiger.

Wirkungen der Temperatur

Insekten sind wechselwarme Tiere, die in den meisten Fällen nur passive Thermoregulation betreiben können. Damit sind sämtliche Stoffwechselvorgänge direkt von der Außentemperatur beeinflusst. Bei geringen Temperaturen sinkt die Aktivität von Insekten. Es ist denkbar, dass niedrige Temperaturen des Trichtersubstrates das Vermögen herabsetzten, Substrat auszuschleudern. Deshalb werden die Trichter bei geringen Temperaturen kleiner sein als bei hohen Temperaturen.

Bei hohen Temperaturen besteht in den von Ameisenlöwen genutzten Habitaten die Gefahr der Überhitzung. Sie können ihre Körpertemperatur in bestimmten Grenzen nur über Verhaltensweisen regulieren. Körperhaltungen und Habitatwahl können Überhitzungen entgegenwirken. Die Erhitzung des Substrates erfolgt vor allem durch direkte Sonneneinstrahlung. Große Trichter sind auch tiefer. Der Grund tiefer Trichter ist in gemäßigten Breiten wegen der schrägen Sonneneinstrahlung im Tagesverlauf länger beschattet als der Grund flacher Trichter. Deshalb sind die Tiere in tiefen Trichtern besser vor Überhitzung geschützt.

In flachen Trichtern müssten sich die Larven tief in das Substrat zurückziehen, um der Überhitzung zu entgehen. Dadurch hätten sie kaum Gelegenheit, Beute zu fangen. Tiefe Trichter sind bei höheren Temperaturen also günstiger.

3 *Einige Larven von Ameisenlöwen werden im Labor unter definierten Bedingungen gehalten. Das Wahlverhalten der Tiere entlang eines sich kontinuierlich verändernden Faktors (Gradient) muss auf experimentellem Wege erfasst werden. Dazu sind verschiedene experimentelle Ansätze geeignet, z. B.:*

Die Faktoren **Bodenfeuchte und Bodentemperatur** wirken unter natürlichen Bedingungen häufig gekoppelt. Bei hohen Temperaturen trocknet das Bodensubstrat schnell aus, während es bei niedrigen Temperaturen länger feucht bleibt. Der Zusammenhang erlaubt deshalb auch eine gemeinsame Betrachtung beider Faktorenwirkungen. Sollen die Wirkungen der einzelnen Faktoren analysiert werden, ist es erforderlich, immer nur einen Faktor zu variieren und alle anderen Faktoren möglichst konstant zu halten.
In ein geeignetes Gefäß (Terrarium) wird gleichmäßig befeuchtetes Substrat aus den Lebensräumen der gefangenen Versuchstiere ausgebracht. In einer Vorbereitungsphase wird mit einer Bodenheizung, die nur einen Teil des Versuchsgefäßes beheizt, ein **Temperaturgradient** ausgebildet. Ist diese Vorbereitungsphase lang genug, verändert sich entlang des Temperaturgradienten auch die **Bodenfeuchtigkeit**. Sind die Gradienten ausgebildet, werden die Larven in die Versuchsanordnung eingeführt. Um den Einfluss biotischer Interaktionen zwischen den Versuchstieren zu senken, ist auf eine angemessene **Besatzdichte** zu achten. Nach einer in Vorversuchen ermittelten Zeit (Expositionszeit) werden die **Trichterbauten** im Terrarium **kartiert** und die Faktoren an den einzelnen Trichtern gemessen. Um statistisch gesicherte Ergebnisse zu erhalten, muss in mehreren Versuchsreihen eine möglichst **große Stichprobe** an Tieren untersucht werden.
Ist die formulierte Hypothese richtig, müssten sich die Trichter in bestimmten **Vorzugsbereichen** innerhalb der Gradienten befinden. Damit wäre die Wirksamkeit dieser Faktoren auf das Habitatwahlverhalten nachgewiesen.

4 Auf den Organismus wirken ständig sehr viele verschiedene Faktoren ein. Dabei wird die Vitalität des Organismus besonders durch den Faktor bestimmt, der sich in seiner Intensität am weitesten im Pessimum des entsprechenden Toleranzbereiches befindet (Minimumgesetz von Justus von LIEBIG).

*Einzelne Faktoren können sich in begrenztem Maße ersetzen, ohne dass sich die Vitalität verändert. Dadurch verhalten sich Organismen nicht immer entsprechend ihrer experimentell ermittelten Toleranzbereiche. Dieses abweichende Verhalten unter der Wirkung aller Faktoren beschreibt man mit dem **ökologischen Präsenzbereich**.*

5 *Die Aufgabenstellung ist sehr offen formuliert. Neben den hier ausgeführten Anpassungen an trockene Standorte könnten auch Anpassungen an andere Faktoren beschrieben werden (Salzgehalt, Licht, Temperatur etc.).*

Um ihren inneren Wassergehalt in trockenen Lebensräumen konstant zu halten, entwickelten landlebende Organismen zahlreiche Anpassungen. Dazu zählen unter anderem: **Verdunstungsschutzeinrichtungen**, besondere Anpassungen des Stoffwechsels zur **Rückgewinnung von Wasser**, spezialisierte **Organe** zur Wasseraufnahme, angepasstes **Verhalten** zur Optimierung des Wasserhaushaltes und Wasserspeicher.

Pflanzen extrem heißer und trockener Standorte müssen so viel Wasser wie möglich zurückbehalten. Dazu schützen sie ihren Innenraum durch dicke, wasserundurchlässige **Kutikulabildungen**. **Versenkte Spaltöffnungen** und Schichten **toter Haare** verzögern den Abtransport des aus den Spaltöffnungen abgegebenen Wassers. Pflanzen, die über längere Zeit Wasser speichern können, werden als **Sukkulenten** bezeichnet.

Der **CAM-Mechanismus** *(Crassulacean acid metabolism)* ist eine physiologische Anpassung an trockene Standorte. Unter anderem ist dieser Mechanismus bei Kakteen und Dickblattgewächsen nachgewiesen worden. Er gestattet diesen Pflanzen, das für die Fotosynthese benötigte Kohlenstoffdioxid ausschließlich in der Nacht aufzunehmen, wenn die Temperaturen am Standort ihre Tiefstwerte erreicht haben. Üblicherweise nehmen Pflanzen dieses Gas am Tag über die Spaltöffnungen auf. An heißen Standorten müssen die Spaltöffnungen aber am Tage geschlossen bleiben, um den Wasserverlust niedrig zu halten.

Bei **Tieren** steht der Wasseraufnahme über die Nahrung und über das Trinkwasser die Wasserabgabe über Kot, Harn, Transpiration sowie über innere und äußere Häute gegenüber. Gibt ein Tier auf Dauer mehr Wasser ab, als es aufnimmt, muss es über Habitatwahl neue Wasserquellen aufsuchen. Verdunstungsschutzeinrichtungen wie **hornhaltige Trockenhäute** (Reptilien), hochkonzentrierter **Sekundärharn** (alle Wüstensäuger), **verschließbare Tracheenöffnungen** (Insekten) oder aktive **Wasserdampfaufnahme** über Schleimhäute (Kängururatte) sind einige Anpassungen von Tieren an trockene Lebensräume.

Durch die **Nutzung des bei der biologischen Oxidation anfallenden Wassers** können einige Tiere ganz auf die Aufnahme von Wasser verzichten. Die Larven des Mehlkäfers und der Speckkäfer können auf diese Weise lange Zeit von wasserfreien Stoffen leben, ohne dass ihr innerer Wassergehalt stark abnimmt. Auch Säugetiere wie einige Antilopen, Kamele oder Wüstenmäuse sind dazu in der Lage.

Biologie (Berlin): Mündliche Abiturprüfung
Übungsaufgabe 2: Evolution

Thema: Bänderschnecken

Die Hain-Bänderschnecken *(Cepea nemoralis)* bilden sehr kleine Populationen, deren Individuen durch Häufigkeitsunterschiede bestimmter Merkmale (Morphe) gut gegeneinander abgrenzbar sind. Die Schnecken zeigen einen auffälligen Polymorphismus der Schalenfarbe (gelb, rosa, braun) und der Bänderzahl (0 bis 5).

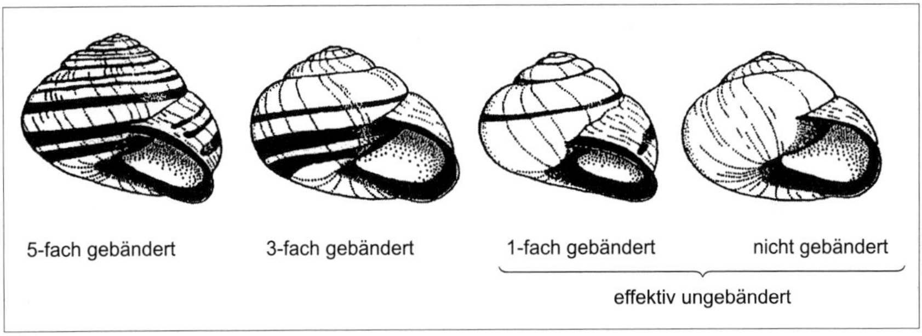

Abb. 1: Polymorphismus der Bänderung bei *C. nemoralis*
verändert nach: Cockburn, A.: An introduction to evolutionary ecology, Blackwell Scientific Publishing, 1991, S. 50

Aufgabenstellung

1 Erläutern Sie die Grundgedanken der Darwin'schen Selektionstheorie.

2 Beschreiben und erklären Sie den im Material dargestellten Zusammenhang zwischen Gehäusetypen und Lebensräumen bei Bänderschnecken.

3 Setzten Sie sich kritisch mit den Aussagen von HUXLEY und MAYR unter Verwendung einer evolutionsbiologischen Argumentation auseinander.

Material

Material 1

In einem Gebiet wurde eine Schneckenpopulation untersucht, deren Lebensraum sich innerhalb von etwa 30 Jahren stark veränderte: Das ursprüngliche Grasland wandelte sich zu einem Lebensraum, in dem der Anteil der Gehölze (Hecken und Bäume) zunahm. Die Hecken boten Singdrosseln, den wichtigsten Fressfeinden von Schnecken, verbesserte Fortpflanzungsmöglichkeiten. Die Bäume hatten Einfluss auf die Bodenvegetation.

Die folgende Tabelle fasst die Ergebnisse der Untersuchung zusammen.

Bänderzahl	**0**	**1**	**2**	**3**	**4**	**5**
A	2	5	5	70	13	5
B	15	30	40	5	5	5

Relative Anteile (%) von Bändermorphen vor (A) und (B) nach dem Einwandern von Singdrosseln in das Heckenhabitat. Die Schalenfarben aller Gehäuse variierten hier nur wenig um die Farbe Gelb.

Material 2

Die große Variabilität der Bänderschnecken innerhalb von Populationen und zwischen Populationen wurde von frühen Vertretern der synthetischen Evolutionstheorie sehr verschieden interpretiert. HUXLEY (1942) behauptete *„the distribution of types appeared to be wholly random"* („die Verteilung der Typen sei anscheinend zufällig") und MAYR (1942) glaubte, die Variation sei *„obviously of very insignificant selective value"* („offensichtlich von sehr geringem selektiven Wert"). Spätere Arbeiten untersuchten die statistische Verteilung der Merkmalsträger in Populationen, die unterschiedliche Habitate bewohnten.

Die Abbildung 2 zeigt die Verteilung von Gehäusetypen in verschiedenen Lebensräumen. Jeder Punkt stellt eine Population dar. Die Wissenschaftler ermittelten den Anteil gelber und „effektiv ungebänderter" Gehäuse in diesen Populationen. Zu effektiv ungebänderten Gehäusen gehören ungebänderte und einfach gebänderte (1 Band) Gehäuse, weil sich Fressfeinde ihnen gegenüber gleich verhalten.

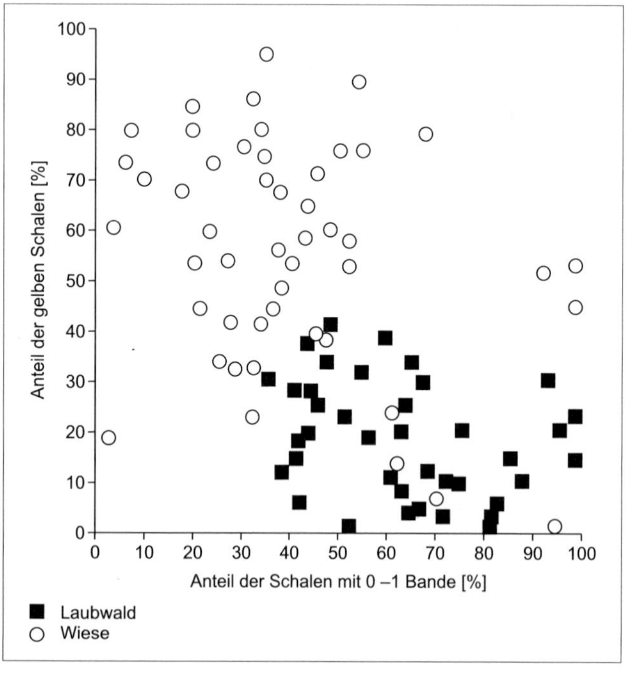

Abb. 2: Verteilung von Gehäusetypen in unterschiedlichen Lebensräumen

Lösung

1 Nach Charles Darwin verändern sich Arten durch einen Auslesevorgang. Der Mechanismus ist mit der Auslese beim Züchtungsvorgang vergleichbar: Ein Züchter wählt diejenigen Individuen für die weitere Zucht aus, die seinem Zuchtziel am nächsten kommen. Die „**natürliche Zuchtwahl**" der Darwin'schen Selektionstheorie basiert auf folgenden Annahmen:

- Eine Art produziert **mehr Nachkommen**, als zur Erhaltung der Art erforderlich sind.
- Die Individuen einer Population unterscheiden sich in ihren Merkmalen **(Variabilität)**.
- Unter den Individuen einer Population herrscht **Konkurrenz** um Ressourcen.
- Individuen, die an die wirkenden Umweltfaktoren **am besten angepasst** sind, bringen besonders viele Nachkommen hervor. Unangepasste Individuen sterben oder bringen weniger Nachkommen hervor.
- Dadurch verändern sich im Laufe vieler Generationen die betreffenden Merkmale innerhalb der Population.

2 Wie aus **Material 1** hervorgeht, können Singdrosseln als natürliche Raubfeinde in relativ kurzer Zeit Schnecken mit bestimmten Merkmalskombinationen (Morphe) selektieren. Im beobachteten Fall veränderte sich der Lebensraum der Schneckenpopulation von Wiesenhabitaten in Richtung Wald. Es ist zu vermuten, dass Falllaub und die Zunahme der Beschattung die Vegetation am Boden veränderten. Außerdem wurde die Population der Singdrosseln durch die aufkommenden Verbuschung (Heckenbildung) begünstigt. Beide Entwicklungen hatten Effekte auf die Schneckenpopulationen. Die gebänderten, gelbschaligen Morphe waren auf dem mit Falllaub und spärlicher Vegetation bedeckten Bodengrund für ihre Fressfeinde viel leichter auffindbar. Die ursprünglich im Grasland vorteilhafte Tarnung gebänderter, gelbschaliger Morphe kehrte sich nun in einen Nachteil um. In Folge der Selektion dieser Morphe veränderte sich in den folgenden 30 Jahren die Zusammensetzung der Schneckenpopulation in Richtung „effektiv ungebänderter" Morphe.
Die Hypothese wird durch die Befunde der Untersuchung aus **Material 2** des Materials gestützt. Populationen, in denen die überwiegende Zahl der Individuen gebänderte (effektiv ungebänderte < 50 %), gelbe Schalen aufweisen, sind vor allem in Habitaten mit Wiesencharakter und in Kräuterbeständen zu finden. Populationen mit effektiv ungebänderten und nicht gelbschaligen (also rosa und braune) Schnecken sind vor allem auf dem Boden von Laubwäldern verbreitet.

3 Betrachtet man die in Material 2 analysierte morphologische Zusammensetzung der Schneckenpopulationen als Resultat einer natürlichen Selektion unter dem Einfluss von Fressfeinden, dann müssen sowohl die Aussage von HUXLEY als auch von die Aussage von MAYR abgelehnt werden.

Wäre die Verteilung, wie Huxley vermutete zufällig, dann sollte sich die prozentuale Verteilung der Bänderung nach den Veränderungen der Rahmenbedingungen (Heckenvegetation, Fressfeinde) nicht verändern. Die Befunde des Material 1 weisen allerdings auf einen Selektionsprozess hin, in dessen Folge die Population genotypisch und phänotypisch verändert wird.
Ungebänderte Morphe werden von den Drosseln offenbar weniger gut erkannt und sind deshalb unter den neuen Bedingungen besser angepasst als stark gebänderte Tiere. Die Aussage von Mayr, die Merkmalsvariation hätte keinen selektiven Wert, ist deshalb nicht zutreffend.

Grundkurs Biologie (Berlin): Abituraufgaben 2018
Aufgabe A1: Physiologische Grundlagen ausgewählter Lebensprozesse

Thema: Seesterne sind Sehsterne

Seesterne sind einfach gebaute Tiere, von denen es weltweit ungefähr 1 600 Arten gibt. Ihre Lebensweise ist zunehmend mehr in das Interesse der Wissenschaftler gerückt, weil vor allem die Dornenkronenseesterne als Gefahr für Korallenriffe gelten. Der Dornenkronenseestern *Acanthaster planci* ernährt sich von Steinkorallen. Die gefräßigen Räuber fallen oft zu Tausenden gleichzeitig über Riffe her und fressen diese kahl. Forscher aus Bayreuth konnten jetzt nachweisen, dass Dornenkronenseesterne ihre sehr einfach gebauten Augen nutzen, um ein Riff zu finden.

Eigene Darstellung nach: http://www.natur.de/de/20/Seesterne-haben-Durchblick (03. 12. 2016)

Abb. 1: Dornenkronenseestern
Quelle: jon hanson / wikipedia, cc-by-sa-2.0

Aufgaben

1 Beschreiben Sie den Bau eines Neurons einschließlich der wesentlichen Zellbestandteile, die zur Erregungsleitung erforderlich sind. 11

2 Erklären Sie die Besonderheiten einer Sinneszelle in Bau und Funktion am Beispiel der Fotorezeptoren von Wirbeltieren. 6

3 Stellen Sie den Öffnungszustand der spannungsgesteuerten Ionenkanäle der Membran und die Auswirkungen auf das Membranpotenzial unter Angabe von Werten für die einzelnen Phasen eines Aktionspotenzials am Axon in einer Tabelle dar. 14

4 Erläutern Sie die Informationsleitung ausgehend vom Reiz am Rezeptor bis zur Entstehung von Aktionspotenzialen an einem Neuron, das der gereizten Sinneszelle nachgeschaltet ist. 11

5 Entwickeln Sie einen Versuchsaufbau, der Aufschluss darüber gibt, ob Dornenkronenseesterne sich mithilfe des Geruchssinns oder des Sehvermögens orientieren. Begründen Sie Ihr Vorgehen. 8

Material 1: Fotorezeptoren – Sinneszellen zum Sehen

Tiere können Informationen über das Licht durch einzelne Fotorezeptoren, die in der Haut liegen, aufnehmen. Meistens sind diese Rezeptoren mit verschiedenen Hilfsstrukturen versehen und in kompliziert gebauten Augen eingebettet. Während sich in der stammesgeschichtlichen Entwicklung die Augentypen bis hin zum Linsenauge immer differenzierter entwickelt haben, sind die eigentlichen Fotorezeptoren in ihrer Struktur und Funktionsweise nahezu unverändert geblieben.

Bei einer Sinneszelle führt die Reizeinwirkung zu einer Veränderung des Ruhepotenzials. Dieses veränderte Potenzial wird als Rezeptorpotenzial bezeichnet. Es wird durch die veränderte Aktivität von Ionenkanälen in den Membranen beeinflusst. In der Regel ist das Rezeptorpotenzial umso größer, je höher die Reizintensität ist. Der Zusammenhang ist aber selten linear.

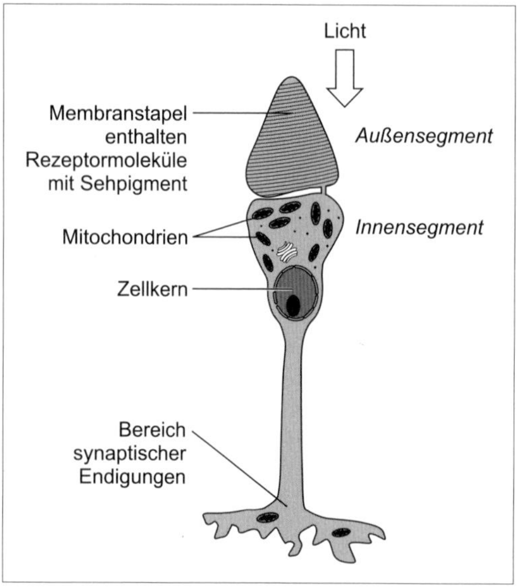

Abb. 2: Zapfen – Fotorezeptor bei Wirbeltieren, schematische Darstellung
verändert nach: Ivo Kruusamägi / wikipedia, cc-by-sa-3.0

Material 2: Informationsweg von der Sinneszelle

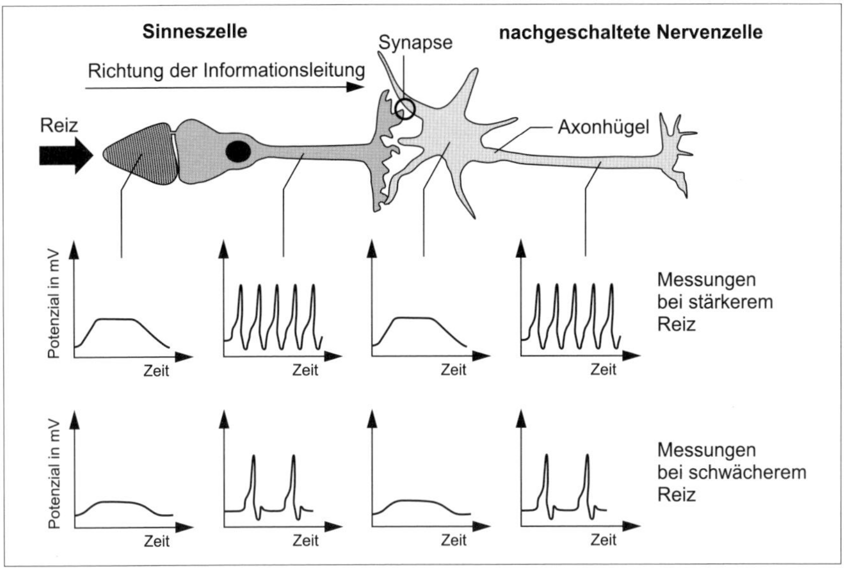

Abb. 3: Reizverarbeitung und Informationsverschlüsselung

Material 3: Sinnesleistungen der Dornenkronenseesterne

Seesterne gehören zu dem stammesgeschichtlich alten Tierstamm der Stachelhäuter. Sie besitzen kein Gehirn, sondern einen zentralen Nervenring, von dem aus Nervenstränge in die Arme ziehen.

Lange Zeit ging man davon aus, dass die Dornenkronenseesterne durch chemische Stoffe, die Korallen abgeben, ihre Nahrungsgründe finden. Über ihren Tast- und Sehsinn war bisher wenig bekannt. Man nahm an, dass mit den Augen durch die Unterscheidung von hell und dunkel allein die Tag-Nacht-Aktivität der Tiere gesteuert wird.

Weitere Materialgrundlagen:
http://www.wissenschaft.de/leben-umwelt/biologie/-/journal_content/56/12054/2732107/Seesterne-sehen-mit-den-Armen (03. 12. 2016)
Stefan Silbernagl, Taschenatlas der Physiologie, Georg Thieme Verlag, 2003
http://www.u-helmich.de/bio/neu/1/12/123/1233-Vertiefung1.html (03. 12. 2016)

Lösungsvorschläge

1 *Hier geht es im Wesentlichen darum, gelerntes biologisches Grundwissen in Textform übersichtlich und strukturiert darzustellen, eine Aufgabe des AB I. Als Erinnerungshilfe können Abb. 2 und Abb. 3 dienen. Dabei ist die Aufgabenstellung genau zu beachten: Erläuterungen zur Erregungsleitung bzw. zum Aktionspotenzial sind nicht gefordert.*

Bei einem **Neuron** (Nervenzelle) handelt es sich um eine tierische Zelle, die auf die Erregungsweiterleitung spezialisiert ist. Die für diese Funktion wesentlichen Zellbestandteile sind:

- Die **Zellmembran** ermöglicht die Entstehung und Weiterleitung von Aktionspotenzialen, da durch sie verschiedene Ionenverteilungen auf der Innen- und Außenseite der Zelle und Ionentransporte möglich sind.
- Die **Mitochondrien** sind der Ort der Zellatmung und liefern die Energie für die energieverbrauchenden Prozesse, u. a. der Erregungsleitung.
- Der **Zellkern** befindet sich im Zellkörper (Soma) und enthält die genetische Information, u. a. auch für die Strukturen zur Erregungsleitung.
- Der **Zellkörper** besitzt stark verzweigte Fortsätze, die **Dendriten**, die Impulse von benachbarten Nervenzellen empfangen. Auf der den Dendriten gegenüberliegenden Seite der Nervenzelle gibt es eine Zellausstülpung, den **Axonhügel**, der in einen langen Zellfortsatz, das Axon, mündet. Hier werden die Impulse weitergeleitet.
- Das **Axon** endet mit starken Verzweigungen, an deren Ende sich präsynaptische Membranen und Vesikel mit Neurotransmittern befinden. Diese Bestandteile der Synapsen gewährleisten die Erregungsübertragung auf benachbarte Nervenzellen.

2 *Die Aufgabe verlangt, dass die in Material 1 grafisch und textlich dargestellten biologischen Grundlagen über Fotorezeptoren zusammengefasst und um eigenes Fachwissen ergänzt werden.*

Fotorezeptoren ähneln Nervenzellen, besitzen jedoch einige Besonderheiten. Fotorezeptoren sind Lichtsinneszellen. Lichtreize bewirken Veränderungen an der Membran dieser Zellen, ein Rezeptorpotenzial kann entstehen.
Die Fotorezeptorzelle gliedert sich in ein Außensegment und ein Innensegment, beide sind durch einen dünnen Zellkanal miteinander verbunden. Sie besitzt keine Dendriten und keine vorgeschalteten Nervenzellen. Das Außensegment ist zum einfallenden Licht hin orientiert und enthält Membranstapel als Oberflächenvergrößerung. In diese Membranoberflächen sind Rezeptormoleküle (Sehpigmente) eingebettet. Auf diese Weise wird gewährleistet, dass einfallendes Licht auf eine möglichst große Anzahl von Rezeptormolekülen trifft.

3 *Hier wird erwartet, dass allgemeine Grundkenntnisse über die Vorgänge an Nervenzellmembranen präzise, stichpunktartig und strukturiert zusammengefasst werden. Die Schwierigkeit besteht darin, diese Zusammenfassung tabellarisch vorzunehmen. Eine genaue Analyse des Aufgabentextes zeigt, dass die Benennung der drei Spalten der Tabelle bereits vorgegeben ist: Benennung der Phasen des Aktionspotenzials, Öffnungszustand der spannungsgesteuerten Ionenkanäle und Auswirkungen auf das Membranpotenzial.*

Phasen eines Aktionspotenzials (AP)	Öffnungszustand der Ionenkanäle	Auswirkungen auf das Membranpotenzial
Depolarisation über den Schwellenwert	Öffnen der Na^+-Kanäle	Steigt von ca. –70 mV bis ca. +30 mV
Repolarisation	Schließen der Na^+-Kanäle, Öffnen der K^+-Kanäle	Sinkt bis ca. –70 mV
Hyperpolarisation	K^+-Kanäle noch offen, schließen sich leicht verzögert	Sinkt unter das Ruhepotenzial bis ca. –80 mV
Rückkehr zum Ruhepotenzial	Beide Arten der spannungsgesteuerten Kanäle geschlossen	Ruhepotenzial bei ca. –70 mV (Ausgangswert)

4 *Aus dem Material 2 müssen die entscheidenden Fakten herausgearbeitet und mit eigenen biologischen Grundkenntnissen zu den Vorgängen an einer Nervenfaser verknüpft werden. Dies ist eine Aufgabe des AB II. Auf Vorgänge an den Synapsen sollte dabei nicht genauer eingegangen werden.*

Wirkt am Rezeptor ein **adäquater Reiz** ein (hier: Licht), erfolgt an der Sinneszelle eine Änderung des Membranpotenzials durch **Veränderung der Öffnung von Ionenkanälen** in der Rezeptormembran. In Abhängigkeit von der Lichtintensität entsteht eine mehr oder weniger starke Depolarisation **(Rezeptorpotenzial)**. Ist die Lichtintensität hoch und übersteigt sie die **Reizschwelle**, werden am Axon **Aktionspotenziale** (APs) ausgelöst, deren **Frequenz** von der Lichtintensität abhängt: Je höher die Lichtintensität, umso höher die Frequenz der APs. Diese APs werden auf der Axonmembran weitergeleitet, bis sie die **Synapse** erreichen. Dort wird analog zur AP-Frequenz eine bestimmte Menge an **Neurotransmittermolekülen** ausgeschüttet. Diese veranlassen an der **postsynaptischen Membran** der nachgeschalteten Nervenzelle eine Veränderung der Öffnung von Ionenkanälen, sodass dort eine mehr oder weniger starke **Depolarisation** entsteht, die auf der Somamembran zum **Axonhügel** weitergeleitet wird. Dort wird die Höhe der Depolarisation wieder in eine **AP-Frequenz** übersetzt, die analog zu der AP-Frequenz auf dem Rezeptor-Axon ist.
Auf diese Weise wird die Information über die Lichtintensität in eine AP-Frequenz übersetzt und zum Gehirn weitergeleitet, wo sie verarbeitet wird.

5 *Hier geht es um die kreative Entwicklung einer experimentellen Anordnung auf der Basis von eigenem biologischem Grundlagenwissen sowie von Informationen aus dem Material 3 und dem Einleitungstext der Aufgabe. Da hier viele Informationen verknüpft werden müssen und die Versuchsanordnung komplex durchdacht werden muss, ist dies eine Aufgabe des AB III.*

Grundvoraussetzungen der Versuchsanordnung:

- Es muss mit einer ausreichend großen Anzahl von Tieren experimentiert werden, um Zufallsergebnisse auszuschließen.
- Es muss in einem ausreichend großen Aquarium experimentiert werden, in dem alle physikalischen Größen konstant gehalten werden können.

Experimentelle Vorgehensweise:

Die Augen müssen bei einer Hälfte der Versuchstiere durch eine geeignete Vorrichtung vorsichtig abgedeckt werden. Die Abdeckung darf die Bewegungsfähigkeit der Tiere nicht einschränken. Wenn diese Tiere nicht bereits durch die Vorrichtung eindeutig zu erkennen sind, sollten sie markiert werden.
Sehende und blinde Versuchstiere werden nun an das eine Ende des Aquariums gesetzt und an das entgegengesetzte Ende eine lebende Koralle.
Die Bewegungsrichtung der markierten und unmarkierten Tiere muss nun genau beobachtet (evtl. gefilmt) und protokolliert werden. Anschließend können die Ergebnisse statistisch ausgewertet werden.

Begründungen:

Wenn der Sehsinn die entscheidenden Informationen zum Auffinden der Nahrung liefert, müssten sich die blinden Tiere ziellos und ungerichtet bewegen und nur zufällig mit der Koralle zusammenstoßen, während die unpräparierten Tiere zielgerichtet die Koralle ansteuern.
Wenn der Geruchs- bzw. Geschmackssinn die entscheidenden Informationen liefert, müssten sich alle Tiere gleichermaßen in Richtung Koralle orientieren.

Es sind auch alternative Experimente denkbar. Wenn das Abdecken der Augen zu schwierig ist, könnte man den Versuch auch mit einer einzigen Gruppe an Versuchstieren durchführen, die sehend ist. Einmal beobachtet man die Fortbewegung der Seesterne bei Licht und einmal bei absoluter Dunkelheit mit einer Infrarotkamera. Dann müssten die Tiere bei Dominanz des Sehsinns im Dunkeln orientierungslos in Bezug auf die Koralle sein.

Grundkurs Biologie (Berlin): Abituraufgaben 2018
Aufgabe A2: Grundlagen und Anwendungsfelder der Genetik

Thema: Wirkung von Antibiotika

Antibiotika sind Stoffe, die entweder das Wachstum von Bakterien hemmen oder sie abtöten. Einige Antibiotika hemmen auch das Wachstum von eukaryontischen Zellen. Es gibt viele verschiedene Antibiotika, die auf unterschiedliche Weisen wirken.

Aufgaben

1	Ordnen Sie die Vorgänge Transkription, Translation und Replikation den grafischen Darstellungen im Material 1 zu. Beschreiben Sie wesentliche Schritte der Translation.	14
2	Erklären Sie die Hemmwirkung der im Material 1 vorgestellten Antibiotika. Begründen Sie, weshalb *Mitomycin* und *Actinomycin* das Wachstum von Körperzellen des Menschen eindämmen können, nicht aber *Streptomycin*.	12
3	Beschreiben Sie die Versuchsergebnisse der Versuche A bis C zur Wirkungsweise der beiden Antibiotika und werten Sie diese aus.	12
4	Entwickeln Sie eine Hypothese zur Ausbreitung von Antibiotika-Resistenzen.	6
5	Diskutieren Sie den Einsatz von Antibiotika in der Medizin.	6

Material 1: Angriffspunkte verschiedener Antibiotika

1: *Mitomycin* reagiert mit Guanin und Cytosin zu einem festen Komplex bei Pro- und Eukaryonten.
2: *Actinomycin* bindet an Guanin in der DNA von Pro- und Eukaryonten.
3: *Streptomycin* bindet an die kleine Untereinheit der Ribosomen von Bakterien, nicht aber von Eukaryonten.
4: *Puromycin* enthält eine freie Aminogruppe zur Ausbildung einer Peptidbindung, aber keine Carboxylgruppe für die Bildung weiterer Peptide.

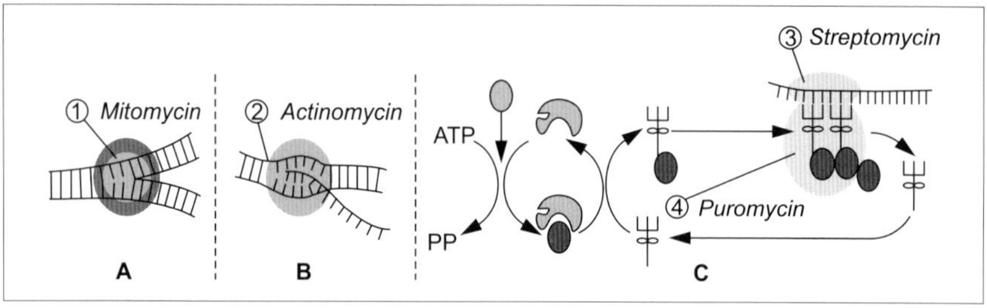

Abb. 1: Das Schema zeigt Angriffspunkte verschiedener Antibiotika an der Nukleinsäure- und Proteinbiosynthese.

Quelle: Genomxpress, Scholae, Heft 1, 2011, S. 38

Material 2: Versuche zur Wirkungsweise zweier Antibiotika

Um genauere Angaben zur Wirkungsweise zweier Antibiotika machen zu können, wurden Bakterienkolonien von *Bacillus subtilis* auf einem Nährboden mit der radioaktiv markierten Base Uracil und der ebenfalls radioaktiv markierten Aminosäure Phenylalanin kultiviert (Versuchsansatz A).
Außerdem gab man die Antibiotika *Puromycin* (Versuchsansatz B) oder *Actinomycin* (Versuchsansatz C) zu und verfolgte den Einbau der radioaktiv markierten Substanzen.

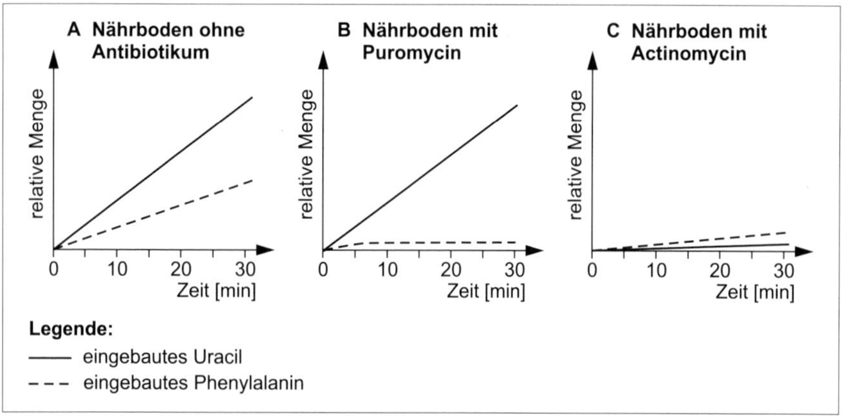

Abb. 2: Versuchsergebnisse zur Wirkungsweise von Antibiotika

Quelle: Lernideen und Materialien, Biologie entdecken heute SII, 2006 Schroedel Verlag Braunschweig, S. 187

Material 3: Sorgloser Umgang mit Desinfektionsmitteln fördert Antibiotika-Resistenzen

Eines der größten Probleme des Gesundheitswesens sind Infektionen mit bakteriellen Krankheitserregern, die gegen Antibiotika resistent sind. Diese Art der Infektionen hat in den letzten zehn Jahren massiv zugenommen. Die schwersten Fälle von krankenhausbedingten, bakteriellen Infektionen werden durch Methicillin-resistente *Staphylococcus aureus* Stämme (MRSA) und *Beta-Laktamase produzierende Enterobakterien (ESBL)* verursacht.

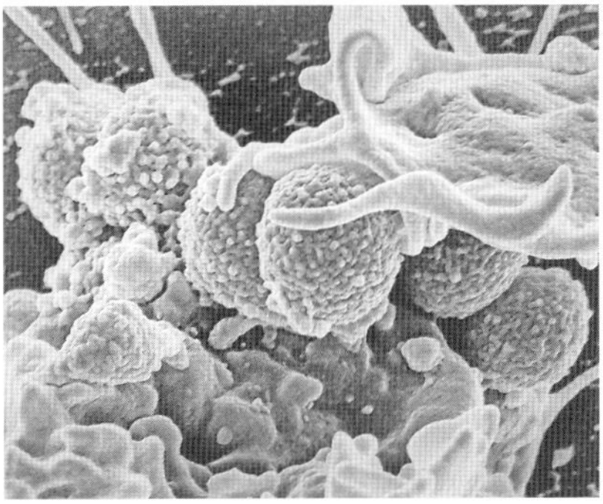

Abb. 3: Methicillin-resistente *Staphylococcus aureus*-Bakterien (MRSA) gehören zu den gefürchteten Krankenhauskeimen

Quelle: Science History Images / Alamy Stock Photo

In Krankenhäusern eingesetzte Desinfektionsmittel enthalten häufig Antibiotika. Diese Desinfektionsmittel werden z. B. zur Reinigung der Fußböden eingesetzt. Wird dem Wischwasser jedoch zu wenig Desinfektionsmittel zugesetzt, wird die Vermehrung der Bakterien nicht gehemmt. Kultivierte man resistente Bakterien zusammen mit einem antibiotika-empfindlichen Bakterienstamm, so traten nach einiger Zeit auch in dem empfindlichen Bakterienstamm antibiotikaresistente Individuen auf.

Quelle: verändert nach: chs / ddp, 18. 12. 2009, http://www.spiegel.de/wissenschaft/medizin/krankenhauskeime-desinfektionsmittel-koennen-antibiotika-resistenzen-ausloesen-a-669307.html (07. 06. 2017)

Weitere Materialgrundlagen:
http://www.zum.de/Faecher/Materialien/beck/13/bs13-7.htm (01. 03. 2011)
cm.Microbiology, Bd. 156; DOI 1099/mic.0.029751-0, verändert nach Berliner Zeitung, Nummer 303 vom 30. 12. 2009
www.dzif.de/forschung/krankenhauskeime_und_antibiotika_resistene_bakterien (08. 06. 2017)

Lösungsvorschläge

1 *Das Anliegen dieser Teilaufgabe ist die Darstellung von bekanntem Fachwissen in gut strukturierter Form, eine Aufgabe des AB I.*
Die Angabe von 14 BE deutet darauf hin, dass die Beschreibung der Translation nicht zu oberflächlich sein sollte. Skizzen könnten die Darstellung unterstützen, sind aber nicht ausdrücklich gefordert, somit sind auch keine BE dafür vorgesehen. Die Abb. 1 C kann als Erinnerungshilfe verwendet werden.

Zuordnung:
A = Replikation, B = Transkription, C = Translation

Beschreibung der Translation:
An den Ribosomen wird die Nukleotidsequenz der mRNA in die Aminosäuresequenz eines Proteins übersetzt. Ribosomen bestehen aus zwei Untereinheiten, die getrennt voneinander vorliegen, solange das Ribosom inaktiv ist. Erst wenn sich beide Untereinheiten verbinden, kann die Translation beginnen.
Die tRNA erfüllt die Funktion, Aminosäuren entsprechend der Codonfolge zur mRNA zu bringen. Ein tRNA-Molekül besitzt an einem Ende ein Anticodon, das komplementär zu einem Codon der mRNA ist. Am anderen Ende befindet sich die Anheftungsstelle für eine spezifische Aminosäure; diese Anheftung verläuft unter Energieverbrauch (s. Abb. 1C: ATP → PP). Eine tRNA, die sich über ihr Anticodon mit einem mRNA-Codon paart, ist bereits mit einer Aminosäure beladen. Auf diese Weise wird einem Basentriplett der mRNA eine bestimmte Aminosäure zugeordnet.
Da jede mRNA mit dem Start-Codon AUG beginnt, trägt das erste tRNA-Molekül das Anticodon UAC und ist mit Methionin verknüpft. Mit der Anlagerung dieser Start-tRNA beginnt die Translation. Nun tritt die große Untereinheit des Ribosoms hinzu, und es entsteht ein funktionsfähiges Ribosom. An das zweite Codon der mRNA lagert sich das nächste passende tRNA-Molekül an, und die beiden Aminosäuren werden durch ein Enzym miteinander verknüpft. Das Ribosom gleitet um drei Basen an der mRNA weiter usw. Die tRNA-Moleküle, die ihre Aminosäure abgegeben haben, verlassen das Ribosom und werden erneut mit ihrer spezifischen Aminosäure beladen.
Auf diese Weise entsteht eine Polypeptidkette mit einer durch die Abfolge der Codons genau festgelegten Aminosäuresequenz. Stopp-Codons in der mRNA beenden die Translation, und die Polypeptidkette verlässt das Ribosom.

2 *Diese Aufgabe verlangt die Darstellung von grafisch und textlich dargestellten biologischen Informationen als gut strukturierte Erläuterung unter Anwendung bekannter, molekulargenetischer Fachbegriffe.*

1 ***Mitomycin*** verbindet die komplementären Basen Guanin und Cytosin fest miteinander, sodass sich hier die komplementären DNA-Stränge nicht voneinander lösen können. Dies hat zur Folge, dass sich keine Replikationsgabel bilden kann, die Replikation an dieser Stelle abbricht und somit keine vollständige neue DNA gebildet werden kann. Das bedeutet wiederum, dass keine Zellteilung stattfindet und die Zelle sich nicht vermehren kann.

2 ***Actinomycin*** bindet sich fest an Guanin in der DNA, wodurch die Transkription verhindert wird. Das hat zur Folge, dass die Bildung der mRNA und somit die Ablesung der Erbinformation gestört ist. Es kann also keine Translation stattfinden, und es können keine funktionsfähigen Polypeptide gebildet werden.

3 ***Streptomycin*** verhindert die Translation, indem es sich fest an die kleinere Untereinheit der Ribosomen bindet, bevor sich beide Untereinheiten der Ribosomen zu einem funktionsfähigen Ribosom zusammengelagert haben. Das hat zur Folge, dass die Information der mRNA nicht abgelesen werden kann und somit keine funktionsfähigen Proteine gebildet werden können. Die Zelle stirbt ab.

4 ***Puromycin*** bindet sich bei der Translation fest an das Ende der im Aufbau befindlichen Polypeptidkette, sodass eine Verlängerung der Kette unmöglich wird und die Translation abbricht. Grund ist die fehlende Carboxylgruppe. Es wird die Bildung funktionsfähiger Proteine verhindert, die Zelle stirbt ab.

Mitomycin hemmt die Replikation, und *Actinomycin* verhindert die Transkription sowohl bei Pro- als auch bei Eukaryonten. Das hat zur Folge, dass nicht nur Bakterienzellen an der Vermehrung gehindert werden bzw. absterben, sondern auch menschliche Zellen. Diese beiden Antibiotika sind also für die Anwendung beim Menschen nicht geeignet.
Streptomycin wirkt sich nur spezifisch auf die Translation von Bakterien aus. Deshalb ist es für menschliche Zellen unschädlich und kann beim Menschen eingesetzt werden.

3 *Hier müssen drei Diagramme kurz beschrieben sowie fachlich korrekt ausgewertet werden. Dabei ist darauf zu achten, dass die Beschreibung nicht ausufert, sondern knapp und präzise zusammengefasst wird; denn dafür gibt es nur wenige BE. Da es sich hierbei um eine Analyse komplexer Zusammenhänge handelt, ist dies im Wesentlichen eine Aufgabe des AB II.*

Dargestellt ist in allen drei Diagrammen die relative Menge des von den Bakterien eingebauten Uracils bzw. Phenylalanins in Abhängigkeit von der Zeit.
Uracil wird bei der Transkription in die mRNA eingebaut, Phenylalanin wird bei der Translation in die Polypeptikette eingebaut.

Diagramm A: Innerhalb von 30 Minuten steigen die Mengen der eingebauten Stoffe linear an, wenn das Nährmedium kein Antibiotikum enthält. Die relative Menge von Uracil ist mehr als die von Phenylalanin.
Das Versuchsergebnis zeigt, dass Transkription, Translation bzw. Proteinbiosynthese ungehindert ablaufen.

Diagramm B: Enthält der Nährboden das Antibiotikum *Puromycin*, steigt die Menge des eingebauten Uracils während 30 Minuten in gleichem Maße linear an wie bei A, während Phenylalanin nicht eingebaut wird.
Das bedeutet, dass die Transkription ungehindert stattfindet, die Translation aber nicht. *Puromycin* hemmt also die Translation, die Proteinbiosynthese kann nicht stattfinden bzw. nicht beendet werden.

Diagramm C: Enthält der Nährboden das Antibiotikum *Actinomycin*, wird keiner der beiden Stoffe Uracil und Phenylalanin in wesentlichem Umfang eingebaut.
Daraus lässt sich schließen, dass *Actinomycin* die Transkription hemmt, denn Uracil wird für die Transkription benötigt. In der Folge kann auch keine Translation stattfinden, da keine mRNA gebildet wird. Die gesamte Proteinbiosynthese wird durch das Antibiotikum gehemmt.

4 *Hier ist gefordert, aus Material 3 Informationen auszuwählen, sie mit eigenen Hintergrundinformationen über Bakterienvermehrung und Resistenzbildung zu versehen und daraus eine begründete Hypothese zu entwickeln. Es geht um die Kompetenz, biologische Fakten fachlich korrekt und präzise zusammenzufassen und daraus eigene Schlussfolgerungen zu entwickeln, eine Aufgabe des AB III. Es sind auch alternative Hypothesen mit Begründung denkbar.*

Hypothese:
Es wird in der Zukunft zu einer massiven Ausbreitung von Antibiotika-Resistenzen bei Bakterien kommen.

Begründung:
In jeder Bakterienpopulation findet durch spontane Mutationen eine Entstehung von Resistenzen gegen Antibiotika statt. Diese bieten bei Abwesenheit von Antibiotika keinen Selektionsvorteil und werden u. U. wieder ausselektiert. Werden jedoch Antibiotika vermehrt und ungezielt eingesetzt oder der Anwendungszeitraum zu kurz gewählt, wie z. B. in der Massentierhaltung und der Fischzucht, haben die

resistenten Bakterien einen deutlichen Selektionsvorteil. Auch zu geringe Dosierung an Desinfektionsmittel in Wischwasser (s. Material 3) stellt ein Problem dar. Die resistenten Bakterien überleben, während die Wildtyp-Bakterien abgetötet werden. Erstere können sich wegen fehlender Konkurrenz massiv ausbreiten und sogar durch Genaustausch Wildtyp-Bakterien Resistenz verleihen. Bis der Mensch ein neues Antibiotikum entwickelt hat, kann sich die Resistenz weiter ausbreiten.

5 *Der Operator „diskutieren" impliziert, dass Pro und Contra zum Antibiotika-Einsatz in der Medizin gegenübergestellt und mit einem Fazit versehen werden sollen. Das Fazit kann natürlich nur eine persönliche Meinung widerspiegeln, die aber fundiert begründet werden sollte. Eine richtige oder falsche Antwort gibt es hier nicht. Dies ist eine typische Aufgabe des AB II–III.*

Pro:
Antibiotika ermöglichen die Behandlung von schweren bakteriellen Krankheiten. Daher sichern Antibiotika das Überleben von Menschen. Die Entwicklung von Antibiotika ist ein Segen für die Menschheit, denn sie hat seit über 100 Jahren die Bekämpfung von bakteriellen Infektionskrankheiten möglich gemacht. Bakterielle Massenepidemien werden erst durch Antibiotika beherrschbar.

Contra:
Zu häufiger und ungezielter Einsatz von Antibiotika begünstigt die Entstehung und Ausbreitung von Resistenzen. Auch zu kurze Einnahme von Antibiotika fördert dies. Antibiotika-Resistenzen stellen eine große Gefahr dar, weil bei der Behandlung schwerer Krankheiten dann ein wirksames Medikament fehlt. Für den einzelnen Menschen können Antibiotika auch Nebenwirkungen haben und sollten nur selten und bei wirklichem Bedarf zum Einsatz kommen.

Fazit:
Natürlich müssen Antibiotika auch weiterhin bei der Behandlung von Infektionskrankheiten eingesetzt werden. Dies muss jedoch wesentlich gezielter und treffsicherer geschehen. So dürfen zum Beispiel keine Antibiotika zur Behandlung einer viralen Schnupfeninfektion eingesetzt werden, weil das sinnlos wäre. Der Antibiotika-Einsatz in der Massentierhaltung und bei der Krankenhausdesinfektion muss überdacht und besser reguliert werden und die Dauer der Einnahme der Antibiotika muss streng nach Vorschrift geschehen. Dies lässt sich nur erreichen, wenn man weltweit das Fachpersonal, aber auch die Bevölkerung über korrekten Antibiotika-Einsatz aufklärt und schult.

Grundkurs Biologie (Berlin): Abituraufgaben 2018
Aufgabe B: Ökologie und Nachhaltigkeit

Thema: Lärchenwickler

Der Lärchenwickler *(Zeiraphera diniana)* gehört zu den Schmetterlingen. Sein europäisches Hauptverbreitungsgebiet sind die Alpen. Die Raupen dieser Schmetterlinge befallen in Höhenlagen von 1 600 bis 2 100 m über dem Meeresspiegel die Lärchen, die zu den laubabwerfenden Nadelbäumen gehören.

Abb. 1: Raupe des Lärchenwicklers und abgefressenes Nadelbüschel

Quelle: © Beat Wermelinger (WSL), https://www.waldwissen.net/waldwirtschaft/schaden/insekten/wsl_laerchenwickler/index_DE

Aufgaben

1 Beschreiben Sie vier Formen von Beziehungen zwischen verschiedenen Arten an entsprechenden Beispielen. Geben Sie die Beziehungsform zwischen Lärchen und Lärchenwickler an. 13

2 Stellen Sie die Entwicklung des Lärchenwicklers schematisch als Kreislauf dar. Erklären Sie je eine Angepasstheit für die Entwicklungsstadien des Lärchenwicklers. 11

3 Beschreiben Sie die Abbildung zur Populationsentwicklung des Lärchenwicklers. Erläutern Sie eine mögliche Ursache dieser Entwicklung. 11

4 Werten Sie die Untersuchungsergebnisse zum Parasitenbefall des Lärchenwicklers aus. 8

5 Analysieren Sie die interspezifischen Beziehungen zwischen Lärchen und Schlupfwespen. 7

Material 1: Lärchen

Die Lärche ist die einzige heimische Baumart, die ihre Nadeln im Herbst abwirft. Sie ist weitgehend frostfest, sturmfest und schneebruchsicher. Natürlicherweise kommt sie vor allem in den höheren Berglagen vor, wird aber auch im Flachland als Mischbaumart in der Forstwirtschaft eingesetzt.
Lärchen können bis zu 1 000 Jahre alt und über 50 Meter hoch werden. Die kurzen Nadeln stehen in Büscheln von 20 bis 50 Nadeln und werden zum Schutz vor dem winterlichen Vertrocknen abgeworfen.
Die Verbreitung des Pollens erfolgt durch die Luft, wobei die Lärche noch vor dem Laubaustrieb blüht. Nach der Befruchtung reifen die weiblichen Zapfen zu kleinen, braunen, rundlichen Kegeln heran. Erst im kommenden Frühjahr sind die Samen endgültig reif, der Zapfen öffnet sich und die Samen werden durch die Luft verbreitet.

Quelle: verändert nach: http://www.waldbesitzer-portal.bayern.de/058725/index.php (22. 03. 2017)

Abb. 2: Lärche
Quelle: Maksym Bondarchuk / Dreamstime.com

Material 2: Lebenszyklus des Lärchenwicklers

Abb. 3: Lärchenwickler
© *Pekka Malinen*

Der Lärchenwickler hat einen einjährigen Lebenszyklus. Wenn im späten Frühjahr die neuen Triebe der Lärche sprießen, schlüpfen aus den im Vorjahr abgelegten Eiern die Raupen (Larven). Sie durchlaufen insgesamt fünf Raupenstadien und ernähren sich von den Nadeln. Dabei spinnen die ersten vier Raupenstadien die Nadelbüschel zu sogenannten Wickeln zusammen, um diese von innen heraus zu fressen. Die Raupen im fünften Stadium seilen sich schließlich an Seidenfäden von den Bäumen ab und verpuppen sich in der Bodenstreu. Aus den Puppen schlüpfen nach ungefähr vier Wochen die dämmerungsaktiven Falter, die tagsüber mit zusammengefalteten Flügeln gut getarnt auf der Rinde der Lärchenstämme ruhen.
Ihre Lebenserwartung beträgt höchstens drei Wochen. Im Spätsommer oder Herbst legt das Weibchen seine rund 150 Eier in Gruppen von jeweils 3–6 Stück unter die Rindenschuppen der Lärche ab, wo diese dann den Winter überdauern.

Der Lärchenwickler ist weit über die Schweiz hinaus berühmt geworden durch seine regelmäßigen Zyklen im Oberengadin (Region im Schweizer Kanton Graubünden). Immer wieder kommt es hier zu einem massenhaften Auftreten der Raupen, das in einem völligen Kahlfraß der Lärchen mündet. Die Bäume überstehen die periodische und ungefähr einen Monat währende Entnadelung meist problemlos, da sie nach dem Kahlfraß Ende Juli wieder neue Nadeln austreiben, die härter, kürzer und durch ihren hohen Gerbstoffgehalt besser gegen Befall geschützt sind. Erst nach einer mehrjährigen Erholungsphase bringt die Lärche wieder „normale" Nadeln hervor.

Quelle: verändert nach: https://www.waldwissen.net/waldwirtschaft/schaden/insekten/wsl_laerchenwickler/index_DE

Abb. 4: Lärchen beim Befallshöhepunkt im Engadin

Material 3: Populationsentwicklung des Lärchenwicklers

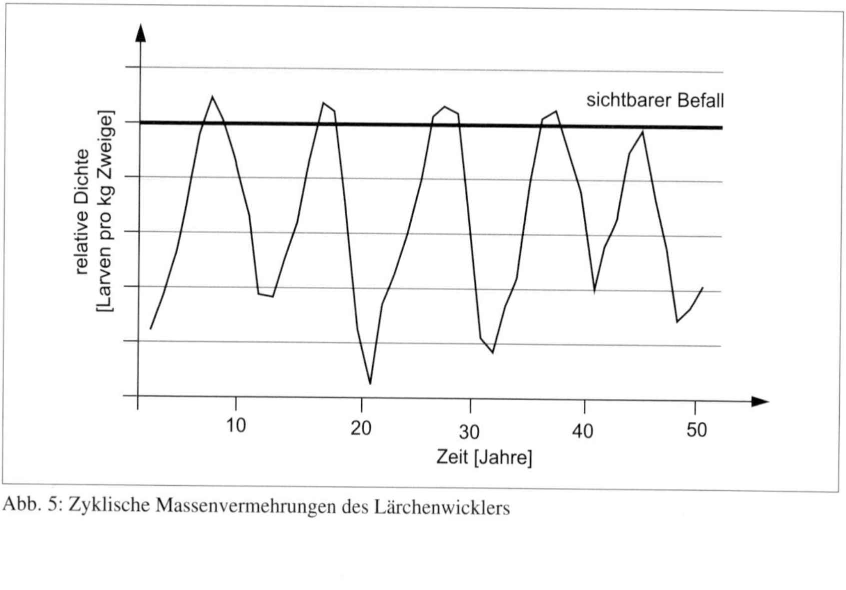

Abb. 5: Zyklische Massenvermehrungen des Lärchenwicklers

Material 4: Parasitierung des Lärchenwicklers

Lärchenwickler können von mehreren Schlupfwespenarten befallen werden. Die Weibchen der jeweiligen Parasitenart legen ihre Eier in die Raupen bzw. in die Puppen ab. Die sich entwickelnden Parasitenlarven fressen ganz allmählich die befallene Raupe von innen her auf, wobei sie aber zunächst deren lebensnotwendige Organe verschonen. Die Raupe durchläuft – soweit es ihre Schädigung zulässt – noch weitere Entwicklungsstadien, stirbt aber später infolge des Parasitenbefalls.

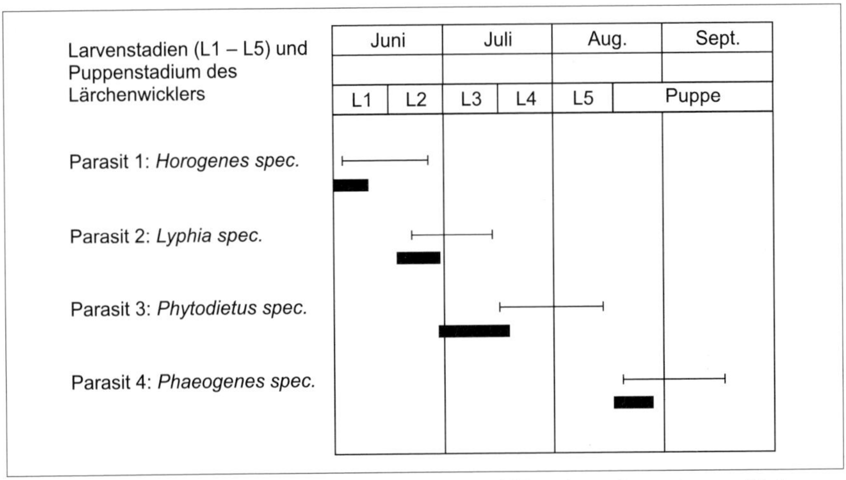

Abb. 6: Zeitpunkt der Eiablage (▬) und der Larvenentwicklung (⊢⊣) von vier verschiedenen Parasiten des Lärchenwicklers

Weitere Materialgrundlagen:
SDA/ATS – sk sa/bsd157/SCT/4/101110 1610) 30. 01. 2017
http://www.forstpraxis.de/waermere-temperaturen-stoeren-laerchenwickler-massenvermehrung (10. 11. 2016)
http://www.waldbesitzer-portal.bayern.de/058725/index.php (22. 03. 2017)

Lösungsvorschläge

1 *Die Aufgabenstellung enthält die Operatoren „beschreiben an Beispielen" und „angeben" aus dem AB I. Es ist also sinnvoll, die Beschreibung am konkreten Beispiel vorzunehmen und nicht in allgemeiner Form. Zusätzlich soll die Beziehung zwischen Lärche und Lärchenwickler benannt werden. Informationen hierzu finden Sie in Material 1 und 2.*

Interspezifische Beziehungen:

- **Symbiose:** Die Beziehung zwischen Trüffelpilz und Waldbaum (Eiche) ist eine Symbiose, weil beide Arten aus dem Zusammenleben einen Vorteil ziehen. Der Vorteil für den Baum ist die verbesserte Versorgung mit Wasser und Nährsalzen. Der Vorteil für den Trüffelpilz ist die Versorgung mit Kohlenhydraten und anderen Produkten des Pflanzenstoffwechsels.
- **Räuber-Beute-Beziehung:** Die Beziehung zwischen Kegelrobbe und Hering ist eine typische Räuber-Beute-Beziehung, die Robbe ernährt sich vom Hering. Beide Populationsgrößen sind dadurch wechselseitig voneinander abhängig.
- **Parasitismus:** Dieser Begriff lässt sich auf die Beziehung zwischen Mistel und Baum anwenden. Nur die Mistel zieht einen Vorteil aus dieser Beziehung und schädigt den Wirtsbaum.
- **Konkurrenz:** Lärche und Tanne konkurrieren um den Umweltfaktor Wasser.

Beziehung zwischen Lärche und Lärchenwickler: Parasitismus

2 *Die Aufgabe verlangt, die Beschreibung des Lebenszyklus des Lärchenwicklers aus Material 2 in verkürzter Form als Kreislauf darzustellen. Dabei sollten nur Stichworte verwendet und nicht etwa Passagen aus dem Material abgeschrieben werden. Es geht hierbei im Wesentlichen um Textverständnis. Es empfiehlt sich, zuerst einen Entwurf auf dem Konzeptpapier anzufertigen.*
Anschließend sollen Beispiele für verschiedene Angepasstheiten der Lärchenwickler-Entwicklungsstadien formuliert werden. Einzelne Entwicklungsstadien, deren Angepasstheit anschließend zu erläutern sind, sollten mit Ziffern versehen werden, um Wiederholungen zu vermeiden. Da hier neue Formulierungen zur Anwendung von Fachwissen gefunden werden müssen, ist dies im Wesentlichen eine Aufgabe des AB II.

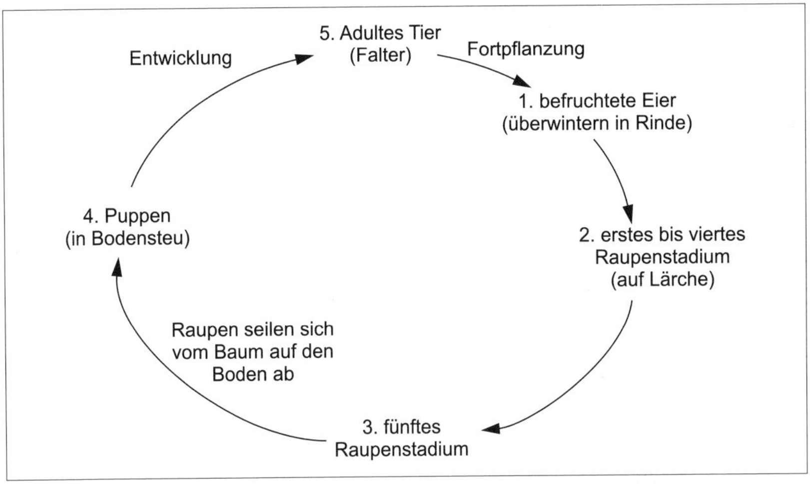

Zu 1.: Das Überwintern in der Rinde hat den Vorteil, dass einerseits ein Schutz vor Kälte und Räubern besteht und andererseits im Frühjahr nicht erst der Wirt aufgesucht werden muss.

Zu 2.: Das Einspinnen der Raupen der Stadien 1–4 in Wickeln bietet den Vorteil, dass einerseits ein Schutz vor Fressfeinden besteht, weil die Raupen schlecht lokalisiert werden können, und andererseits für ausreichenden Nahrungsvorrat in Form von ständig nachwachsenden Nadeln gesorgt ist.

Zu 3. + 4.: Raupen im 5. Raupenstadium seilen sich von den Bäumen ab und verpuppen sich in der Bodenstreu. In diesem Larvenstadium wäre der Aufenthalt auf den Bäumen ein Nachteil, weil sie keine Nahrung mehr aufnehmen, somit keine Nadeln benötigen und die Laubstreu einen wesentlich besseren Schutz bietet.

Zu 5.: Den hellen Tag verbringen die adulten Falter gut geschützt durch Tarnfarbe bewegungslos auf der Rinde und werden erst in der Dämmerung aktiv.

3 *Diese Aufgabe verlangt, aus dem Unterricht bekanntes Grundlagenwissen auf die Grafik aus Material 3 anzuwenden. Es ist auf eine knappe und präzise Darstellung zu achten.*

Dargestellt ist die Entwicklung der **Populationsdichte des Lärchenwicklers**. Die relative Dichte auf der y-Achse steht für Larven pro kg Zweige.
Deutlich zu erkennen ist eine starke, periodische Schwankung der Populationsdichte um einen Mittelwert. Die Periodenlänge beträgt etwa 10 Jahre. Zunächst nimmt die Populationsdichte exponentiell zu. Immer wenn an den Bäumen ein sichtbares Fraßbild bei einem ganz bestimmten Dichtewert auftritt, bricht die Populationsentwicklung wieder zusammen. In dem im Diagramm dargestellten Zeitraum sind fünf Zyklen erkennbar.

Als mögliche **Ursache** lässt sich Folgendes vermuten: Immer wenn die Raupen die Benadelung der Lärchen so stark dezimiert haben, dass die Lärchen nahezu kahl gefressen sind, führt der Nahrungsmangel bei den Raupen zu einem Zusammenbruch der Population. Jetzt bilden die Lärchen Nadeln mit erhöhtem Gerbstoffgehalt, die für die Raupen weniger bekömmlich sind. Die überlebenden Tiere haben also schlechtere Nahrungsbedingungen, der Konkurrenzdruck steigt. Viele Raupen sterben und nur wenige Nachkommen können zu Adulten heranreifen.
Die Lärchen überstehen diesen Massenbefall und bilden nach ca. vier bis fünf Jahren wieder normale Nadeln. Jetzt bieten sie wieder ideale Nahrungsbedingungen für den Lärchenwickler, und er kann sich exponentiell vermehren.
Die Populationsentwicklung ähnelt der einer Räuber-Beute-Beziehung.

4 *Bei dieser Aufgabe des AB II geht es darum, grafisch dargestellte Informationen aus Material 4 zu analysieren und in Textform zusammenzufassen. Hier kommt es darauf an, die Aussagen und Schlussfolgerungen möglichst knapp und präzise in korrekter Fachsprache zu bündeln.*

Nicht nur der Lärchenwickler ist ein **Parasit**, sondern er selbst wird auch von Parasiten befallen: Vier Schlupfwespenarten injizieren mit ihrem Legestachel ihre Eier in die verschiedenen Raupenstadien und das Puppenstadium jeweils in unterschiedlichen Monaten des Sommers. Parasit 1 (*Horogenes spec.*) legt Anfang Juni in Larvenstadium L1 seine Eier ab. Parasit 2 (*Lyphia spec.*) legt in der zweiten Hälfte des Monats Juni seine Eier in Larvenstadium L2 ab. Der Parasitenbefall durch Parasit 3 (*Phytodietus spec.*) zeigt sich im Juli und Anfang August während der Larvenstadien L3 bis L5. Parasit 4 (*Phaeogenes spec.*) befällt das Puppenstadium.
Dabei nutzt jede Schlupfwespenart eine andere ökologische Nische, nämlich ein anderes Larvenstadium des Lärchenwicklers, um interspezifische Konkurrenz um Nahrung zu vermeiden. Dies ist ein universelles biologisches Prinzip, das **Konkurrenzvermeidungs-Prinzip**.

5 *Dies ist eine typische Aufgabe des AB III: Es soll ein völlig neuer Aspekt aus dem ökologischen Beziehungsgefüge Lärche – Lärchenwickler – Schlupfwespen herausgearbeitet werden. Durchdenken Sie genau, welche Beziehung zwischen Lärchen und Schlupfwespen bestehen, wo sie doch auf den ersten Blick gar nicht miteinander in Beziehung stehen.*

Die Schlupfwespenarten und die Lärche stehen **indirekt** über den Lärchenwickler miteinander in Beziehung. Es gelten folgende Zusammenhänge: Je mehr Lärchennadeln, umso mehr Lärchenwickler in allen Larvenstadien; je mehr Lärchenwickler, umso mehr Schlupfwespen (alle vier Arten). Und ebenfalls: Je mehr Schlupfwespen, umso weniger Lärchenwickler und umso mehr Lärchennadeln.
Die Schlupfwespen fungieren gegenüber dem Lärchenwickler nicht nur als **Parasiten**, sondern auch als **Räuber**, denn sie schädigen nicht nur ihren Wirt, sondern

beide kontrollieren wechselseitig ihre Populationsentwicklung. Die Schlupfwespen halten also die Populationsentwicklung des Lärchenwicklers unter Kontrolle und umgekehrt.
Die Lärchen wiederum profitieren von diesem Zusammenhang: Wenn ihre Parasiten, die Lärchenwickler, durch die Schlupfwespen in ihrer Populationsentwicklung kontrolliert werden, gibt es weniger Kahlfraß und die Lärchen haben bessere Überlebenschancen.
Dies ist ein gutes Beispiel für ein mehrdimensionales Beziehungsgeflecht in einem Ökosystem.

Grundkurs Biologie (Berlin): Abituraufgaben 2018
Aufgabe C: Evolution und Zukunftsfragen

Thema: Riesenvögel der Urzeit

Die Vertreter der Familie der Pseudozahnvögel gehörten zu den größten jemals existierenden flugfähigen Vögeln. Mit einer Flügelspannweite von bis zu sieben Metern erreichten sie die Größe eines Kleinflugzeugs. Für etwa 50 Millionen Jahre beherrschten die Pseudozahnvögel den Luftraum über den Meeren. Ihr Aussterben vor 3 Millionen Jahren gibt Forschern Rätsel auf.

Abb. 1: Pseudozahnvogel (Rekonstruktion)
Quelle: El fosilmaníaco / wikipedia, cc-by-sa-3.0

Aufgaben

1 Erklären Sie, was man unter homologen und analogen Organen versteht. Ordnen Sie Wirbeltierzähne und Pseudozähne begründet einer der beiden Kategorien zu. 13

2 Erläutern Sie die Entwicklung der riesigen Körpergröße der Pseudozahnvögel mithilfe der Synthetischen Evolutionstheorie. 10

3 Beschreiben Sie den Prozess der allopatrischen Artbildung. Beurteilen Sie, ob Braun- und Chilepelikan durch allopatrische Artbildung entstanden sein könnten. 13

4 Beschreiben Sie die grafische Darstellung in Material 3. Erläutern Sie, wie man den Zeitpunkt der Artaufspaltung von Braun- und Chilepelikan ermittelt hat. 9

5 Entwickeln Sie eine Hypothese zur Ursache des Aussterbens der Pseudozahnvögel. 5

Material 1: Pseudozahnvögel – Riesenvögel der Urzeit

Im Jahr 1983 fanden der Paläontologe AL SANDERS und seine Mitarbeiter auf dem Erweiterungsgelände des Flughafens von Charleston, im amerikanischen Bundesstaat South Carolina, die Überreste des größten bisher gefundenen flugfähigen Vogels: *Pelagornis sandersi*. Er gehört zur Gruppe der Pseudozahnvögel, einer artenreichen Gruppe sehr großer Seevögel, welche sich nach dem Untergang der Dinosaurier und Flugsaurier weltweit ausbreiten konnte. Die Flügel hatten eine Spannweite von bis zu sieben Metern und eine entsprechend große Fläche. Die Flügelknochen besaßen extrem dünne Wände. Die Pseudozahnvögel nutzten wahrscheinlich die starken Meereswinde und bewegten sich im Gleitflug vorwärts. Das Schulterblatt, das als Ansatzstelle für die Flugmuskulatur dient, war im Vergleich zur Körpergröße winzig. Der Kopf des Oberarmknochens, welcher Teil des Schultergelenks ist, war fast quadratisch und schränkte die Beweglichkeit der Flügel stark ein. Die kurzen, kräftigen Beine ermöglichten beim Starten in die Luft einen kurzen Anlauf. Zum Abheben warteten die Pseudozahnvögel auf eine starke Windböe. Sie waren hervorragende Langstreckenflieger und befanden sich vermutlich die überwiegende Zeit ihres Lebens in der Luft. Die letzten Pseudozahnvögel lebten vor etwa 3 Millionen Jahren im Erdzeitalter Pliozän, welches den Zeitraum von 5 bis 2,5 Millionen Jahren vor heute umfasst. Im Pliozän bildete sich die Landbrücke von Panama zwischen Nord- und Südamerika. Damit änderten sich sowohl die Meeres- als auch die Luftströmungen im Atlantischen und Pazifischen Ozean gravierend.

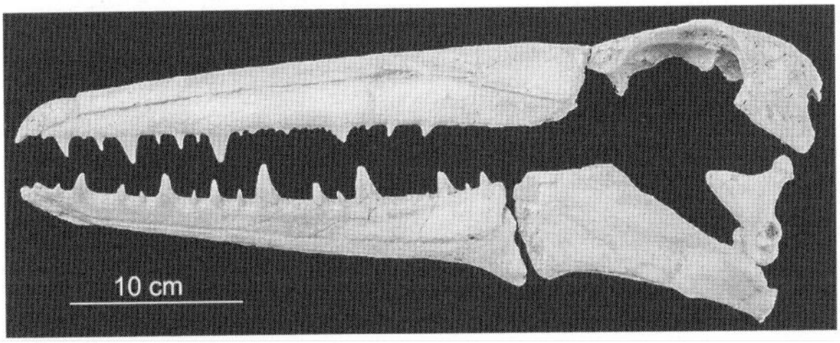

Abb. 2: Schädel eines Pseudozahnvogels
© *Senckenberg / Tränkner*

Am unteren und oberen Schnabelrand wuchsen aus dem Kieferknochen je eine Reihe hohler Spitzen. Sie dienten vermutlich zum Packen von Beutetieren.

Quelle: verändert nach: Ksepka, D. & Habib, M.: Riesenvögel der Urzeit. In: Spektrum der Wissenschaft, 20.07.2016, S. 18–25

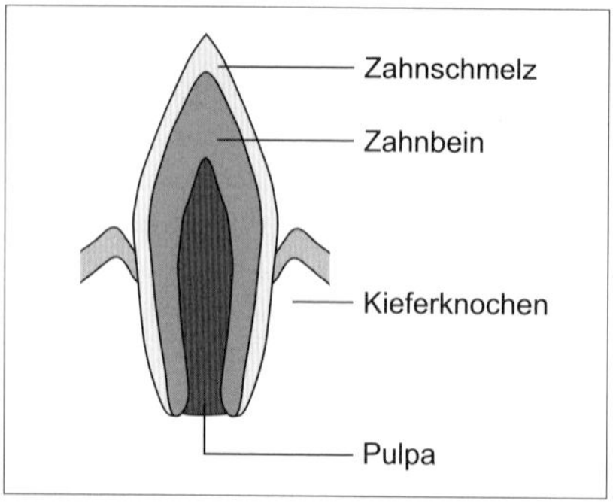

Abb. 3: Wirbeltierzahn

Material 2: Riesenvögel der Neuzeit

Aufgrund der Ähnlichkeit im Körperbau könnten die Pseudozahnvögel den gemeinsamen Ursprung von zwei heute lebenden Ordnungen der Vögel bilden: Röhrennasen und Ruderfüßer. Der bekannteste Vertreter der Röhrennasen ist der Wanderalbatros. Er hat mit 3,5 m bis 3,6 m die größte Flügelspannweite bei den heutigen flugfähigen Vögeln. Die Röhrennasen besitzen auf ihrer Nase zwei Röhren, die zum Ausscheiden des beim Trinken aufgenommenen Salzes dienen. Zu den Ruderfüßern, die als typisches Merkmal Schwimmhäute zwischen allen Zehen besitzen, gehören mit einer Spannweite von bis zu 3,45 m die zweitgrößten flugfähigen Vögel: die Pelikane. Zur Familie der Pelikane gehören acht Arten. Aus evolutionsbiologischer Sicht sind der Braunpelikan und der Chilepelikan sehr interessant. Aufgrund von anatomischen Ähnlichkeiten wie der relativ geringen Größe und der dunklen Gefiederfarbe galt der Chilepelikan lange als Unterart des Braunpelikans, erst 2007 wurde er als eigene Art eingeordnet. Beide Arten kommen an der Küste von Peru gemeinsam vor, haben jedoch unterschiedliche Brutgebiete. Zur Fortpflanzungszeit suchen beide Arten jeweils ihr Brutgebiet auf, um sich dort zu paaren. Während der Chilepelikan an der Felsenküste brütet, befindet sich das Brutgebiet des Braunpelikans auf flachen, wenig bewachsenen Inseln.

Abb. 4: Braunpelikan

Abb. 5: Chilepelikan

Material 3: Die molekulare Uhr

Mithilfe der molekularen Uhr konnte ermittelt werden, dass sich Chilepelikan und Braunpelikan vor ca. 0,77 Millionen Jahren aufspalteten. „Hinter der molekularen Uhr steht die Annahme, dass die Anzahl der ausgetauschten Nukleotide in zwei orthologen Genen proportional zu dem Zeitraum ist, der seit der Trennung beider Sequenzen im Zusammenhang mit Artbildung von einem gemeinsamen Vorfahren vergangen ist“[1]. Orthologe Gene sind homologe Gene, die man aufgrund der Artbildung bei verschiedenen Arten findet. Man geht davon aus, dass die durchschnittliche Mutationshäufigkeit in diesen Genen weitgehend konstant ist und dass die meisten dieser Mutationen neutral sind und sich daher bei beiden Arten etwa gleich schnell in der Population ausbreiten. Um der ermittelten Zahl von unterschiedlichen Nukleotiden eine konkrete Zeitspanne zuordnen zu können, benötigt man verwandte Arten, deren Aufspaltungszeitraum aufgrund von Fossilfunden bekannt ist. Anhand der hier festgestellten Unterschiede in den betreffenden Genen lässt sich die molekulare Uhr eichen.

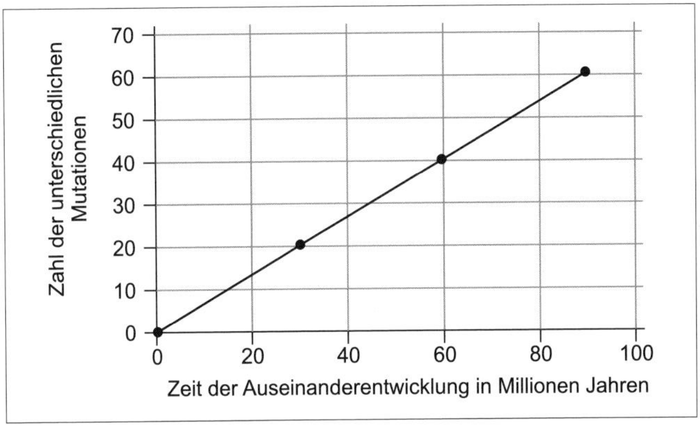

Abb. 6: Molekulare Uhr für Säugetiere

Weitere Materialgrundlagen:
Reece; Urry; Cain; Wasssermann; Minoirsky; Jackson: Campbell Biologie. PEARSON, Hallbergmoos, 2016, S. 727–728
https://de.wikipedia.org/wiki/Braunpelikan
https://de.wikipedia.org/wiki/Chilepelikan
https://de.wikipedia.org/wiki/Ruderf%C3%BC%C3%9Fer
http://www.wissenschaft.de/erde-weltall/palaeontologie/-/journal_conten....-Vogel-aller-Zeiten/
http://www.senckenberg.de/root/index.php?page_id=4704
http://www.senckenberg.de (gekürzt)
https://de.wikipedia.org/wiki/R%C3%B6hrennasen

---

1 Quelle: Reece; Urry; Cain; Wasssermann; Minoirsky; Jackson: Campbell Biologie. PEARSON, Hallbergmoos, 2016, S. 727–728

Lösungsvorschläge

1 *Hier ist gefordert, im Unterricht erworbenes Fachwissen über homologe und analoge Organe fachsprachlich und inhaltlich korrekt und strukturiert wiederzugeben, eine Aufgabe des AB I. Die begründete Zuordnung der Begriffe zu den Wirbeltierzähnen und den Pseudozähnen ist dem AB II zuzuordnen.*

Homologe Organe bzw. Strukturen:
Es muss mindestens eines der drei Homologiekriterien anwendbar sein: Kriterium der Lage, der spezifischen Qualität und der Kontinuität.
Von Homologie zweier Organe spricht man, wenn ein gleicher Grundbauplan vorliegt, das äußere Erscheinungsbild (Morphologie) kann aber deutlich voneinander abweichen. Die morphologischen Abweichungen lassen sich in der Regel durch Angepasstheit an unterschiedliche Umweltbedingungen erklären. Zweifel an der Homologie zweier Organe lassen sich meist durch Analyse der Verwandtschaftsbeziehungen ausräumen: Homologie von Organen zweier Arten liegt bei naher Verwandtschaft vor.

Analoge Organe bzw. Strukturen:
Von analogen Organen spricht man, wenn zwei Organe einen deutlich unterschiedlichen Grundbauplan haben, wobei das morphologische Erscheinungsbild durchaus starke Ähnlichkeiten aufweisen kann. Dies lässt sich durch Angepasstheit an ähnliche Umweltbedingungen und durch ähnliche Selektionsdrücke erklären. In der Regel zeigen zwei Arten mit analogen Organen keine nahe Verwandtschaft. Die Homologiekriterien lassen sich nicht anwenden.

Zuordnung:
Bei den **Wirbeltierzähnen** und **Pseudozähnen** handelt es sich um **analoge Strukturen**, weil das morphologische Erscheinungsbild sehr ähnlich ist, der innere Aufbau und das Material, aus dem die Zähne bestehen, deutliche Unterschiede aufweisen. Der Wirbeltierzahn ist nicht hohl und besteht aus Pulpa, Zahnbein und Zahnschmelz (alle drei Materialien unterscheiden sich in ihrer chemischen Zusammensetzung deutlich von Knochen), der Pseudozahn ist innen hohl und besteht aus Knochenmaterial.

2 *Diese Aufgabe verlangt die Anwendung der Synthetischen Evolutionstheorie auf ein konkretes Beispiel. Da dies eine Anwendung bekannter Fakten, Zusammenhänge, Theorien und Fachsprache erfordert, ist es eine Aufgabe des AB II. Es ist zu beachten, dass sich die Ausführungen nur auf das Merkmal Körpergröße der Pseudozahnvögel beziehen sollen.*

Zufällige **Mutationen** und **genetische Rekombinationen** führen in einer Ausgangspopulation der Pseudozahnvögel zu einer **Variabilität des Merkmales Körpergröße**, die sich in einer Population wie in einer Normalverteilungskurve verteilt.

Durch intraspezifische Konkurrenz um Ressourcen (z. B. Nahrung) kommt es zur **Selektion:** Die am besten an die Umweltbedingungen angepassten Individuen haben einen Selektionsvorteil gegenüber den schlechter Angepassten.
In der Ausgangspopulation haben die Vögel mit größerer Körpergröße einen Selektionsvorteil, weil sie mit geringerem Aufwand mehr Beute erlegen können. Dadurch steigt ihr **Fortpflanzungserfolg**, und der **Genpool** verändert sich innerhalb der Population: Die Anzahl der Allele, deren Genprodukte für eine größere Körpergröße verantwortlich sind, steigt an. Veränderungen des Genpools durch Mutation und Selektion innerhalb einer Population bedeutet Evolution; die Körpergröße steigt über sehr lange Zeiträume durch **gerichtete Selektion**.

3 *Zuerst soll die allopatrische Artbildung beschrieben werden, es sollen also Kenntnisse aus dem Unterricht wiedergegeben werden. Dies ist eine Aufgabe des AB I. Dann sollen Informationen aus Material 2 gezielt ausgewählt werden, die eine Erklärung des Artbildungsprozesses bei Braun- und Chilepinguin ermöglichen. Dies ist eine Aufgabe des AB II.*

Allopatrische Artbildung allgemein:
Eine Ursprungsart wird durch geografische Isolation in zwei Teilpopulationen gespalten, die durch eine geografische Barriere nicht mehr miteinander in Kontakt treten können. Dadurch ist der Genfluss zwischen den beiden Teilpopulationen unterbrochen. Wenn in beiden Teilgebieten unterschiedliche Umweltbedingungen herrschen, gibt es in beiden Teilpopulationen unterschiedliche Selektionsdrücke. Dadurch verändert sich der Genpool der beiden Teilpopulationen, sie weichen nach sehr langer Zeit der Isolation in einigen Merkmalen voneinander ab. Wenn die beiden Teilpopulationen miteinander keine fortpflanzungsfähigen Nachkommen mehr zeugen können, sind zwei neue Arten entstanden.

Beurteilung:
Die getrennten Brutgebiete (Braunpelikan: flache Inseln, Chilepelikan: Felsenküste) deuten auf eine geografische Isolation in der Vergangenheit hin. Die Fortpflanzung erfolgt im Brutgebiet, es gibt also eine Fortpflanzungsbarriere. In heutiger Zeit überlappen die Lebensräume für die Zeit außerhalb der Fortpflanzungszeit. Es ist vorstellbar, dass sich diese Überlappung erst in neuerer Zeit nach langer Zeit vollständiger Isolation, in der der Genfluss unterbrochen war, entwickelt hat. Auch heute noch ist der Genfluss durch ethologische Isolation unterbrochen.

4 *Hier sollen genetische Aspekte des Materials 3 in die evolutiven Betrachtungen einbezogen werden. Genetische Grundlagen werden hier aber nur ansatzweise erwartet. Keinesfalls sollen molekulargenetische Strukturen und Prozesse detailliert erläutert werden. Bei dieser Teilaufgabe geht es nur um Mutationshäufigkeit in einem bestimmten Zeitraum und deren Anwendung zur Klärung von Verwandtschaftsverhältnissen. Zunächst soll die Grafik Abb. 6 beschrieben werden. Dies soll in einer knappen Form geschehen. Auf eine Wiedergabe einzelner Zahlenwerte kann verzichtet werden. Dies ist eine Aufgabe des AB I.*

Dann soll am konkreten Beispiel der zwei Pelikanarten erläutert werden, wie der Zeitpunkt der Artaufspaltung mit 0,77 Mio. Jahren bestimmt worden sein könnte. Dabei kann man sich eng am Material 3 orientieren. Dies ist eine Aufgabe des AB II–III.

Beschreibung der Grafik:
Dargestellt ist die Anzahl von Mutationen in orthologen Genen in Abhängigkeit von der Zeit der Auseinanderentwicklung zwischen zwei Säugetierarten (in Millionen Jahren).
Mit zunehmender Zeit steigt die Anzahl an Mutationen linear an.

Erläuterung:
Zunächst werden bei beiden Pelikanarten die Basensequenzen in orthologen Genen bestimmt und die Anzahl der unterschiedlichen Nucleotide ausgezählt. Es werden auch die Basensequenzen derselben orthologen Gene bei verwandten Vogelarten bestimmt, deren Aufspaltungszeitpunkt durch Fossilfunde bekannt ist.
Je größer die Anzahl an unterschiedlichen Nucleotiden ist, umso mehr Zeit ist seit der Artaufspaltung vergangen. Wenn man für Vögel eine ähnliche Grafik wie Abbildung 6 (Molekulare Uhr für Säugetiere) entwickelt hat, kann man aus ihr den Aufspaltungszeitpunkt der Pelikanarten bestimmen.

5 *In dieser Aufgabe mit dem AB III soll die Kompetenz angewendet werden, unbekannte Sachverhalte bekannten Kontexten zuzuordnen. In diesem Fall soll eine Erklärungshypothese für das Aussterben der Pseudozahnvögel entwickelt werden. Hierfür sind Informationen des Materials 1 zu verarbeiten. Die hier vorgestellte Hypothese ist nur eine Möglichkeit. Auch andere sinnvoll begründete Hypothesen, wie verstärkter Prädatorendruck an den Brutstätten, sind denkbar.*

Die im Pliozän neu entstandene Landbrücke zwischen Süd- und Mittelamerika bewirkte gravierende Veränderungen der Meeres- und Windströmungen im Atlantik und Pazifik. Es kann vermutet werden, dass ursprünglich häufig vorkommende starke Windböen dadurch seltener und schwächer wurden. Diese starken Windböen waren eine entscheidende Voraussetzung für die Flugfähigkeit der Pseudozahnvögel. Denn sie konnten vermutlich nur mit deren Hilfe vom Boden abheben. Eine anatomische Besonderheit verhinderte laut Material 1 einen Start durch aktives Flügelschlagen: der fast quadratische Kopf des Oberarmknochens und das winzige Schulterblatt und daraus folgernd die schwache Flugmuskulatur.
Die Pseudozahnvögel hatten also keine Form der Präadaptation an diese drastisch veränderten Umweltbedingungen und konnten somit ihren Nahrungserwerb nicht mehr sichern. So starben sie aus.

Leistungskurs Biologie (Berlin): Abituraufgaben 2018
Aufgabe A1: Physiologische Grundlagen ausgewählter Lebensprozesse

Thema: Transportvorgänge an Biomembranen im Darm

Unser Darm prägt nicht nur unsere Gefühlswelt, sondern nimmt maßgeblichen Einfluss auf unsere Gesundheit, schreibt die junge Medizinerin Giulia Enders in ihrem 2014 erschienenen Buch „Darm mit Charme". Wichtig für die Gesundheit sei eine ausgewogene Darmflora mit möglichst wenig „schlechten" und möglichst vielen „guten" Bakterien. Zu den „schlechten" kann sicherlich das Bakterium *Vibrio cholerae* gezählt werden, der Erreger der Cholera. Wie bei vielen anderen Darmerkrankungen sind bei der Cholera die Transportvorgänge an den Biomembranen der Darmzellen gestört.

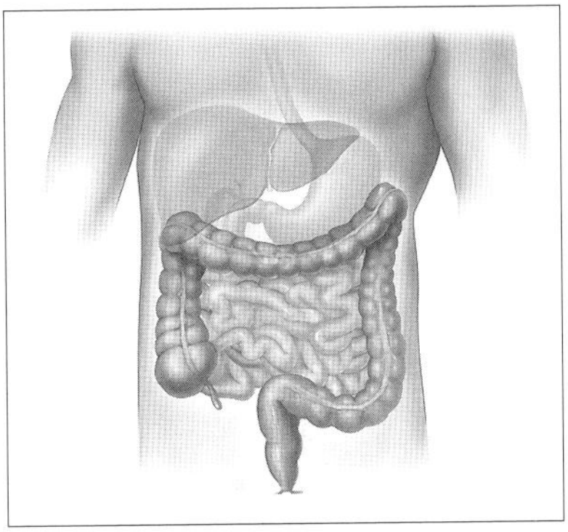

Abb. 1: Magen-Darm-Trakt
Quelle: Mediscan / Alamy Stock Photo

Aufgaben

1	Skizzieren Sie den Querschnitt einer Biomembran.	9
2	Beschreiben Sie drei Transportvorgänge an Biomembranen. Werten Sie die Grafiken zu den Transportraten von Glycerin und Saccharose aus.	15
3	Werten Sie die Ergebnisse der Untersuchungen am umgestülpten Darm aus. Entwickeln Sie jeweils eine Hypothese hinsichtlich der Geschwindigkeit des Glucosetransportes unter Sauerstoffumspülung bei 15 °C und 65 °C.	12
4	Stellen Sie die Wirkungsweise des Choleratoxins in Form eines Fließschemas dar.	9
5	Begründen Sie die Wirkung der WHO-Trinklösung.	5

Material 1: Abhängigkeit der Transportraten von Glycerin und Saccharose von deren Konzentration im jeweiligen Außenmedium

Dargestellt sind die Ergebnisse eines Experiments, bei dem die Eintrittsgeschwindigkeit von Glycerin und dem Zucker Saccharose durch eine Biomembran in Abhängigkeit von der Konzentration im Außenmedium der Zelle gemessen wurde. Während Glycerin zu den kleinen und ungeladenen Molekülen zählt, handelt es sich bei Saccharose um ein relativ großes Molekül.

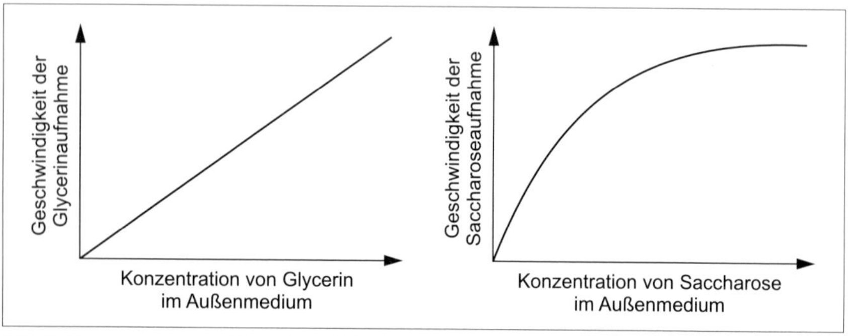

Abb. 2: Transportraten von Glycerin und Saccharose

Quelle: Sek Biologie Oberstufe Handbuchmaterialien Kap.2, S. 36–59, www.cornelsen.de/lehrkraefte/1.c.3319411.de/material/1.c.108480.de-Materialarchiv Biologie-Bau und Funktion der Zelle, 2005 © Cornelsen

Material 2: Untersuchungen am umgestülpten Darm

Um Transportprozesse durch die Darmwand zu untersuchen, verwenden Wissenschaftler die Methode des „isolierten Darmsacks". Dazu werden kurze Darmabschnitte (z. B. von Schlachttieren) umgestülpt, mit Glucoselösung gefüllt und zugebunden. Diese „Wurst" wird in eine Glucoselösung gleicher Konzentration gebracht, in der die Zellen einige Stunden überleben. So können Versuche zu Transportvorgängen gemacht werden.

In einem ersten Versuch wird der gefüllte Darm mit Sauerstoffbläschen umspült und nach einer Stunde werden Konzentrationsänderungen von Glucose gemessen.

In einem zweiten Versuch erfolgt ein Umspülen des gefüllten Darms mit Stickstoffbläschen zur Kontrolle.

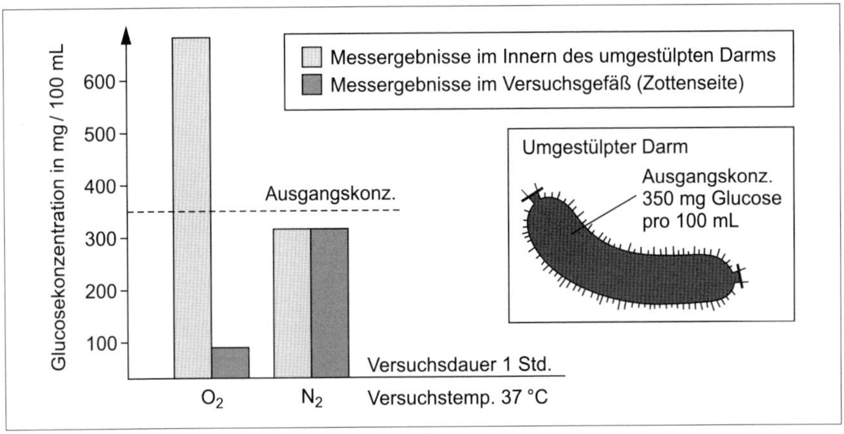

Abb. 3: Veränderung der Glucosekonzentration unter verschiedenen Versuchsbedingungen

Material 3: Cholera

Cholera ist eine plötzlich auftretende Infektion des Darms, die durch bakteriell verunreinigtes Wasser oder Nahrung übertragen wird und zu schweren Durchfällen und damit verbundenem Flüssigkeitsverlust führt. Auslöser ist das Bakterium *Vibrio cholerae*. Die Zeit von der Ansteckung bis zum Auftreten der ersten Krankheitszeichen beträgt zwischen wenigen Stunden und fünf Tagen. Die ersten Symptome treten meist nach zwei bis drei Tagen auf. Cholera kommt vor allem in Ländern mit schlechten Sanitäranlagen und Mangel an sauberem Trinkwasser sowie in Kriegs- und Katastrophengebieten vor, in denen die Infrastruktur zusammengebrochen ist. Die Weltgesundheitsorganisation (WHO) empfiehlt zur Behandlung der Cholera die WHO-Trinklösung. Sie besteht aus folgenden Stoffen, die in Wasser gelöst sind: Glucose (13,5 g/L), Natriumchlorid (2,6 g/L), Kaliumchlorid (1,5 g/L) und Natriumcitrat (2,9 g/L) als Konservierungsmittel.

Quelle: verändert nach: https://www.tk.de/techniker/service/gesundheit-und-medizin/behandlungen-und-medizin/infektionen/was-ist-cholera-2022232

Material 4: Wirkung des Choleratoxins (Ctx)

Ctx ist das vom Bakterium *Vibrio cholerae* hergestellte Gift, das beim Menschen eine schwere Durchfallerkrankung auslösen kann. Es hat in den Darmzellen eine doppelte Wirkung. Einerseits bewirkt es, dass die Darmzellen verstärkt Chloridionen-Kanäle in die Zellmembran einbauen, was zu einem massiven Ausstrom von Chloridionen in das Darmlumen führt. Die Chloridionen werden durch den Blutstrom ständig neu aus dem Körper nachgeliefert. Andererseits wirkt das Ctx auf die Natriumionen-Kanäle, sodass der Natriumionen-Transport in die Zelle blockiert wird.

Der massive Ausstrom von negativ geladenen Chloridionen (Cl^-) kann nur durch den Nachstrom der positiv geladenen Natriumionen (Na^+) ausgeglichen werden. Sie strömen durch den Natriumionen-Kanal, der eigentlich für den Rückstrom von Natriumionen aus dem Lumen in die Zelle verantwortlich ist, ins Lumen. Durch den veränderten osmotischen Druck strömt nun auch Wasser ins Darmlumen nach. Da weder die Ionen (Na^+ und Cl^-) noch Wasser rückresorbiert werden können, gehen sie dem Körper verloren. Andere Kanäle wie den Natrium-Glucose-Symporter lässt Ctx unbeschadet.

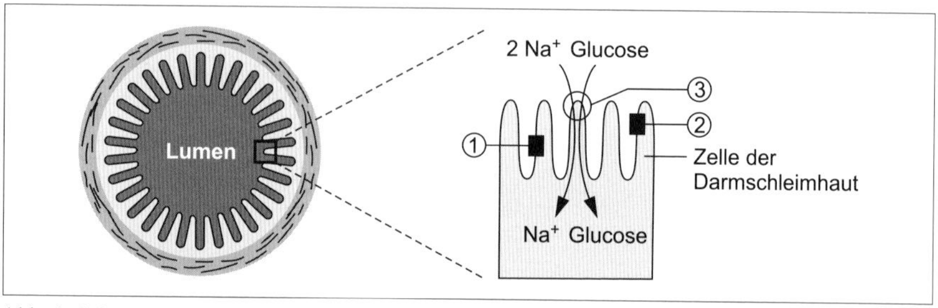

Abb. 4: Schematische Darstellung einer Darmwandzelle mit Chloridionen-Kanal (1), Natriumionen-Kanal (2) und Natrium-Glucose-Symporter (3)

Quelle: verändert nach: www.zum.de/Faecher/Materialien/beck/bs11-17.htm

Weitere Materialgrundlagen:
Campbell, N. A. / Reece J. B.: Biologie, 2006, S. 167
Enders, G.: Darm mit Charme: Alles über ein unterschätztes Organ, 2014
Miram, W/Scharf, K.-H.: Biologie heute II, Schroedel Verlag, 1979, S. 110
www.tropeninstitut.de/krankheiten/krankheit.php?kid=1

Lösungsvorschläge

1 *Diese Aufgabe verlangt, gelerntes Fachwissen gut strukturiert und unter Verwendung von Fachbegriffen grafisch darzustellen, eine Aufgabe des AB I. Die Skizze sollte einem Leistungskurs angemessen genau sein und auf der aktuellen Modellvorstellung des Membranaufbaus basieren. Die Skizze sollte ausreichend groß sein, sodass Details gut zu erkennen sind.*

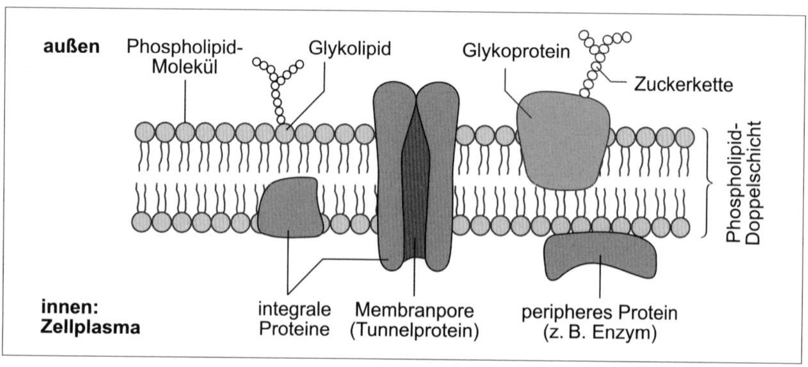

2 *Dies ist im Wesentlichen eine Aufgabe des AB I. Es sollen aus dem Unterricht bekannte Fakten und Zusammenhänge übersichtlich strukturiert und fachsprachlich korrekt erläutert werden. Im zweiten Aufgabenteil sollen grafisch dargestellte Experimentalergebnisse sachgerecht interpretiert werden (AB II).*

Transportvorgänge:

- **Diffusion** ist der Konzentrationsausgleich durch Teilchenbewegung. Die Teilchen bewegen sich also in Flüssigkeiten und Gasen vom Bereich der höheren Konzentration zum Bereich der niedrigeren Konzentration. Diffusion ist in der Biologie die Grundlage jedes Stoffaustausches ohne Energieverbrauch (passiver Transportvorgang in belebten Systemen). Vor allem kleine, ungeladene (lipophile) Moleküle können so einfach durch die Membran wandern.
- **Passiver Transport durch Transportproteine** findet bei größeren, auch polaren Molekülen entlang des Konzentrationsgradienten ohne Energieverbrauch statt, gebunden an integrale Tunnelproteine in der Membran.
- **Aktiver Transport** ist ein Vorgang, bei dem unter Energieverbrauch (Spaltung von ATP in ADP und Phosphat) Stoffe entgegen dem Konzentrationsgefälle durch Transportproteine durch die Membran transportiert werden.

Beschreibung und Auswertung der Grafiken:

Die Transportrate durch die Biomembran nimmt bei **Glycerin** mit steigender Konzentration im Außenmedium linear zu. Die Transportrate verhält sich also proportional zur Außenkonzentration. Glycerin ist ein kleines, ungeladenes Molekül, das die Membran durch einfache Diffusion entlang dem Konzentrationsgefälle passieren kann.

Bei **Saccharose** (Haushaltszucker) steigt die Transportrate zunächst schnell (exponentiell) an und schwächt sich dann bei höherer Konzentration im Außenmedium in Form einer Sättigungskurve ab.

Saccharose ist ein größeres, polares Molekül, das mithilfe von Transportproteinen durch die Membran transportiert wird. Da dieser Vorgang an die begrenzte Anzahl von Transportproteinen in der Membran gekoppelt ist, ist deren Transportkapazität begrenzt. Zunächst können die Saccharose-Moleküle bei steigender Konzentration im Außenmedium die Membran ungehindert passieren, weil ausreichend Transportproteine zur Verfügung stehen. Dann lässt sich aber die Transportrate trotz steigender Konzentration im Außenmedium nicht weiter erhöhen, weil alle Transportproteine besetzt sind.

3 *Im ersten Aufgabenteil (AB II) müssen Experimente ausgewertet werden. Da im Aufgabentext nur von Auswertung die Rede ist, sollten beschreibende Texte zu den Versuchsergebnissen sehr kurz gehalten werden. Anschließend sollen aus diesen Erkenntnissen sachlogische Hypothesen entwickelt werden (AB III). Dabei sollen biologische Grundlagen aus dem Unterricht in einem neuen Zusammenhang so angewendet werden, dass vernetztes Denken in sachlogischem Zusammenhang deutlich wird. Es geht im Wesentlichen um eine Anwendung der RGT-Regel.*

Im **ersten Versuch** zeigt sich, dass unter der Einwirkung von Sauerstoff im Inneren des Darms die Glucose-Konzentration nach einer Stunde auf über 700 mg/100 mL angestiegen ist, während sie im Außenmedium auf ca. 100 mg/100 mL gesunken ist. Es ist also Glucose von außen nach innen transportiert worden, und zwar gegen das Konzentrationsgefälle.
Beim **zweiten Versuch** ist zu sehen, dass unter der Einwirkung von Stickstoff die Konzentrationen im Außen- und Innenmedium gleich geblieben sind und mit einem Wert von 320 mg/100 mL nur geringfügig von der Ausgangskonzentration abweichen.

Auswertung:
Erst die Anwesenheit von Sauerstoff ermöglicht einen Glucose-Transport gegen das Konzentrationsgefälle. Dies ist ein eindeutiger Hinweis darauf, dass es sich um aktiven Transport handelt. Im zweiten Versuch fehlt der Sauerstoff, der die Zellatmung ermöglicht und dadurch essenzielle Stoffwechselprozesse aufrechterhält, u. a. die Bildung von ATP, das für den aktiven Transport benötigt wird.

Hypothesen:
Nach der RGT-Regel verlangsamt sich die Geschwindigkeit von Stoffwechselvorgängen bei niedrigeren Temperaturen, hier 15 °C. Demnach müsste die Glucose-Konzentration im Darminneren geringer ansteigen als im ersten Versuch, der bei 37°C durchgeführt wurde.

Eine konkrete Rechnung mit Zahlenwerten scheint hier nicht sinnvoll, weil die Konzentrationsänderung vermutlich nicht linear verläuft.

Bei 65 °C dürfte keine Veränderung der Glucose-Konzentration im Inneren des Darms zu beobachten sein (ähnlich wie beim zweiten Versuch), da bei dieser hohen Temperatur oberhalb von 45 °C Proteine denaturiert werden und somit die Transportproteine in der Zellmembran zerstört werden.

4 *Nutzen Sie zur Lösung dieser Aufgabe die Materialien 3 und 4. Das Textverständnis soll dokumentiert werden, indem der Text in ein Pfeilschema umgeformt wird. Hierbei kommt es darauf an, die verwendeten Zusammenhänge nicht aus dem Text abzuschreiben, sondern eigenständig zu Stichpunkten zu kürzen und umzuformulieren. Dies ist eine Aufgabe des AB II.*

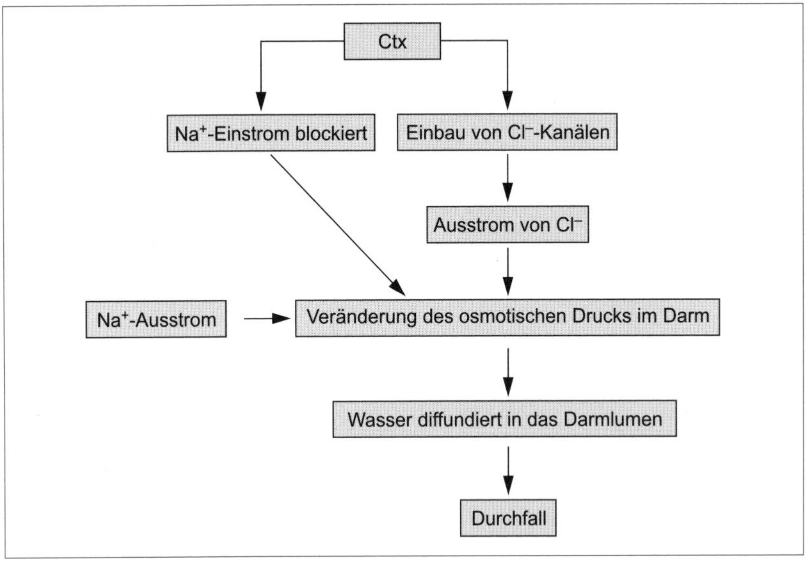

5 *Dies ist eine typische Aufgabe des AB III. Es wird verlangt, die Informationen aus den Materialien 3 und 4 zusammenfassend zu beurteilen, indem biologische und medizinische Grundlagen aus dem Unterricht mit den neuen Informationen des Materials vernetzt werden.*

Da der **Natrium-Glucose-Symporter** nicht von dem Gift des Cholera-Bakteriums beschädigt wird, kann er weiterhin aktiv Natriumionen und Glucose ins Innere der Darmzellen transportieren. Da positiv geladene Ionen nicht isoliert wandern können, wandern negative Chloridionen zum Ladungsausgleich passiv mit ins Zellinnere.
Die **WHO-Trinklösung** liefert nun eine große Menge an Glucose, Natrium- und Chloridionen ins Darmlumen, sodass die Symporter auch größere Mengen in die Zellen transportieren können. Weil dadurch die Teilchenkonzentration im Zellinneren steigt, wandert Wasser durch Osmose ebenfalls in die Zellen und der Wasserverlust kann etwas abgemildert werden. Die Glucose liefert Energie und kann von der Zelle beispielsweise verwendet werden, um den aktiven Transport aufrechtzuerhalten. Der durch die WHO-Trinklösung einsetzende Teilchen- und Wassertransport beseitigt die Cholera-Symptome zwar nicht ganz, sie werden aber zumindest gemildert, und der Verlauf der Krankheit ist weniger schwer.

Leistungskurs Biologie (Berlin): Abituraufgaben 2018
Aufgabe A2: Grundlagen und Anwendungsfelder der Genetik

Thema: Die Ahornsirup-Krankheit

Die Ahornsirup-Krankheit ist eine Stoffwechselerkrankung, die auf die verminderte Aktivität eines Enzymkomplexes zurückgeht. Der betroffene Enzymkomplex fördert normalerweise den Abbau bestimmter Aminosäuren. Dabei handelt es sich um die Aminosäuren Leucin, Isoleucin und Valin. Der Name Ahornsirup-Krankheit geht darauf zurück, dass der Urin und die Atemluft des Kindes würzig-süßlich riechen, ähnlich wie Ahornsirup.

Aufgaben

1 Ermitteln und begründen Sie anhand des Stammbaums den Erbgang für die Ahornsirup-Krankheit, indem Sie auch andere Erbgänge begründet ausschließen.
Geben Sie für die nummerierten Personen alle theoretisch möglichen Genotypen an. 10

2 Beschreiben Sie die Methode der Gelelektrophorese zur Untersuchung der DNA.
Werten Sie die Ergebnisse der Gelelektrophorese bezüglich des Stammbaums aus. 14

3 Erklären Sie die verschiedenen molekulargenetischen Ursachen der Ahornsirup-Krankheit am Beispiel des E1β-Gens. 9

4 Erläutern Sie die Folgen genetischer Veränderungen des BCKD-Enzymkomplexes.
Erklären Sie das gehäufte Auftreten der Ahornsirup-Krankheit bei den Mennoniten in Nordamerika. 11

5 Erörtern Sie die Anforderungen an eine Diät-Behandlung bei Neugeborenen mit der Ahornsirup-Krankheit. 6

Material 1: Verbreitung der Ahornsirup-Krankheit (ASK)

Die Ahornsirup-Krankheit (ASK) tritt in fast allen Bevölkerungsgruppen mit einer Häufigkeit von etwa rund 1 : 185 000 auf. Allerdings gibt es Häufungen in Georgien (1 : 123 000) und bei den Mennoniten (1 : 760). Die Mennoniten bilden im amerikanischen Bundesstaat Pennsylvania eine kleine, konservative Religionsgemeinschaft. Ihre theologischen Grundüberzeugungen, wie beispielsweise die Gewaltfreiheit oder die Gemeindeautonomie, zeichnen sie aus. Darüber hinaus übernehmen sie technische Neuerungen nur nach eingehender Prüfung und wenn diese ihre Gemeinschaften nicht gefährden.

Material 2: Fallbeispiel einer Familie mit Ahornsirup-Krankheit

Die Krankheit äußert sich meist schon kurz nach der Geburt. Das Neugeborene wirkt lethargisch, ein charakteristischer ahornsirupartiger Geruch ist wahrzunehmen. Das Kind zeigt Trinkschwäche und entwickelt immer stärker werdende neurologische Auffälligkeiten, die unbehandelt in den ersten Lebenswochen zum Tod führen.

Eigene Darstellung nach: http://d-nb.info/1009923471/34, 28. 12. 2016

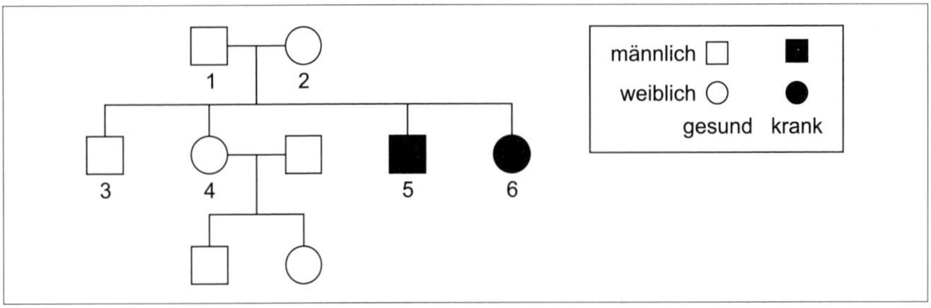

Abb. 1: Stammbaum einer Familie mit Ahornsirup-Krankheit

Gelelektrophoretische Auftrennung des betroffenen DNA-Abschnitts

Aufgetragen wurden die Fragmente des betroffenen DNA-Abschnitts nach Vervielfältigung durch PCR von ausgewählten Personen der Familie aus dem Stammbaum (Abb. 1). Die Nummern entsprechen denen der Personen aus dem Stammbaum. Probe M gehört zu einer gesunden, nicht betroffenen Person.

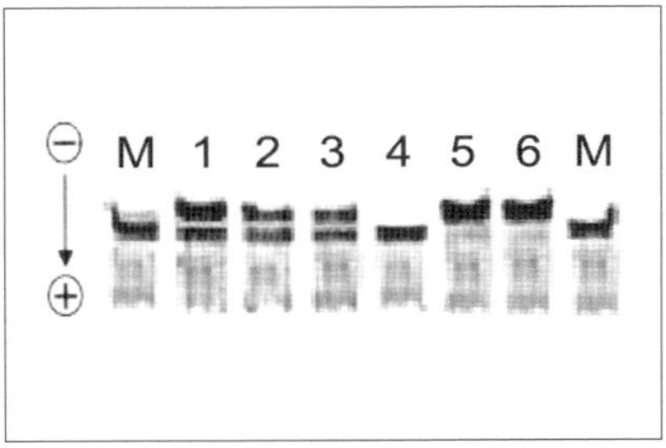

Abb. 2: Gelelektrophoretische Auftrennung des betroffenen DNA-Abschnitts ausgewählter Personen der Familie aus dem Stammbaum (siehe Abb. 1)

Material 3: Molekulargenetische Ursachen der Ahornsirup-Krankheit

Der Ahornsirup-Krankheit können unterschiedliche genetische Veränderungen des BCKD (branched-chain α-ketoacid dehydrogenase)-Komplexes zugrunde liegen. Tabelle 1 zeigt nur einige wenige der bis heute identifizierten Mutationen, die zum Krankheitsbild ASK führen:

mutiertes Gen und dargestellte Basen	Teilsequenz des codogenen Stranges (3' → 5')	
	gesunde Person	Patient mit ASK
E1β-Gen, Basen 745–762	CTT CTT CAG GGA TAT CTT	CTT CTT CGG GGA TAT CTT
E1β-Gen, Basen 928–945	ACC CTA CAC CTG TGT TAA	ACC CTA CAC TGT GTT AAA
E1β-Gen, Basen 1 144–1 161	ACA ATA CTA CGG GAA GCT	ACA ATT CTA CGG GAA GCT

Tab. 1: Ausschnitt aus dem jeweils codogenen Strang einer gesunden Person und von Patienten mit Ahornsirup-Krankheit

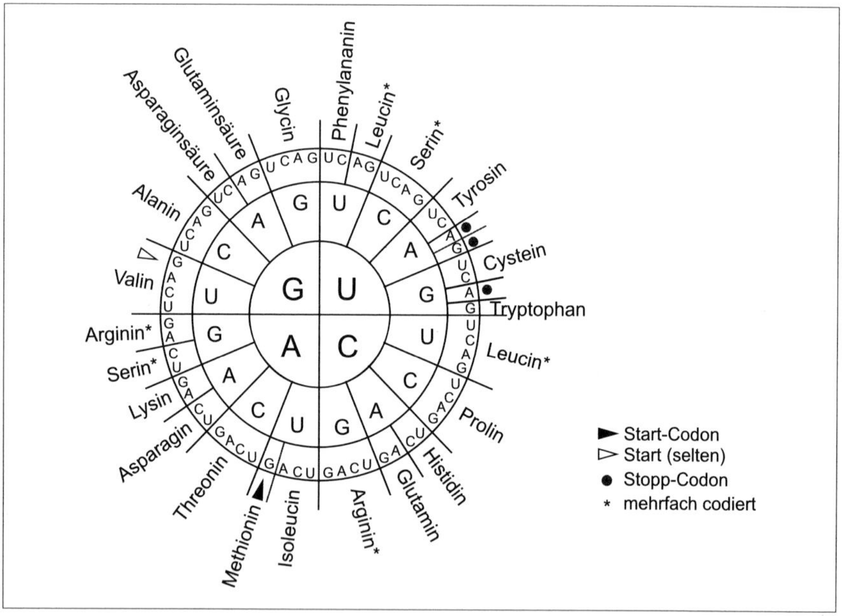

Abb. 3: Code-Sonne

Material 4: Abbau der Aminosäuren Leucin, Isoleucin und Valin

Essentielle Aminosäuren wie Leucin, Valin und Isoleucin müssen mit der Nahrung aufgenommen werden. Diese essentiellen Aminosäuren werden in einem ersten Schritt zu den entsprechenden α-Ketosäuren abgebaut. Dieser Schritt ist umkehrbar. Bei einer hohen Konzentration an α-Ketosäuren läuft verstärkt die Rückreaktion ab. Der BCKD-Enzymkomplex katalysiert den weiteren Abbau dieser α-Ketosäuren.
Bei an der Ahornsirup-Krankheit erkrankten Kindern wurden die folgenden Werte (Tab. 2) innerhalb der ersten drei Lebenswochen ermittelt. In diesem Zeitraum wurde die Krankheit nicht behandelt. Diese Aminosäuren und deren Abbauprodukte (α-Ketosäuren und anderen Zwischenprodukte) reichern sich in Blut und Urin an. Des Weiteren kommt es zu Blutzuckermangel und Störungen der Harnsäureausscheidung. Im Nervengewebe ist ein deutlicher Myelinmangel nachweisbar, die weiße Hirnsubstanz zeigt eine ausgeprägte Degeneration.

	Leucin [µmol/L]	Isoleucin [µmol/L]	Valin [µmol/L]
gesunde Kinder	159–179	72–82	249–279
erkrankte Kinder	763–4 504	191–710	221–855

Tab. 2: Konzentrationen der Aminosäuren Leucin, Isoleucin und Valin im Blutplasma gesunder und an Ahornsirup-Krankheit erkrankter Kinder

Weitere Materialgrundlagen:
https://www.researchgate.net/publication/29746775_Klinische_und_molekulare_Charakterisierung_von_Patienten_mit_Ahornsirup-Krankheit, 28. 12. 2016.
https://www.tk.de/tk/krankheiten-a-z/krankheiten-a/ahornsirupkrankheit/26556, 10. 12. 2016
http://www.chemie.de/lexikon/Ahornsirupkrankheit.html, 23. 01. 2017

Lösungsvorschläge

1 *In dieser Aufgabe wird eine verständliche, übersichtliche und gut strukturierte Darstellung eigener Kenntnisse aus dem Unterricht erwartet (AB I). Entscheidend sind hier die richtige Anwendung von Fachbegriffen aus dem Gebiet der Klassischen Genetik und die korrekte Analyse des Stammbaums (AB II). Denken Sie bei der Stammbaumanalyse an die Alleldefinitionen.*

Eine **dominante Vererbung** der Krankheit ist auszuschließen, da die Krankheit in der betrachteten Familie nicht in jeder Generation auftritt und die nicht von der Krankheit betroffenen Eltern 1 und 2 erkrankte Kinder 5 und 6 haben. Auch ist die Gesamtzahl der Erkrankten in der Familie relativ gering.

Eine **geschlechtsgebundene (gonosomale, X-chromosomale) Vererbung** der Krankheit ist ebenfalls auszuschließen, da die kranke Tochter Nr. 6 nur zu erklären wäre, wenn der Vater 1 ebenfalls von der Krankheit betroffen wäre. Außerdem gibt es Merkmalsträger beider Geschlechter in gleicher Anzahl, was ebenfalls gegen einen geschlechtsgebundenen Erbgang spricht.

Es liegt also ein **autosomal-rezessiver Erbgang** vor.

Alleldefinitionen: A = dominantes Allel für die Bildung des Enzymkomplexes
a = rezessives Allel für die Krankheit (Defekt des Enzymkomplexes)

Mögliche Genotypen:

Vater 1: Aa
Mutter 2: Aa
Sohn 3: AA oder Aa
Tochter 4: AA oder Aa
Sohn 5: aa
Tochter 6: aa

2 *Im ersten Teil der Aufgabe (AB I) soll die Gelelektrophorese erläutert werden. Anschließend sollen diese Kenntnisse auf die Interpretation des in Abb. 2 dargestellten fertigen Ergebnisses der Gelelektrophorese angewendet werden. Zu beachten ist, dass die DNA-Fragmente vom Minus- zum Pluspol wandern, so wie es in der Abbildung auch durch den Pfeil gekennzeichnet ist.*

Allgemeine Erläuterung zur Gelelektrophorese:
Die Gelelektrophorese ist ein Verfahren, mit dem verschieden große DNA-Bruchstücke nach ihrer Größe aufgetrennt und sortiert werden können.
Die DNA von verschiedenen Personen (hier: 1–6 und M) wird isoliert, durch PCR vervielfältigt und in diesem Beispiel die Abschnitte für das „Ahornsirup-Gen" durch Restriktionsenzyme herausgeschnitten. Diese werden jeweils in eine Tasche des Gels pipettiert. Der Strom wird eingeschaltet.

Bei dieser Methode wird die Ladung von DNA-Bruchstücken ausgenutzt. Die DNA besitzt mehr negative als positive Ladungen. Daher wandert sie im elektrischen Feld vom Minus- zum Pluspol, sie wird also vom Pluspol angezogen. Unterschiedlich lange DNA-Bruchstücke wandern dabei unterschiedlich schnell: Kürzere Fragmente wandern schneller als längere, bzw. in der gleichen Zeitspanne wandern sie weiter als längere. Das Gel wirkt dabei wie ein weitmaschiges Netz, das die Wanderung behindert.
Da man DNA nicht mit dem bloßen Auge sehen kann, müssen die Fragmente als Banden durch verschiedene Methoden (radioaktive Markierung, Anfärbung, UV-Bestrahlung) sichtbar gemacht werden. Abschließend wird das Banden-Ergebnis fotografiert (s. Abb. 2).

Interpretation des Ergebnisses:

- Die nicht betroffene **Kontrollperson M** und die gesunde **Person 4** zeigen beide das gleiche Ergebnis: eine Bande weiter unten. Beide müssen daher die gleichen Allele besitzen. Sie sind homozygot für das dominante Allel A und ihr Genotyp ist daher AA.
- Die erkrankten **Personen 5 und 6** zeigen ebenfalls ein identisches Ergebnis: eine Bande weiter oben. Beide müssen die gleichen Allele besitzen. Sie sind daher homozygot für das rezessive Allel a. Ihr Genotyp ist also aa.
- Die gesunden **Personen 1, 2 und 3** müssen sowohl das rezessive als auch das dominante Allel besitzen, da sie zwei Banden zeigen, eine weiter oben und eine weiter unten. Sie sind also heterozygot und besitzen den Genotyp Aa.

3 *In dieser Aufgabe des AB II wird verlangt, molekulargenetische Grundlagen auf die neuen Zusammenhänge im Material 3 anzuwenden. Es geht hier um die Kompetenz, den genetischen Code, die Code-Sonne und die Proteinbiosynthese sachgerecht anwenden zu können und die Erkenntnisse strukturiert darzustellen. Beachten Sie, dass Sie für die Anwendung der Code-Sonne zuerst die mRNA bilden müssen und diese dann von 5' nach 3' abgelesen wird.*

Beim Patienten mit ASK gibt es an der **Position 752** in der Basensequenz des E1β-Gens eine Punktmutation: Die Base Adenin ist gegen Guanin ausgetauscht. Dies führt bei der Translation zu einer veränderten Aminosäuresequenz: Statt Valin wird Alanin eingebaut.

An der **Position 937** hat ebenfalls eine Punktmutation stattgefunden: Cytosin ist verloren gegangen (Deletion). Dadurch wird das Leseraster des Triplett-Codes verschoben, und es werden ab dieser Stelle Threonin, Glutamin und Phenylalanin statt Asparaginsäure, Threonin und Isoleucin in das Protein eingebaut. In der folgenden (nicht wiedergegebenen) Kette verschiebt sich natürlich das Leseraster ebenfalls.

An der **Position 1 149** ist wiederum durch Punktmutation eine Base ausgetauscht worden: Thymin wird statt Adenin eingebaut. Dadurch ist ein Stopp-Codon entstanden, und die Proteinsynthese bricht an dieser Stelle ab. Die Polypeptidkette wird also beim mutierten Enzymkomplex verkürzt.

4 *Hier sollen aus dem Material 4 neue Zusammenhänge abgeleitet und gut strukturiert zusammengefasst werden. „Essentielle Aminosäuren" sind Aminosäuren, die mit der Nahrung aufgenommen werden müssen.*

Erläuterungen der Folgen der genetischen Veränderungen:
Die Konzentrationen der drei Aminosäuren Leucin, Isoleucin und Valin sind bei den an ASK erkrankten Kindern im Blutplasma deutlich erhöht (s. Tab. 2).
Dies liegt daran, dass die Aminosäuren zwar zu α-Ketosäuren abgebaut werden, sich diese Abbauprodukte aber ansammeln, da sie wegen des genetisch veränderten BCKD-Enzymkomplexes nicht oder nicht in ausreichender Menge weiter zu unschädlichen Stoffwechselendprodukten abgebaut werden können. Wenn auf diese Weise die Konzentration der Abbauprodukte (α-Ketosäuren) stark ansteigt, kehrt sich die Aminosäureabbau-Reaktion um (reversible Reaktion) und die Aminosäuren werden wiederhergestellt. Die Folge ist eine erhöhte Konzentration dieser drei Aminosäuren und ihrer Abbauprodukte. Schon in den ersten Lebenswochen treten die Symptome der ASK, wie Blutzuckermangel, Störung der Harnausscheidung und Schäden im Nervensystem, auf. Die Myelinisierung ist gestört und die weiße Hirnsubstanz wird beschädigt, was zu Schädigungen des Gehirns führen kann.

Schlussfolgerung zu den Mennoniten:
Die Mennoniten in Pennsylvania sind eine religiöse Gemeinschaft, die relativ klein und konservativ ist. Dadurch steigt die Wahrscheinlichkeit von Ehen zwischen Personen mit relativ hohem Verwandtschaftsgrad. Da sie technischen Fortschritt zuerst überprüfen, werden Stammbaumanalysen und genetische Beratung nicht unbedingt berücksichtigt. Das rezessive Allel a kann sich also in der Gemeinschaft anhäufen, bei den Kindern tritt der homozygote Genotyp aa mit 200-fach größerer Häufigkeit auf als in der übrigen Bevölkerung.

5 *Diese Aufgabe erfordert, dass man aus den in vorherigen Aufgabenteilen herausgearbeiteten Zusammenhängen eine fachlich begründete Diät-Empfehlung entwickelt – eine typische Aufgabe des AB III. Es muss hierbei zwischen Vor- und Nachteilen bei verschiedenen Diätansätzen abgewogen werden.*

Die drei Aminosäuren Leucin, Isoleucin und Valin zählen zu den essentiellen Aminosäuren, daher müssen sie mit der Nahrung aufgenommen werden. Sonst treten lebensbedrohliche Mangelerscheinungen auf. Bei an ASK erkrankten Neugeborenen können diese Aminosäuren jedoch nicht oder nur vermindert abgebaut werden. Zu hohe Konzentrationen dieser Aminosäuren schädigen den Körper. Eine Diät muss also diese zwei Aspekte vereinen und einen Mittelweg darstellen, sodass genug essentielle Aminosäuren vorhanden sind und gleichzeitig nicht zu viele.
Also muss man die Zufuhr der drei Aminosäuren mit der Nahrung stark begrenzen und die Blutkonzentrationen sowohl der drei Aminosäuren als auch der α-Ketosäuren ständig kontrollieren.

Leistungskurs Biologie (Berlin): Abituraufgaben 2018
Aufgabe B: Ökologie und Nachhaltigkeit

Thema: Bewohner des Ökosystems Mangrovenwald

Mangrovenwälder sind baumbestandene Feuchtgebiete in der Gezeitenzone tropischer und subtropischer Küsten. Sie entwickeln sich beidseitig des Äquators in Gebieten, in denen die mittlere jährliche Wassertemperatur über 20 °C beträgt. Erst in jüngster Zeit hat die Wissenschaft ihre Aufmerksamkeit auf die Bewohner der Mangroven gelenkt, die aufgrund verschiedener Angepasstheiten die ganz speziellen ökologischen Nischen des Lebensraums besetzen können.

Abb. 1: Mangrovenpflanzen
Quelle: Leon petrosyan / wikipedia, cc-by-sa-3.0

Aufgaben

1 Definieren Sie den Begriff der ökologischen Nische.
Beschreiben Sie den mehrstufigen Energiefluss in Ökosystemen. 10

2 Nennen und erklären Sie fünf Angepasstheiten bei Mangrovenpflanzen an die speziellen Umweltbedingungen im Ökosystem Mangrovenwald. 15

3 Werten Sie Material 3 bezüglich des Salzgehalts in den verschiedenen Zonen des Mangrovenwaldes aus. 8

4 Interpretieren Sie das Vorkommen der verschiedenen Taubenarten auf Neuguinea und dem Bismarckarchipel. 10

5 Stellen Sie eine Hypothese auf, wie sich eine dauerhaft erhöhte Niederschlagsmenge auf den Mangrovenwald im Grenzgebiet zwischen Meer und Festland auswirken könnte. 7

Material 1: Mangroven – Kopf in der Sonne, Füße im Wasser

Mangrovenwälder bestehen aus verschiedenen Baum- und Straucharten, die in der Gezeitenzone der tropischen Meere vorkommen. Es gibt sie in ariden und humiden Gebieten. Arid bedeutet, dass die Verdunstung höher ist als der Niederschlag, humid bedeutet, dass der Niederschlag höher ist als die Verdunstung. Die verdichteten und vernässten Böden aus Schlick und Sand sind sauerstoffarm, der durch die Wurzelatmung der Pflanzen verbrauchte Sauerstoff diffundiert nur langsam nach. Bei Ebbe fallen diese Standorte trocken. Es herrschen häufig hohe Lufttemperaturen. Durch die Verdunstung des Meerwassers kann die Salzkonzentration Werte von 5–10 % erreichen, in manchen Fällen sogar über 38 %, d. h. über der Löslichkeit von Kochsalz liegen. Zum Vergleich: Der mittlere Salzgehalt (Salinität) der Weltmeere beträgt 3,5 %. Andererseits kann es infolge der ergiebigen tropischen Niederschläge kurzfristig zu einer starken Erniedrigung der Salinität kommen. Mit den Gezeiten sind darüber hinaus starke mechanische Schub- und Zugkräfte verbunden.

Material 2: Pflanzen des Mangrovenwaldes

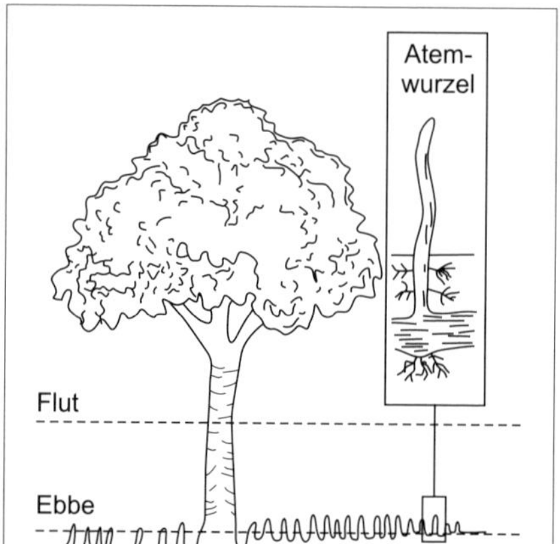

Abb. 2: Schwarzmangrove

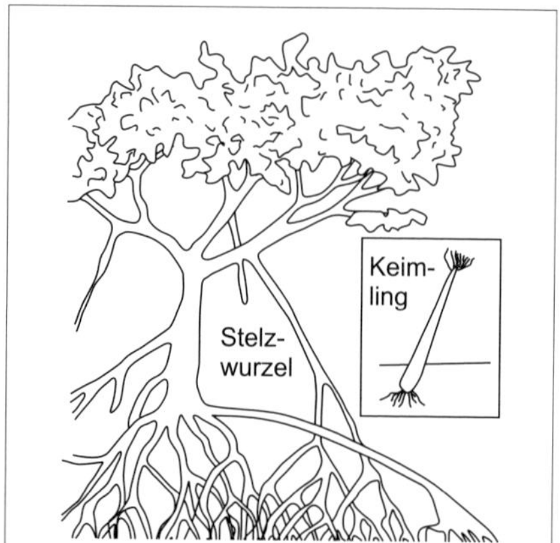

Abb. 3: Rotmangrove

Die Schwarzmangrove *(Avicennia)* ist eine in den Tropen und Subtropen von Amerika und Afrika vorkommende Mangrove. Dort dominiert sie zusammen mit der Rotmangrove *(Rhizophora)* die Mangrovenwälder. Die Stelzwurzeln der Rotmangrove geben den Pflanzen auch in tiefem Wasser Halt. Funktionell sind sie gleichzeitig Atemwurzeln, denn sie sind dicht mit wasserundurchlässigen, korkigen Luftporen (Lentizellen) besetzt. Das gilt auch für die echten Atemwurzeln (Pneumatophoren) der Schwarzmangroven, die bei Ebbe spargelähnlich aus dem Schlick in die Luft ragen. Viele Mangrovenpflanzen haben eine verdickte Kutikula oder eine Blattbehaarung ausgebildet.

Einige Mangrovenarten reichern Salz in ihren fleischig-saftigen Blättern an (Blattsukkulenz), die sie dann nach einiger Zeit abwerfen. In den Zellen von Mangrovenpflanzen wurde der höchste osmotische Druck, der je in Pflanzen gemessen wurde, festgestellt. Bei Schwarzmangroven kann er bis zu 65 bar betragen. Sie können das zu viel aufgenommene Salz über spezielle Salzdrüsen der Blätter wieder ausscheiden. Bei den Rotmangroven erfolgt die Keimung des Samens bereits auf der Mutterpflanze. Erst nachdem der Keimling etwa 1 m lang geworden ist, fällt die Jungpflanze vom Baum.

Abb. 4: Salzkristalle auf Blattoberseite der Schwarzmangrove

Quelle: Ulf Mehlig / wikipedia, cc-by-sa-2.5

Material 3: Zonierung von Mangrovenwäldern

Eine auffällige Eigenschaft der meisten Mangrovenwälder ist die Zonierung. Bereits auf den ersten Blick erkennt man vom Wasser zum Festland verschiedene küstenparallele Bänder unterschiedlicher Vegetation.

In der folgenden Abbildung markiert die obere gestrichelte Linie den Hochwasserstand, die untere die normale Flutlinie. Die Zahlenwerte geben den osmotischen Druck in den Zellen der Mangrovenpflanzen an. Man kann diese Werte mit höheren bzw. niedrigeren Konzentrationen osmotisch wirksamer Stoffe in den Zellen gleichsetzen.

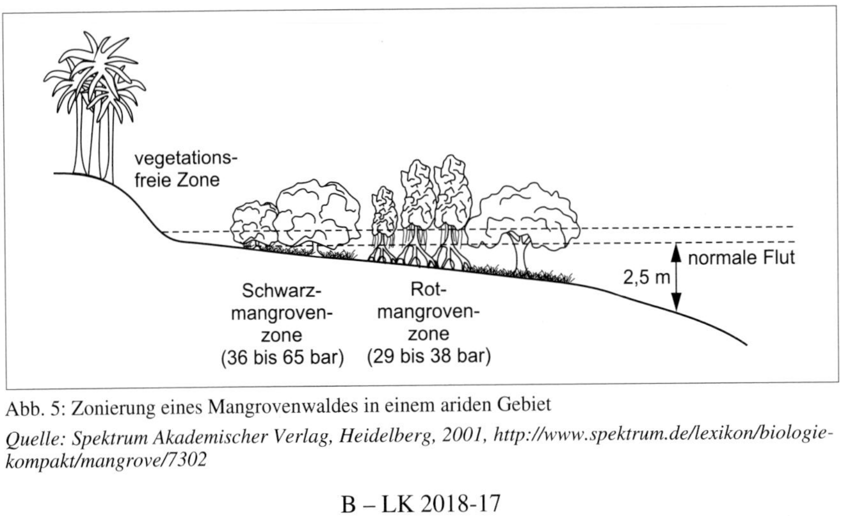

Abb. 5: Zonierung eines Mangrovenwaldes in einem ariden Gebiet

Quelle: Spektrum Akademischer Verlag, Heidelberg, 2001, http://www.spektrum.de/lexikon/biologie-kompakt/mangrove/7302

Material 4: Vorkommen verschiedener Taubenarten auf Neuguinea und dem Bismarckarchipel

Mangrovenwälder beherbergen eine reichhaltige Fauna, wobei die Bewohner der oberen Etagen der Bäume sich nicht allzu sehr von denen anderer tropischer Wälder unterscheiden.

Auf Neuguinea und dem Bismarckarchipel leben drei Taubenarten. Die Inseln bieten recht ähnliche Lebensräume: An den Mangrovenwald schließt sich landeinwärts ein lichter Wald an und noch weiter entfernt von der Küste findet man an den Berghängen Regenwald. Die Tauben sind sehr scheue Vögel und suchen ihre Nahrung allein oder als Paar im Schutz der dichtbelaubten Vegetation der Mangroven sowie in den küstennahen Wäldern und montanen (bergigen) Regenwäldern am Boden und im bodennahen Gestrüpp. Hier fressen sie Früchte und Samen, aber auch Insekten wie Termiten.

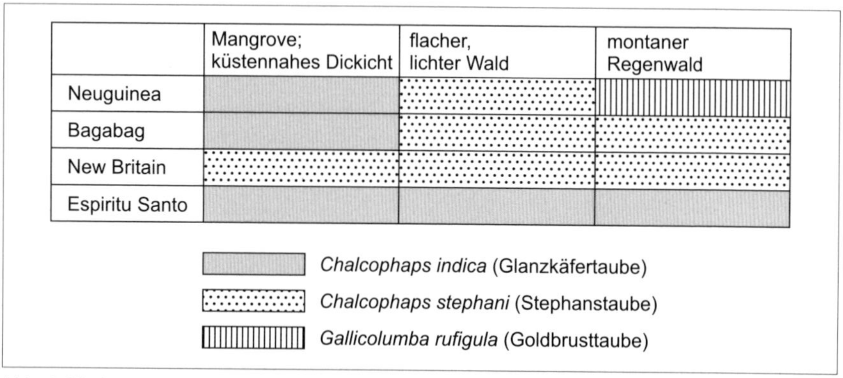

Abb. 6: Vorkommen der Taubenarten auf Neuguinea und drei Inseln des Bismarckarchipels
Quelle: Jungbauer, W. (Hrsg.): Aufgabenhandbuch Biologie, Band 2, Hallbergmoos 2013, S. 74 f.

Weitere Materialgrundlagen:
Bolay, E.: Kopf in der Sonne, Füße im Wasser, in: Unterricht Biologie 6/1999, S. 34 ff.
Hempel, G. u. a. (Hrsg.): Faszination Meeresforschung – Ein ökologisches Lesebuch, Bremen 2006, S. 235 ff.

Lösungsvorschläge

1 *Hier soll Grundlagenwissen aus dem Unterricht strukturiert und fachlich präzise erläutert werden – eine Aufgabe des AB I. Die ökologische Nische soll allgemein, ohne Bezug zum Ökosystem Mangrovenwald, definiert werden.*
Im zweiten Teil der Aufgabe soll der Energiefluss durch Ökosysteme allgemein beschrieben werden.

Definition der ökologischen Nische:
Sie ist die Gesamtheit der wechselseitigen Beziehungen zwischen einer Art und ihrer Umwelt, die sich aus biotischen und abiotischen Umweltfaktoren zusammensetzt. Sie ist nicht nur räumlich oder geografisch zu sehen, sondern als Gesamtheit eines Gefüges mit fließenden Grenzen.

Energiefluss in Ökosystemen:
Die Energie durchfließt ein Ökosystem typischerweise. Dabei durchläuft sie mehrere Trophiestufen. Die Produzenten nutzen die Lichtenergie (Fotosynthese) oder chemische Energie (Chemosynthese), um diese in chemische Energie umzuwandeln, die sie dann für Stoffwechselprozesse oder zum Aufbau von Biomasse nutzen können. Die im Ökosystem gespeicherte Energie nimmt von Trophiestufe zu Trophiestufe jeweils um ca. 90 % ab. Die Ursachen dieses Verlustes sind die Stoffwechselvorgänge der Organismen, bei denen energiereiche Stoffe zu CO_2 und Wasser sowie anorganischen Ionen abgebaut und ausgeschieden werden und Wärme produziert wird, die das Ökosystem als offenes System verlässt. Nur etwa 10 % der Energie erreicht also die Konsumenten 1. Ordnung in Form von energiereichen organischen Stoffen. Zur nächsten Trophieebene, den Konsumenten 2. Ordnung, nimmt die Energie weiter ab. Am Ende stehen die Destruenten, die den Abfallstoffen noch die verfügbare Restenergie entnehmen.

2 *Hier ist gefordert, die Materialien 1 und 2 zu analysieren, Informationen gezielt auszuwählen, die Angepasstheiten zu nennen und auf der Basis von allgemeinen biologischen Grundkenntnissen zu erklären. Die Nennungen werden hier nicht noch einmal separat aufgeschrieben, sondern im Erklärungstext kenntlich gemacht. Dies ist eine Aufgabe im unteren Bereich des AB II.*

Angepasstheiten und ihre Erklärungen:

- Die **sukkulenten Blätter**, die **verdickte Cuticula** und die **Blattbehaarung** sind Angepasstheiten an hohe Lufttemperaturen, geringe Luftfeuchtigkeit und geringe Süßwasserzufuhr. Sie verringern die Transpiration über die Blätter bzw. sorgen für eine Wasserspeicherung.
- Die **Stelzwurzeln** der Rotmangrove sind eine Angepasstheit an die unterschiedlichen Wasserstände bei Ebbe und Flut und an den weichen Schlickboden. Sie sorgen für einen festen Halt im weichen Boden und eine gute Standfestigkeit bei starken Strömungen.

- Die **Keimung von Samen auf der Mutterpflanze** ist eine Angepasstheit an die mechanischen Schub- und Zugkräfte der Gezeiten, die gewaltige Wasserströmungsgeschwindigkeiten erzeugen können. Dadurch würden Samen ins offene Meer gespült, wo sie nicht keimen könnten. Diese Angepasstheit sorgt dafür, dass die Keimlinge unter den Bedingungen der ökologischen Nische der Mangrovenwälder optimal heranwachsen können.
- Die **Lentizellen der Stelzwurzeln** der Rotmangrove und die **Atemwurzeln** der Schwarzmangrove sind Angepasstheiten an die Sauerstoffarmut des Bodens. Der durch Wurzelatmung verbrauchte Sauerstoff diffundiert nur langsam nach. Durch diese speziellen Angepasstheiten der Wurzeln können sie jedoch mit Luftsauerstoff versorgt werden.
- Der **regelmäßige Abwurf salzreicher Blätter** sowie die **Salzdrüsen** sind Angepasstheiten an den zeitweise extrem hohen Salzgehalt in der Umgebung. Dadurch wird erreicht, dass der Salzgehalt und damit der osmotische Wert in der Pflanze nicht zu hoch und in gewissen Grenzen reguliert wird. Denn bei zu hohem osmotischem Wert würden die Zellen platzen.

3 *Diese Aufgabe des AB II verlangt, die Informationen des Materials 3 zu analysieren und die Zonierung des Ökosystems Mangrovenwald in Beziehung zu unterschiedlicher Verdunstungsrate, unterschiedlichem Wasseraustausch mit dem Meerwasser und daraus folgernd unterschiedlichen Salzgehalten zu setzen. Es wird also die Analyse der Zusammenhänge innerhalb des Vielfaktorensystems Mangrovenwald erwartet.*

Innerhalb des Mangrovenwaldes nimmt der **Salzgehalt** vom Meer zum Land hin zu, weil das Wasser zum Land hin flacher und dadurch wärmer ist und somit leichter verdunsten kann. Gleichzeitig nimmt die Schwankung des Salzgehaltes zum Land hin zu, weil nur während der Flut ein Wasseraustausch mit dem Meerwasser stattfindet. In der vorderen Rotmangrovenzone findet ein stärkerer Austausch mit dem Meerwasser statt, die Schwankungen der Salinität sind nicht so stark.
Diese Zonierung des Salzgehalts hat eine **Zonierung des Mangrovenbewuchses** zur Folge. Da Schwarzmangroven einerseits besser an hohe Salzgehalte und andererseits besser an starke Schwankungen des Salzgehaltes angepasst sind, wachsen sie bevorzugt in der dem Land zugewandten Zone. Die Zellen der Schwarzmangrove können einen osmotischen Druck von 36 bis 65 bar aufweisen. Die Rotmangrove hat eine geringere Toleranz bezogen auf den Umweltfaktor Salinität und wächst daher bevorzugt in der dem Meer zugewandten Zone. Bei diesen Pflanzen findet man einen osmotischen Druck von 29 bis 38 bar.

4 *Dies ist ebenfalls eine Aufgabe des AB II. Hier soll erkannt werden, dass der Begriff der ökologischen Nische aus Aufgabe 1 unter dem Aspekt der interspezifischen Konkurrenz anzuwenden ist.*

Dargestellt ist die Besiedlung der drei verschiedenen Biotope Mangrovenwald, flacher, lichter Wald und montaner Regenwald durch drei Taubenarten in Neuguinea und auf drei Inseln des Bismarckarchipels.
Es zeigt sich, dass auf **New Britain** und **Espiritu Santo** jeweils eine Taubenart in allen drei Biotopen lebt. Da sich auf diesen Inseln die jeweilige Taubenart die ökologische Nische nicht mit einer anderen Art teilen muss (Fehlen von interspezifischer Konkurrenz), kann sie sich über alle drei Biotope ausbreiten. Dabei wird deutlich, dass beide Taubenarten (Stephanstaube und Glanzkäfertaube) eine breite ökologische Potenz besitzen, da sie die drei sehr unterschiedlichen Biotope besiedeln können.

Alternativ könnte man auch argumentieren, dass die Taubenarten so gut etabliert sind und eine so starke ökologische Potenz haben, dass keine Besiedelung durch andere Arten möglich ist.

Auf **Bagabag** und **Neuguinea** leben jeweils zwei bzw. drei Taubenarten; es herrscht also ausgeprägte interspezifische Konkurrenz. In Ökosystemen gilt grundsätzlich das Konkurrenzvermeidungsprinzip. Das hat zur Folge, dass die Taubenarten auf einer Insel nur nebeneinander existieren können, wenn sie unterschiedliche Biotope besiedeln und somit unterschiedliche ökologische Nischen nutzen. Dabei dürfte die am stärksten verbreitete Taubenart Stephanstaube die breiteste ökologische Potenz besitzen, sie ist also am konkurrenzstärksten. Die Goldbrusttaube dürfte die geringste ökologische Potenz besitzen, weil sie nur im montanen Regenwald auf Neuguinea vorkommt. Sie ist also am konkurrenzschwächsten und wird von den anderen Taubenarten an die Grenze ihrer ökologischen Potenz gedrängt.

5 *Für die Lösung dieser Aufgabe des AB III ist es erforderlich, Informationen aus den Materialien 1–4 auszuwählen und unter Zuhilfenahme von eigenem biologischem Grundwissen in einer Hypothese zusammenzufassen.*

Hypothese: Dauerhaft erhöhte Niederschlagsmengen führen zu einer Verringerung des Salzgehalts im Mangrovenwald. Das führt zu einer Veränderung der Flora und Fauna. Arten mit geringerer Salztoleranz werden begünstigt.

Begründungen: Das entscheidende Charakteristikum des Ökosystems Mangrovenwald ist der hohe Salzgehalt im Wasser und im Boden und die starken Schwankungen des Salzgehaltes. Spezialisten wie die Schwarzmangrove sind daran perfekt angepasst, sie haben als Spezialisten eine geringe ökologische Potenz. Bei erheblichen Veränderungen der Umwelt haben jedoch die Arten mit der breiteren ökologischen Potenz einen Vorteil, sie sind konkurrenzstärker. Es ist zu vermuten, dass sich die Rotmangrove ausbreitet und die Schwarzmangrove verdrängt wird. Unter Umständen kommt es zur Ansiedlung von Pflanzenarten, die bisher nicht im Mangrovenwald vertreten waren. Das bedeutet eine erhebliche Veränderung und Gefährdung des Ökosystems, auch mit Auswirkungen auf die Fauna.

Leistungskurs Biologie (Berlin): Abituraufgaben 2018
Aufgabe C: Evolution und Zukunftsaussichten

Thema: Selektion der Aga-Kröte

Obwohl auf dem australischen Kontinent eine Vielzahl außergewöhnlicher Tiere vorkommt, hat ausgerechnet eine dort lebende Amphibienart traurige Berühmtheit erlangt. Das Besondere dabei ist, dass die Aga-Kröte *Rhinella marinus* ursprünglich nicht in Australien beheimatet und erst durch den Menschen dorthin gelangt ist. Sie stellt zunehmend eine Bedrohung für eine große Zahl einheimischer Arten dar.

Abb. 1: Erwachsene weibliche Aga-Kröte
Quelle: Bernard DUPONT / wikipedia, cc-by-sa-2.0

Aufgaben

1 Erklären Sie die Bedeutung der Selektion für die stammesgeschichtliche Entwicklung.
Nennen Sie vier Selektionsfaktoren und erklären Sie deren Wirkung am Beispiel der Aga-Kröten. 14

2 Beschreiben Sie die drei Selektionstypen.
Erläutern Sie den Zusammenhang zwischen den Beinlängen und den zurückgelegten Wegstrecken der untersuchten Aga-Kröten mit dem Prinzip der natürlichen Selektion. 15

3 Werten Sie die Messergebnisse zu den ortstreuen Tieren aus. 6

4 Vergleichen Sie den Typ und die Wirkung der Selektion bei der wandernden Aga-Kröte und der Rotbäuchigen Schwarzotter tabellarisch anhand von drei Kriterien. 8

5 Diskutieren Sie, inwieweit Prozesse der Koevolution der Ausbreitung der Aga-Kröten Einhalt gebieten könnten. 7

Material 1: Steckbrief *Rhinella marinus*

Die Aga-Kröte kann bis zu 25 cm groß und 1,3 kg schwer werden. Sie ist in jedem Entwicklungsstadium sehr giftig. Als erwachsenes Tier kann sie zur Feindabwehr ihr starkes Gift durch zwei Giftdrüsen am Hinterkopf zwei Meter weit spritzen. Ein Weibchen kann zweimal im Jahr bis zu 35 000 Eier in stehenden Gewässern ablegen. In der Wildnis werden die Kröten 10 bis 15 Jahre alt. Dabei können sie in trockenen Perioden den Verlust von bis zu 50 Prozent des Wassergehalts ihres Körpers ohne Schaden überleben. Die Kröte ernährt sich von Insekten, Mäusen, Fröschen und sogar von ihren eigenen Jungen, aber inzwischen auch von Nahrungsresten von Menschen und Haustieren.

Material 2: Die Ausbreitung von *Rhinella marinus*

Die grünlichbraunen Aga-Kröten stammen ursprünglich aus Venezuela und wurden 1935 eingeführt, um in den Zuckerrohrplantagen vom australischen Queensland den Zuckerrohrkäfer zu bekämpfen. Aus den ursprünglich rund einhundert importierten Kröten entwickelten sich viele Millionen, die sich auch gegenwärtig schnell ausbreiten. Vögel, Schlangen, Süßwasserkrokodile, Eidechsen und Dingos nehmen die Aga-Kröte als vermeintliche Beute wahr, verenden aber an deren Gift. Deshalb bedrohen diese Kröten inzwischen die Existenz von vielen einheimischen Arten Australiens. Beispielsweise sind 45 Schlangenarten vom Aussterben bedroht, aber auch Beuteltiere, wie der katzengroße Zwergbeutelmarder.

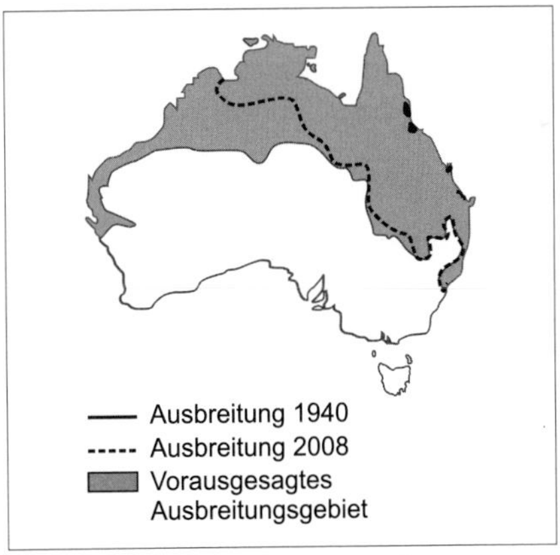

Abb. 2: Ausbreitung der Aga-Kröte in Australien

Quelle: verändert nach: https://www.environment.gov.au/system/files/resources/3f534390-51d6-45b5-8411-9a3913814027/images/cane-toad-fs-map.jpg

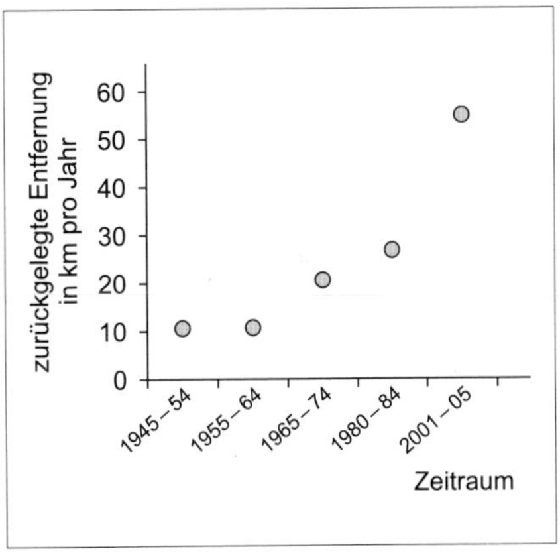

Abb. 3: Zurückgelegte Entfernung bei der Ausbreitung der Aga-Kröte in Australien

Quelle: http://www.canetoadsinoz.com/cane_toad_evolution.html

Material 3: Beinlängen von *Rhinella marinus*

Wissenschaftler ermittelten über einen längeren Zeitraum hinweg die relativen Längen der Beine der Aga-Kröten. Sie maßen dazu die Länge der Beine und setzten den Wert in Bezug zur Länge des Körpers des jeweiligen Tieres. Sie untersuchten außerdem die Entfernungen, die die jeweiligen Kröten in einem festgelegten Zeitraum wanderten.

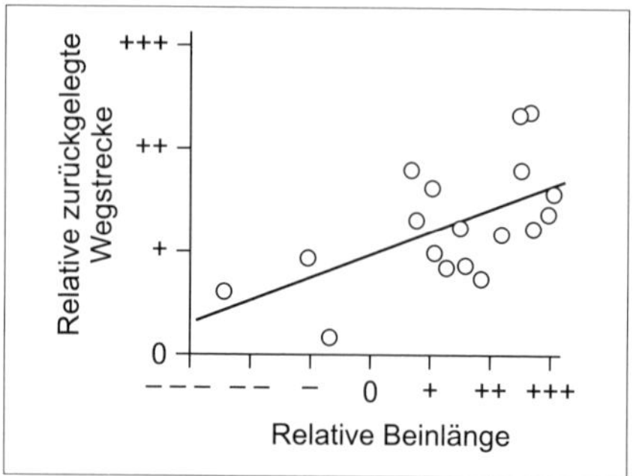

Abb. 4: Relative Beinlängen von Aga-Kröten und die in Australien zurückgelegten Wegstrecken

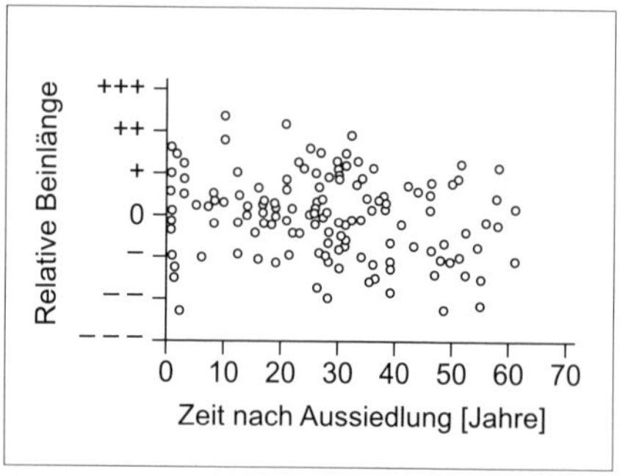

Abb. 5: Relative Beinlängen von Aga-Kröten, die über Generationen ihren Lebensraum nicht verlassen haben

Material 4: Anpassungen in der Natur

Wissenschaftler aus Sydney konnten nachweisen, dass bei einigen Tierarten erste Angepasstheiten an die giftigen Kröten zu beobachten sind. Die Grüne Baumnatter *Dendrelaphis punctulatus* und die Rotbäuchige Schwarzotter *Pseudechis porphyriacus* beispielsweise haben sich in nur 70 Jahren so verändert, dass sie die Aga-Kröte gefahrlos fressen können. Man fand unter anderem heraus, dass sich ihre Köpfe durchschnittlich verkleinert und in Relation dazu ihre Körper vergrößert haben. Dadurch können sie nur kleinere Aga-Kröten fressen, die somit einen geringeren Giftgehalt haben. Der längere Körper ermöglicht eine bessere Verdauung des Giftes. Damit zeigen die beiden Schlangenarten in erstaunlicher Weise nach nur 20 Generationen Angepasstheiten, wofür andere Tiere Jahrmillionen brauchen.

Abb. 6: Rotbäuchige Schwarzotter
Quelle: Figaro / wikipedia

Weitere Materialgrundlagen:
Asshoff, Roman: Von Kröten und Schlangen, Unterricht Biologie 379, 2012, S. 19ff, 28. 08. 2016
http://www.spiegel.de/wissenschaft/natur/schlange-gegen-giftkroete-blitz-evolution-schlaegt-warzigen-widerling-a-338340-htm, 28. 08. 2016
http://www.zeit.de/wissen/umwelt/2010-04/marder-australien-kroete, 28. 08. 2016

Lösungsvorschläge

1 *Diese Aufgabe des AB I verlangt, dass aus dem Unterricht bekanntes Wissen zum Thema Selektion fachlich korrekt und präzise dargestellt wird. Wenden Sie vier Selektionsfaktoren auf die Evolution der Aga-Kröte an. Da 14 BE vergeben werden, sollten die Ausführungen etwas umfangreicher sein.*

Bedeutung der Selektion für die Evolution:
Selektion ist die natürliche Auslese durch verschiedene Umweltfaktoren. Nachdem durch zufällige Mutationen innerhalb einer Art Variationen eines Merkmals entstanden sind, setzt der Selektionsdruck der Umwelt ein und lässt die einzelnen Variationen sich mehr oder weniger erfolgreich vermehren. Individuen, die am besten angepasst sind, bringen zahlreiche Nachkommen hervor. Auf diese Weise wirkt die Selektion richtend auf den Phänotyp der Population ein. Der Genpool der Population wird durch die Selektion verändert, sodass sie Voraussetzung für Veränderungen einer Art und zur Bildung neuer Arten ist.

Mögliche Selektionsfaktoren für die Aga-Kröte:
- **Wasser:** Zum Ablegen der Eier benötigt das Weibchen zweimal jährlich stehende Gewässer. Ist dies nicht gewährleistet, können die Kröten sich nicht vermehren.
- **Luftfeuchtigkeit:** Kürzere Trockenzeiten können überstanden werden. Wenn bei längeren Trockenzeiten mehr als 50 % des Körperwassers verdunstet, vertrocknen die Tiere.
- **Natürliche Feinde:** Grüne Baumnatter, Rotbäuchige Schwarzotter, Süßwasserkrokodile …
- **Nahrung:** Insekten, Mäuse, Frösche …

2 *Diese Aufgabe des AB I–II erfordert die Kompetenz, bekanntes biologisches Wissen verständlich und strukturiert darzustellen. Bei der Beschreibung der Selektionstypen sollten die Begriffe Selektionsdruck, Selektionsvorteil und Selektionsnachteil verwendet werden.*
Im zweiten Aufgabenteil sollen diese Kenntnisse auf die Evolution der Vorderextremitäten der Aga-Kröte angewendet werden.
Die Vergabe von 15 BE legt nahe, dass die Ausführungen nicht zu oberflächlich sein sollten.

Selektionstypen:
- **Gerichtete Selektion:** Varianten, die vom Durchschnitt abweichen, erhalten einen Selektionsvorteil. Dies ist oft bei veränderten Umweltbedingungen der Fall. Der Genpool verschiebt sich in Richtung der besseren Angepasstheit. Ein Merkmal wird also über längere Zeiträume in eine Richtung verändert, z. B. die Körpergröße einer Population nimmt langfristig zu. Kleinere Phänotypen haben einen Selektionsnachteil.

- **Stabilisierende Selektion:** Der Selektionsdruck wirkt auf die Extremausprägungen eines Merkmals. Dies ist meist bei gleichbleibenden Umweltbedingungen der Fall. Auf das Beispiel Körpergröße bezogen bedeutet das: Die kleinsten und die größten Individuen einer Population haben einen Selektionsnachteil. Dadurch wird eine mittlere Körpergröße über längere Zeiträume stabilisiert und verändert sich nicht.
- **Spaltende (disruptive) Selektion:** Der Selektionsdruck wirkt auf die mittleren Ausprägungen eines Merkmals, die extremen Varianten haben einen Selektionsvorteil. Auf das Beispiel Körpergröße bezogen heißt das: Die mittleren Körpergrößen einer Population haben durch Veränderungen der Umwelt einen Selektionsnachteil, die größeren und kleineren Individuen haben einen Selektionsvorteil. Auf diese Weise wird die Ursprungspopulation in zwei Teilpopulationen mit unterschiedlichem Phänotyp aufgespalten. Wenn gleichzeitig eine räumliche Trennung der Teilpopulationen stattfindet, können auf diese Weise über längere Zeiträume zwei neue Arten entstehen.

Ergebnisse der Messungen der Beinlängen bei den Aga-Kröten:
Aus Abb. 4 lässt sich ablesen, dass eine Korrelation zwischen Beinlänge und zurückgelegter Wegstrecke besteht. Je länger die Beine der Kröten sind, umso längere Wegstrecken können sie in Australien zurücklegen. Aus Abb. 3 lässt sich ablesen, dass die Kröten seit der Ansiedlung in Australien jedes Jahr längere Entfernungen bei der Ausbreitung zurücklegen: in den Jahren 1945–54 waren es noch 10 km pro Jahr, 2005 waren es bereits 55 km pro Jahr. 2008 besiedelten sie bereits ca. 1/5 des Kontinents.
Diese Zunahme der Ausbreitungsgeschwindigkeit lässt sich mit der synthetischen Evolutionstheorie folgendermaßen erklären: Es findet eine **gerichtete Selektion** statt. Durch zufällige Mutation in der Ursprungspopulation entstandene längere Beine ermöglichen eine schnellere Fortbewegung. Die Individuen mit den längeren Beinen haben in der Ursprungspopulation einen Selektionsvorteil, weil sie bei zunehmender Populationsdichte und intraspezifischer Konkurrenz schneller das ursprüngliche Verbreitungsgebiet an der Küste verlassen und neue Nahrungsquellen erschließen können. Dadurch haben die langbeinigeren Tiere einen größeren Fortpflanzungserfolg, sie produzieren mehr Nachkommen als die kurzbeinigeren Tiere. Das hat zur Folge, dass die Häufigkeit der Allele für Langbeinigkeit im Genpool der Gesamtpopulation zunimmt. Dieses veränderte Merkmal wird demzufolge häufiger vererbt, die Ausbreitungsgeschwindigkeit der Aga-Kröte nimmt dadurch zu.

Dies kann natürlich nicht unbegrenzt so weitergehen. Denn Wüstenregionen in Zentralaustralien begrenzen den Lebensraum und die Ausbreitung der Kröten. An dauerhafte Trockenheit sind die Kröten nicht angepasst (s. Selektionsfaktoren).

3 *In dieser Aufgabe des AB II geht es darum, Messdaten zu interpretieren und die Ergebnisse auf einen Selektionstyp zu beziehen. Im Prinzip ist dies eine Fortsetzung der Aufgabe 2.*

Aus Abb. 5 lässt sich ableiten, dass Aga-Kröten, die ihren Lebensraum nicht verlassen (wie z. B. im Ursprungsland Venezuela), keine Veränderungen der Beinlängen zeigen. Das Merkmal Beinlänge zeigt über einen Beobachtungszeitraum von circa 60 Jahren eine konstante Streuung: Es gibt viele Individuen mit mittleren Beinlängen und weniger Individuen mit längeren und kürzeren Beinen, entsprechend einer Normalverteilung. Ursache dieser Streuung sind zufällige Mutationen und Rekombinationen.
Die Konstanz der Streuung des Merkmals Beinlänge lässt sich in diesen Populationen mit **stabilisierender Selektion** begründen (s. Aufgabe 2).

4 *Für die Lösung müssen die Informationen der Materialien 2–4 analysiert und vergleichend in einer Tabelle zusammengefasst werden, eine Aufgabe im oberen Bereich des AB II. Es muss sorgfältig abgewogen werden, welche Vergleichskriterien man in der Tabelle darstellen will. Da drei Kriterien gefordert sind, muss man hier die Möglichkeit nutzen, „längere Beinlänge" differenziert zu betrachten.*

Kriterium	**Aga-Kröte**	**Rotbäuchige Schwarzotter**
Selektionstyp	gerichtet	gerichtet
Merkmale	Beinlänge	Kopfgröße bzw. Körperlänge
Entwicklungsrichtung	länger	kleiner bzw. größer

5 *Dies ist eine typische Aufgabe, mit der Anforderungen des AB III erfüllt werden sollen. Es müssen in einer eigenständigen Leistung die Aussagen aus den Lösungen aller vorangehenden Aufgaben 1–4 zusammengefasst und miteinander verknüpft werden. Der Operator „diskutieren" impliziert, dass die Lösung in Pro, Contra und Fazit gegliedert werden soll.*

Koevolution bedeutet die wechselseitige Anpassung zweier voneinander abhängiger Arten in einem langen Evolutionsprozess.

Pro:
Die schnelle Ausbreitung der Aga-Kröten bietet ein gewaltiges ungenutztes Nahrungspotenzial für potenzielle Fressfeinde. Durch die extreme Giftigkeit wird dessen Nutzung bisher weitgehend verhindert. Lediglich bei zwei Schlangenarten haben sich Angepasstheiten entwickelt, die es ihnen erlauben, die Kröten gefahrlos zu fressen: kleiner Kopf und größere Körperlänge. Dies könnte der Beginn einer Koevolution sein, die über eine stabile Räuber-Beute-Beziehung die Populationsentwicklung der Kröte eindämmen könnte.

Contra:
Zwei Schlangenarten als Feinde reichen vermutlich nicht aus, um die gewaltige Ausbreitungsgeschwindigkeit der Aga-Kröte einzudämmen. Diese ist vor allem

bedingt durch fehlende interspezifische Konkurrenz. Sollte sich eine Koevolution zwischen Kröte und Schlangen entwickeln, würden bei den Kröten möglicherweise verfeinerte Schutzmechanismen entstehen, wie z. B. größere Giftmengen.

Fazit:

Es wäre theoretisch denkbar, dass in Zukunft eine stabile Räuber-Beute-Beziehung entsteht. Der Fortpflanzungserfolg der Kröten ist jedoch so groß, dass die Populationsentwicklung der Kröte wahrscheinlich nicht durch zwei Schlangenarten eingedämmt würde. Um die Krötenzahl und ihre Ausbreitung nachhaltig zu kontrollieren, wäre wahrscheinlich ein Eingreifen des Menschen notwendig, denn er hat ja auch die Kröte in ein neues Ökosystem eingeführt und damit das ökologische Gleichgewicht gestört.

Auf koevolutive Anpassungsmechanismen zu hoffen, würde sehr lange Zeiträume voraussetzen, in denen sich aber die Kröte weiterhin ungehemmt ausbreiten könnte.

Grundkurs Biologie (Berlin): Abituraufgaben 2019
Aufgabe A1: Physiologische Grundlagen ausgewählter Lebensprozesse

Thema: Der Erreger der Tuberkulose

Jeder vierte Erwachsene in Europa starb zu Beginn des 20. Jahrhunderts an Tuberkulose. Obwohl ROBERT KOCH den Erreger bereits 1882 bestimmen konnte und die hygienischen Verhältnisse sich seitdem deutlich verbessert haben, infizieren sich auch heute noch viele Menschen mit dieser Bakterienart. Die Weltgesundheitsorganisation geht weltweit von über 9 Millionen Neuerkrankungen pro Jahr aus.

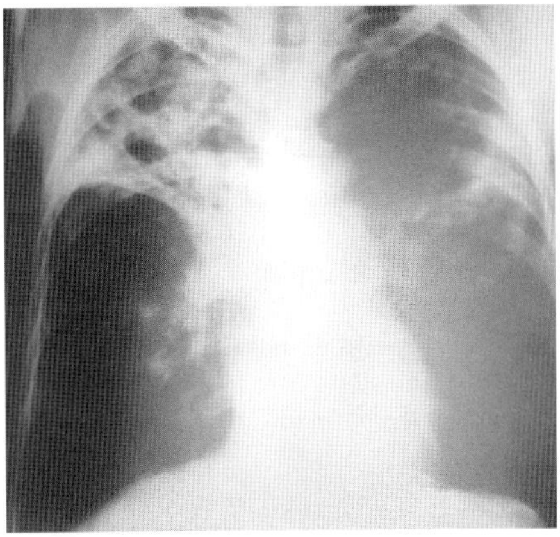

Abb. 1: Lunge eines Tuberkulosekranken

Aufgaben

1	Skizzieren Sie eine Bakterienzelle und beschriften Sie deren Bestandteile. Nennen Sie vier Unterschiede zum Bau einer tierischen Zelle.	11
2	Beschreiben Sie den Vorgang der Phagozytose.	5
3	Stellen Sie den Ablauf einer Tuberkuloseinfektion und fortgeschrittenen Tuberkuloseerkrankung in einer schematischen Übersicht dar.	15
4	Leiten Sie aus dem Aufbau des Bakteriums *Mycobacterium tuberculosis* Gründe für seine hohe Wirksamkeit als Krankheitserreger ab.	10
5	Beurteilen Sie die Effizienz von zwei Therapieansätzen zur Behandlung von Tuberkulose.	9

Material 1: *Mycobacterium tuberculosis*

Der Tuberkuloseerreger *Mycobacterium tuberculosis* ist eine Bakterienart, die nicht ohne Sauerstoffzufuhr leben kann. Dieses stäbchenförmige Bakterium ist von einer besonderen Zellwand umgeben, die bis zu 60 % aus Lipiden besteht. Dadurch ist es besonders unempfindlich gegenüber vielen Chemikalien. Und es gehört zu einer Gruppe von Bakterien, die nach außen hin zusätzlich noch von einer weiteren, sogenannten äußeren Membran umgeben ist. Diese Schicht ist bei *M. tuberculosis* ebenfalls besonders aufgebaut. Sie besteht aus spezifischen Fettsäuren, vor allem langkettigen gesättigten Mykolsäuren mit 30 bis 60 C-Atomen, die sich zwischen und auf den Phospholipiden befinden.

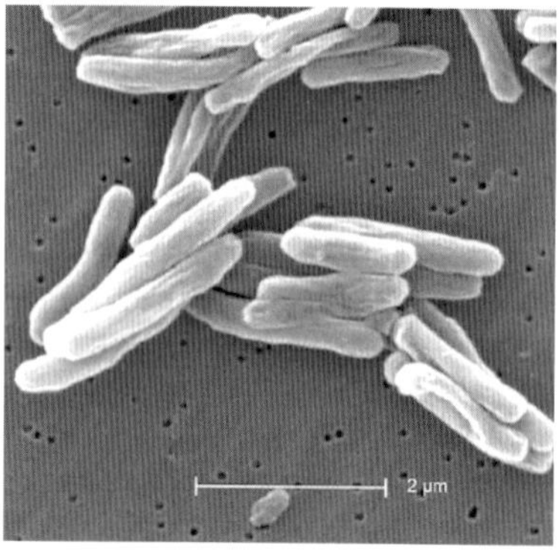

Abb. 2: *M. tuberculosis*, Aufnahme mit dem Rasterelektronenmikroskop
Quelle: Janice Carr/wikipedia

Material 2: Die Krankheit Tuberkulose

Tuberkulose beginnt zunächst mit unspezifischen Symptomen wie Fieber, Nachtschweiß und Gewichtsverlust. Im Verlauf der Erkrankung nimmt der Husten zu, es werden Absonderungen der Atemwegsschleimhaut zusammen mit Krankheitserregern ausgehustet. Die Bakterien können auch andere Organe befallen wie beispielsweise Lymphknoten, Wirbelsäule und Hirnhaut. Das führt zu weiteren Komplikationen im Verlauf der Krankheit.
Die Übertragung von Mensch zu Mensch erfolgt durch erregerhaltige Tröpfchen in der Atemluft. Die eingeatmeten Krankheitserreger gelangen so in die Lungenbläschen. Oberflächenstrukturen der Bakterien wirken als Antigene und rufen eine Immunreaktion hervor. Die Bakterien werden von weißen Blutzellen, Makrophagen, durch Phagozytose umschlossen. Weil es im Anschluss jedoch nicht zum Verschmelzen mit den abbauenden Vesikeln, den Lysosomen, kommt und Enzyme die Bakterienhülle nicht abbauen können, werden die Krankheitserreger nicht zerstört. In den Makrophagen kommt es sogar zur Vermehrung der Bakterien. Infolgedessen sterben die Abwehrzellen ab, dadurch werden weitere Bakterien freigesetzt. Beim Absterben der Zellen werden entzündungsfördernde Substanzen abgegeben, die weitere Makrophagen anlocken. So entstehen Entzündungsherde. Das Lungengewebe kann schwer geschädigt werden.

Material 3: Schematische Darstellungen zur Phagozytose

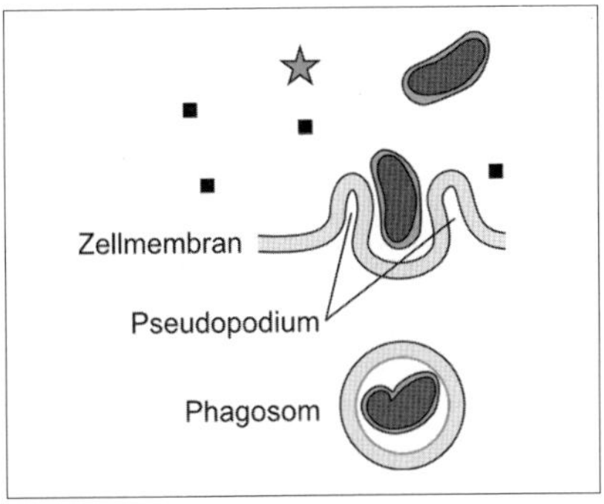

Abb. 3: Phagozytose
Quelle: Mariana Ruiz Villarreal/wikipedia

Material 4: Der Kampf gegen die Krankheit

Ein Drittel der Weltbevölkerung, regional sehr unterschiedlich verteilt, gilt als mit dem Erreger der Tuberkulose dauerhaft infiziert. Die Weltgesundheitsorganisation gibt an, dass ca. 2 Millionen Todesfälle pro Jahr auf diese Erkrankung zurückzuführen sind. Tuberkuloseerreger sind gegenüber vielen Desinfektionsmitteln unempfindlich. Erkrankte werden in Deutschland mit vier verschiedenen Antibiotika gleichzeitig behandelt, wobei deren Wirksamkeit regelmäßig überprüft wird. Einen weiteren Therapieansatz bietet der Wirkstoff Cyclohexylgriselimycin. Er bindet an die DNA-Polymerase des Krankheitserregers. Außerdem forscht man an der Wirkung des Säureblockers Lanzoprazol, der ein zur Energiegewinnung notwendiges Enzym bei den Bakterien hemmt.

Lösungsvorschläge

1 *Bei der Anfertigung einer Skizze wird auf Übersichtlichkeit und Eindeutigkeit Wert gelegt. Ziehen Sie klare Linien und verzichten Sie dabei auf Schattierungen. Skizzen werden stets beschriftet, dazu werden mit dem Lineal Striche gezogen, die die Beschriftungen eindeutig mit den damit gemeinten Bestandteilen verbinden. Für die Skizze in dieser Aufgabe eignet sich eine abstrakte, ideale Zelle mit rundlicher bzw. ovaler Form, auch wenn es natürlich Bakterien mit spezifischeren Formen wie Kokken oder Stäbchen gibt. Weitere typische Bestandteile einer Bakterienzelle wie Geißel und Plasmide können Sie natürlich noch ergänzen.*

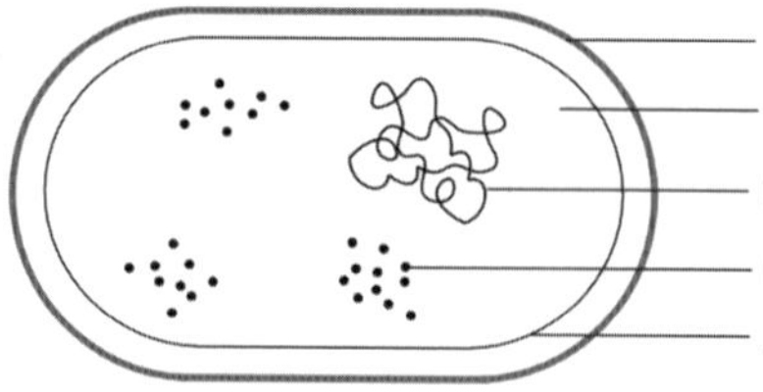

Die Bakterienzelle ist eine prokaryotische Zelle und unterscheidet sich deutlich von der eukaryotischen Zelle eines Tieres. Eine Bakterienzelle (= Prokaryotenzelle) hat keinen **Zellkern**, das Erbgut liegt frei im Cytoplasma vor, hingegen sind die Chromosomen der tierischen Zelle (= Eukaryotenzelle) in einem Zellkern mit Zellmembran eingeschlossen. Die Prokaryotenzelle besitzt im Unterschied zur Eukaryotenzelle weder **Mitochondrien** noch ein **endoplasmatisches Retikulum**. Die Bakterienzelle hat eine **Zellwand**, die tierische Zelle besitzt keine Zellwand.

Es sind nur vier Unterschiede gefordert. Auch Geißel oder Plasmide könnten als Unterscheidungsmerkmal herangezogen werden. Darüber hinaus kann man allgemein sagen, dass die Prokaryotenzelle weniger stark kompartimentiert ist als die Eukaryotenzelle.

2 *Wichtig bei der Beschreibung des Vorgangs der Phagozytose ist, auf die präzise Verwendung der Fachsprache zu achten. Nehmen Sie dazu die Abbildung aus Material 3 zur Hilfe.*

Der Begriff **Phagozytose** bezeichnet die Aufnahme kleiner Lebewesen oder Nahrungspartikel (feste Stoffe) durch eine Zelle. Diese erfolgt durch eine Einstülpung der Zellmembran. Damit einhergehend entstehen auf den beiden Seiten dieser Einstülpung Pseudopodien, die den festen Stoff umschließen. Der Begriff Pseudopodien bezeichnet neben den Scheinfüßchen der Amöbe auch Zellanhänge bzw. Zellausweitungen komplexerer Zellen, die Partikel umschließen und zur Phagozytose führen können. Nun wird das Partikel von der Membran der fressenden Zelle ganz umgeben, ein Vesikel bildet sich. Dieses wird abgeschnürt und ins Zellinnere als Phagosom abgegeben.

Die Wortbestandteile des Begriffs Phagozytose „phagein" und „kytos" (aus dem Altgriechischen) stehen für „essen" und „Gefäß", womit die Zelle gemeint ist. Wenn es sich nicht um feste Stoffe, sondern flüssige Bestandteile handelt, wird der Vorgang als Pinozytose bezeichnet.

3 *Diese Aufgabe zielt auf die Kompetenz, Informationsquellen zu erschließen (Material 2) und sie verständlich darzustellen. Als übersichtliche Darstellung eignet sich ein Fließschema. Hierzu verzichtet man auf eine Darstellung in Form eines zusammenhängenden Textes (eine solche Beschreibung ist ja im Material 2 gegeben) und skizziert die einzelnen Schritte stichpunktartig der chronologischen Reihenfolge nach.*

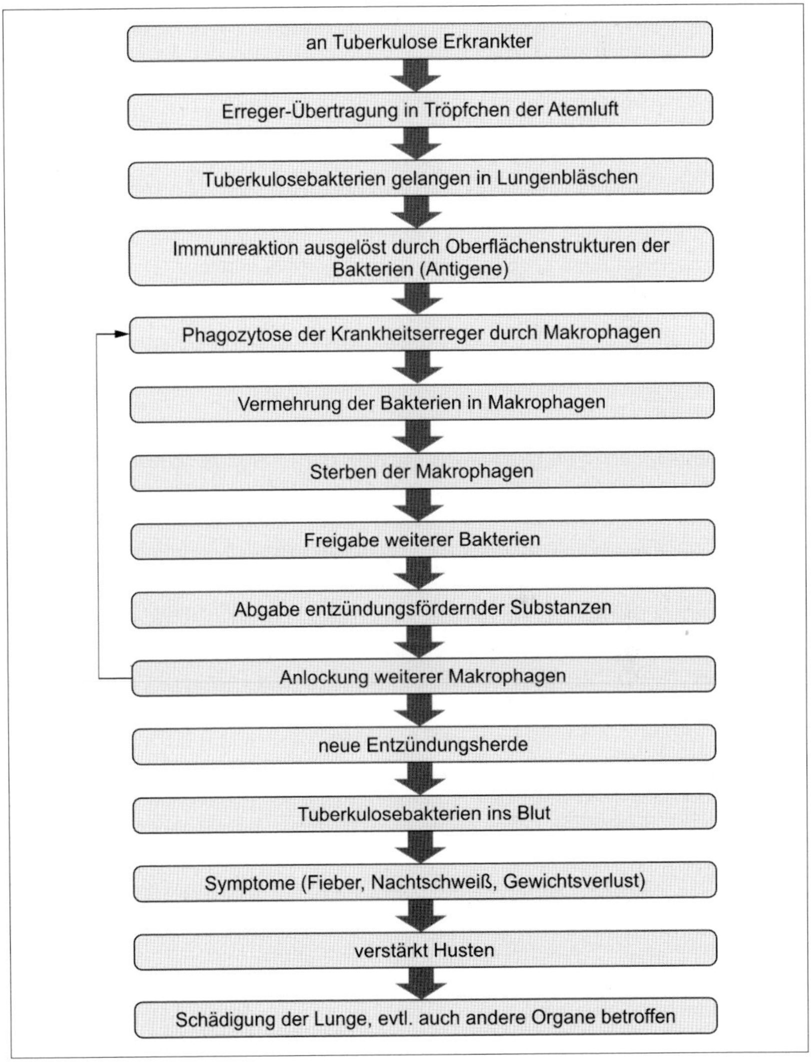

4 *Bei dieser Aufgabe müssen Sie sachliche Zusammenhänge analysieren und verknüpfen. Wichtige Grundlagen zur Lösung der Aufgabe finden Sie in den Materialien 1 und 2.*

Das Bakterium *Mycobacterium tuberculosis* hat eine hohe Wirksamkeit als Krankheitserreger, da es einen ganz speziellen Zellaufbau aufweist. Seine Zellwand besitzt einen sehr hohen Lipidanteil, bis zu 60 %. Zudem wird es von einer weiteren äußeren Membran umgeben. Diese enthält langkettige, gesättigte Mykolsäuren zwischen und auf den Phospholipiden. Diese strukturellen Eigenheiten der Zellwand und der äußeren Membran sind die Grundlagen für die hohe Wirksamkeit des Erregers. Das Tuberkulosebakterium ist so stabiler und unempfindlicher.

Die **lipidreiche Zellwand** und die **mykolsäurehaltige Membran** verhindern zum einen das Verschmelzen mit den Lysosomen sowie den Abbau der Bakterienhülle durch Enzyme. Das hat zur Folge, dass die Erreger nicht abgetötet werden. Zum anderen ermöglichen diese Strukturen die Vermehrung in den Makrophagen, da die Erreger dort nicht abgetötet und verdaut werden können.

Alternativ können Sie nennen, dass die Zellwand mit hohem Lipidanteil die Erregerzelle unempfindlich gegenüber Chemikalien wie Desinfektionsmittel macht. Die Bekämpfung des Krankheitserregers wird so deutlich erschwert.

5 *Zur Lösung dieser Aufgabe des AB III müssen Sie Aussagen (siehe Material 4) aus unterschiedlichen Perspektiven betrachten und sie auf der Grundlage von Fachkenntnissen (aus möglichst vielen der Materialien entnommene Informationen) sachgerecht bewerten. Der Operator „beurteilen" impliziert immer eine auf Fakten basierende Argumentation mit einem abschließenden, möglichst differenzierten und kritischen Fazit. Beachten Sie, dass nur zwei der drei im Material 4 vorgestellten Therapieansätze beurteilt werden sollen, Sie können hier frei wählen.*

1. **Gleichzeitige Behandlung mit vier verschiedenen Antibiotika:** Der Einsatz von vier verschiedenen Antibiotika ist eine relativ sichere Variante, da selbst Bakterien, die bei einem Antibiotikum resistent sind, mit einem der anderen Antibiotika erfolgreich abgetötet werden können. Dadurch wird zudem die Ausbreitung resistenter Formen unterbunden. Ein Nachteil ist jedoch, dass der Patient verstärkt unter den Nebenwirkungen der Antibiotika leidet. Vier Antibiotika gleichzeitig haben große Auswirkungen auf den menschlichen Körper, wie z. B. die Beeinträchtigung der Darmflora (Abtöten für die Verdauung nützlicher Bakterien) und die Schädigung der körpereigenen Mitochondrien.
2. **Therapie mit dem Wirkstoff Cyclohexylgriselimycin:** Dieser Wirkstoff bindet an die DNA-Polymerase des Bakteriums, wodurch die DNA-Replikation unterbunden wird. Dadurch kann sich der Tuberkuloseerreger nicht weiter vermehren. Nachteil bei dieser Therapie ist, dass der Wirkstoff durch den spezifischen Bau des Erregers (vgl. Aufgabe 4) nur schwer hineingelangen und überhaupt wirken kann.

3. **Therapie mit Säureblocker Lanzoprazol:** Dieser Wirkstoff hemmt ein bakterielles Enzym zur Energiegewinnung. Damit werden alle Prozesse im Stoffwechsel der Bakterien, die Energie benötigen wie z. B. das Wachstum, ebenfalls gehemmt. Dies führt wiederum zu einem Absterben des Tuberkuloseerregers.

Mögliches Fazit:
Die Effizienz der Therapieansätze kann von Fall zu Fall unterschiedlich sein. Der zweite Therapieansatz mit dem Wirkstoff Cyclohexylgriselimycin scheint spezifisch auf den Erreger zu wirken, dabei sind für den Menschen weniger Nebenwirkungen zu erwarten. Eine Strategie könnte also darin bestehen, die Therapie zunächst mit Cyclohexylgriselimycin zu beginnen. Leider gelangt der Wirkstoff allerdings nur schwer in die Bakterien hinein. Sollte diese Therapie also nicht anschlagen, müsste man dann schnell auf die Therapieformen 1 oder 3 umsteigen. Bei Therapie 1 ist es ratsam, den Patienten nach Abschluss der Einnahme von Antibiotika mit spezifischen Nahrungsergänzungsmitteln und Lebensmitteln bei der Regeneration der Darmflora zu unterstützen.
Bei einer akuten Infektion im fortgeschrittenen Stadium wäre es jedoch vernünftiger, gleich mit einer stärkeren und sichereren Therapie wie der ersten zu starten, da diese größere Erfolgschancen aufweist. Bei ganz schwierigen Fällen könnte sogar eine Kombination der Therapien sinnvoll sein.

Es ist natürlich im Fazit ausreichend, wenn Sie sich nur auf die zwei Therapieformen beziehen, die Sie gewählt haben.

Grundkurs Biologie (Berlin): Abituraufgaben 2019
Aufgabe A2: Grundlagen und Anwendungsfelder der Genetik

Thema: Fehlerhafte Meiose

Mutationen treten bei Organismen spontan auf und können durch äußere Faktoren hervorgerufen werden. Sie haben meist erhebliche Auswirkungen auf das Funktionieren des Zellstoffwechsels. Neben Mutationen in Körperzellen treten auch Mutationen in der Keimbahn auf, diese haben Einfluss auf die nächste Generation.

Aufgaben

1 Beschreiben Sie Gen-, Chromosomen- und Genom-Mutationen. 9

2 Erläutern Sie die Bedeutungen der Meiose. 6

3 Analysieren Sie die Ursachen für das Zustandekommen der Genotypen der Kinder in Material 1. 12

4 Erläutern Sie anhand von Material 2 und Material 3 die Folgen des nicht ausbalancierten Genbestands beim Genotyp der Kinder in Material 1. 12

5 Erläutern Sie die biologische Bedeutung der Inaktivierung des X-Chromosoms. Entwickeln Sie eine Hypothese zu einem möglichen Einsatz von XIST bei Menschen mit Trisomie 21. 11

Material 1: Entstehung von Trisomie 21

Die folgende Abbildung zeigt in schematischer Form die Weitergabe der elterlichen Chromosomen 21 an die Nachkommen. Die Chromosomen der Eltern besitzen aufgrund einer speziellen Färbetechnik jeweils ein charakteristisches Bandenmuster.

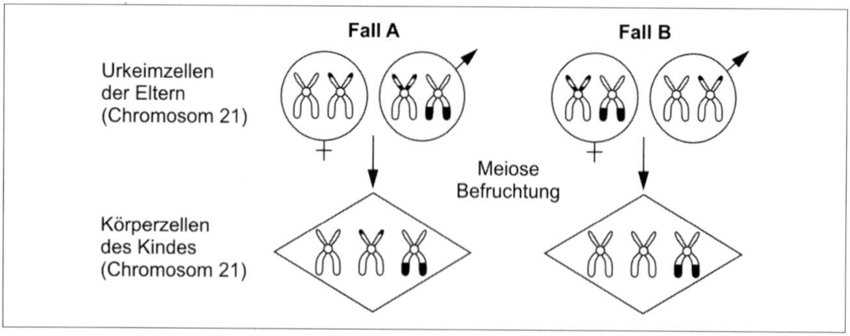

Abb. 1: Entstehung von Trisomie 21

Material 2: Entgiftung im Zellstoffwechsel des Menschen

Sauerstoffradikale können als Nebenprodukt bei der Zellatmung des Menschen entstehen. Sie schädigen die Zellen und sind möglicherweise am Alterungsprozess beteiligt. Das Enzym Peroxiddismutase (SOD) wird durch das Gen SOD1 codiert. Dieses Enzym wandelt die Sauerstoffradikale in Wasserstoffperoxid (H_2O_2) um. Auch Wasserstoffperoxid besitzt eine schädigende Wirkung auf die Zellen. Ein zweites Enzym, die Katalase (CAT), entgiftet das anfallende H_2O_2, indem es dessen Spaltung in Wasser und Sauerstoff katalysiert. Nicht umgewandelte Radikale und Wasserstoffperoxide sind für den Organismus gefährlich (schwarzer Pfeil in Abbildung 2). Untersuchungen ergaben, dass die Konzentration des Enzyms SOD in den Zellen von Kindern mit Trisomie 21 um bis zu 50 % erhöht ist.

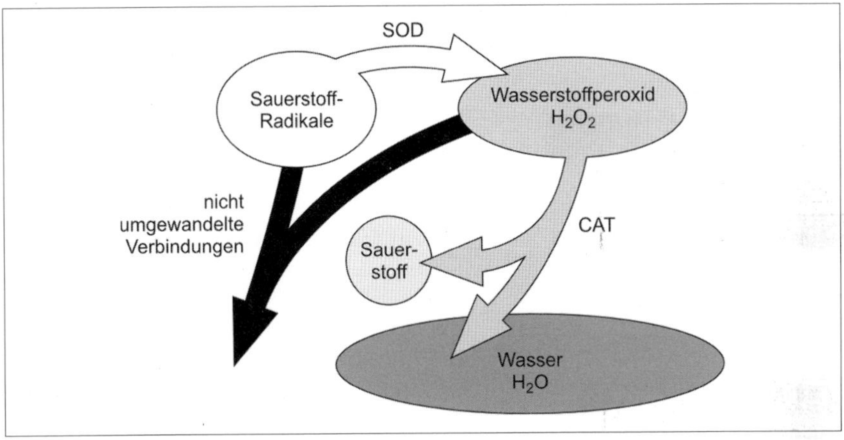

Abb. 2: Entgiftung im Zellstoffwechsel des Menschen

Quelle: nach: Stephen W. Fowkes, Antioxidant Intervention in Down's Syndrome, https://www.ceri.com/downs2.htm

Material 3: Genorte für SOD1 und CAT

Die Abbildung 3 zeigt die Genorte für die Gene der Enzyme Peroxiddismutase und Katalase im menschlichen Chromosomensatz.

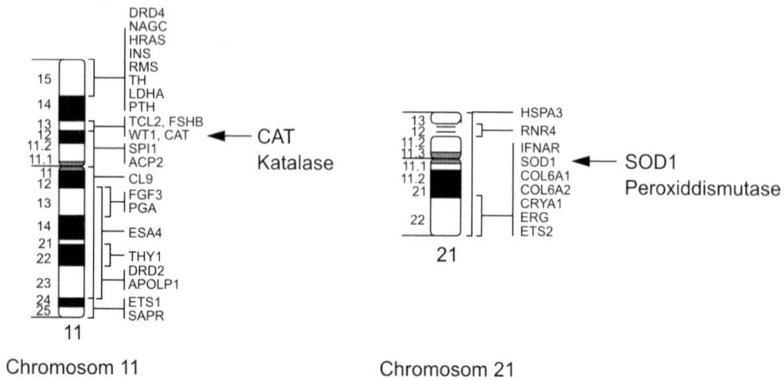

Abb. 3: Schematische Darstellung de Chromosomen 11 und 21 mit den Genorten SOD1 und CAT

Material 4: Stilllegung des X-Chromosoms

Frauen besitzen zwei X-Chromosomen, von denen eines in der frühen embryonalen Entwicklung inaktiviert wird (BARR-Körperchen). Dafür ist ein Gen verantwortlich. Forscher identifizierten nun dieses X-Inaktivierungsgen, kurz XIST. XIST hat im menschlichen Erbgut eine entscheidende Funktion. Es regelt die Aktivität der Gene in den Geschlechtschromosomen von Frauen. Dieses Gen setzt einen Prozess in Gang, bei dem das gesamte Chromosom dicht von Proteinen umhüllt wird, sodass die Gene darauf nicht mehr abgelesen werden. In der Folge werden die auf dem Chromosom codierten Genprodukte nicht mehr gebildet.

Eigene Zusammenstellung nach:
http://www.aerztezeitung.de/medizin/fachbereiche/paediatrie/article/432223/nuetzen-antioxidantien-demenz-mittel-down-syndrom.html;
Stockrahm, S. (2013): Downsyndrom lässt sich im Labor ausknipsen. Zeit online vom 17. Juli 2013 http://www.zeit.de/wissen/gesundheit/2013-07/down-syndrom-chromosom-stilllegung;
wbr/AFP (2013): Down- Syndrom. Forscher schalten überzähliges Chromosom in Zellen ab. Spiegel online vom 18. Juli 2013. www.spiegel.de/wissenschaft/medizin/zell-experiment-zum down-syndrom-ueberzaehliges-chromosom-ausgeschaltet-a-911764.html

Weitere Materialgrundlage:

Sperling, K., Die Chromosomenanomalien beim Menschen, in: Biologie i. uns. Zeit, 5'83, S. 144

Lösungsvorschläge

1 *Diese Aufgabe des AB I verlangt von Ihnen, bekanntes Fachwissen klar strukturiert darzustellen. Der Operator „beschreiben" deutet auf einen Text hin, Skizzen sind nicht unbedingt nötig. Um den geforderten Umfang ungefähr abschätzen zu können, beachten Sie die Punkteangabe mit 9 BE.*

Die **Gen-Mutation** betrifft nur ein Gen und beruht auf einer veränderten Basensequenz. Dies kann durch Einschub, Verlust oder Vertauschen einer oder mehrerer Basen innerhalb einer codierenden Basensequenz erfolgen. Die Folge ist ein mehr oder weniger stark verändertes Genprodukt, das zu Fehlern im Stoffwechsel führen kann, oder das ursprünglich codierte Genprodukt fehlt ganz. Für das betroffene Lebewesen können die Folgen daher von nicht vorhanden bis lebensbedrohlich reichen.

Die Gen-Mutation kann wie folgt gegliedert werden:
Man unterscheidet zwischen Substitution (auch Punktmutation genannt: Ersatz eines Nucleotids und seines komplementären Partners durch ein anderes Nucleotidpaar), Insertion (Einfügung eines oder mehrerer Nucleotidpaare), Deletion (Verlust eines oder mehrerer Nucleotidpaare).
Im Bezug auf die Wirkung unterscheidet man bei Punktmutationen zwischen „stummen Mutationen" (sie bleiben aufgrund der genetischen Redundanz des genetischen Codes bei der Proteinbiosynthese ohne Wirkung), Missense-Mutationen (das veränderte Triplett kodiert für eine andere Aminosäure), Nonsense-Mutationen (durch eine Punktmutation entsteht ein Stopp-Codon, sodass die Proteinbiosynthese frühzeitig abgebrochen wird).
Insertionen oder Deletionen können zur Änderung des Leserasters führen: Rasterschub-Mutationen.

Die **Chromosomen-Mutation** betrifft die Struktur eines Chromosoms. Gründe für diese Art der Mutation sind Fehler bei der Mitose oder der Meiose. Dabei kann ein Stück des betroffenen Chromosoms verloren gehen (Deletion), ein Stück eines anderen Chromosoms in das betroffene Chromosom eingebaut werden (Translokation) oder ein Bruchstück des Chromosoms wird verkehrt herum eingebaut (Inversion). Die Folgen sind meist schwerwiegend.

Die **Genom-Mutation** betrifft die Anzahl einzelner Chromosomen oder auch die Anzahl der Chromosomensätze. Ein Chromosom ist zu viel oder zu wenig vorhanden oder der gesamte Chromosomensatz liegt vervielfacht vor. Die Auswirkungen für das Lebewesen sind meist gravierend.

2 *Die Aufgabenstellung erfordert lediglich eine Erläuterung der Bedeutung der Meiose. Eine Beschreibung der verschiedenen Phasen hingegen ist nicht Gegenstand dieser Aufgabe. „Bedeutung" wird in der Aufgabenstellung im Sinne der Ziele/Ergebnisse und der Bedeutsamkeit dieses Zellteilungsvorgangs verwendet.*

Das Ziel der Meiose liegt in der **Bildung von Keimzellen (Gameten)** für die sexuelle Fortpflanzung. Um den Chromosomensatz von Generation zu Generation konstant zu halten, wird bei der Meiose der ursprüngliche diploide Chromosomensatz halbiert, dadurch entsteht ein **haploider Chromosomensatz**. Im haploiden Chromosomensatz treten die Chromosomen nicht als homologe Chromosomenpaare auf, sondern einzeln. Die besondere Bedeutung der Meiose liegt in der **Steigerung der genetischen Variabilität** durch intrachromosomale Rekombination *(crossing-over)* und interchromosomale Rekombination (beruhend auf der zufälligen Verteilung der Chromosomen auf haploide Keimzellen). Mutation und Rekombination sind im Zusammenspiel mit der Selektion Grundlage evolutiver Prozesse.

3 *Bei dieser Aufgabe des AB II müssen Sie die Informationsquelle (Material 1) genau erschließen, erfassen und analysieren.*

Im **Fall A** erkennt man am Bandenmuster, dass zwei der drei Chromosomen 21 identisch mit denen der Urkeimzelle der Mutter sind, während das dritte Chromosom vom Vater stammt. Daraus lässt sich schließen, dass im Fall A die Ursache für das Zustandekommen des Genotyps des Kindes eine Nondisjunction während der Meiose I der Mutter ist. In der Meiose I werden im Normalfall die homologen Chromosomenpaare, die sich an der Äquatorialebene befinden, durch die Spindelfasern voneinander getrennt und einzeln an die entgegengesetzten Zellpole gezogen. Bei einer Nondisjunction in der Meiose I bleiben die homologen Chromosomenpaare, in diesem Fall das Paar 21, zusammen und wandern somit gemeinsam zu einem Pol und später in dieselbe Keimzelle. Bei der Befruchtung mit einem normalen Spermium entsteht dadurch eine Zygote mit drei Chromosomen 21.

Im **Fall B** erkennt man am Bandenmuster, dass zwei der drei Chromosomen des Kindes identisch mit dem einen Chromosom des Vaters sind, und zwar in der Abbildung der väterlichen Urkeimzelle mit dem linken Chromosom 21. Das dritte Chromosom 21 mit den schwarzen Banden stammt von der Mutter. Die Tatsache, dass zwei Chromosomen des Kindes identisch mit einem Chromosom des Vaters sind, ist als Beweis für eine Nondisjunction während der Meiose II des Vaters zu deuten. Beim normalen Verlauf der Anaphase II trennen sich die Schwesterchromatide eines jeden Chromosoms am Centromer und bewegen sich zu entgegengesetzten Zellpolen.

Nicht zu verwechseln: Bei der Meiose I trennen sich die homologen Chromosomenpaare (beide sind Zwei-Chromatid-Chromosomen). Bei der Meiose II befinden sich in der Metaphase II an der Äquatorialebene einzelne Chromosomen (ebenfalls als Zwei-Chromatid-Chromosomen) und keine Chromosomenpaare.

Eine fehlerhafte Trennung bezüglich Chromosom 21 führt dazu, dass eines der daraus resultierenden Spermien beide Chromatiden von Chromosom 21 trägt. Ähnlich wie beim Fall A führt diese fehlgeschlagene Trennung bei der Befruchtung dazu, dass die Zygote dreimal das Chromosom 21 besitzt, in diesem Fall zweimal vom Vater und einmal von der Mutter.

4 *Zur Lösung dieser Aufgabe müssen Sie Fakten aus unterschiedlichen Quellen (Material 1, 2 und 3) auswerten und in einem neu zu erschließenden Kontext zusammenführen.*

Material 2 veranschaulicht das Zusammenspiel zweier Enzyme: Katalase (CAT) und Peroxiddismutase (SOD). SOD wandelt für den Körper gefährliche Sauerstoffradikale ins ebenfalls für die Zellen schädliche Wasserstoffperoxid (Wasserstoffperoxid ist ein starkes Oxidationsmittel). CAT spaltet jedoch im nächsten Schritt durch eine katalytische Reaktion Wasserstoffperoxid in Wasser und Sauerstoff, womit das potenziell schädliche Wasserstoffperoxid zum Schutz des Organismus fortwährend entfernt wird.
Die Kinder in Material 1 mit Trisomie 21 haben eine bezüglich dieser Vorgänge nicht ausbalancierte Enzymproduktion. Grund dafür ist, dass sich das Gen SOD1 für SOD auf dem Chromosom 21 befindet und somit in jeder Körperzelle dreifach vorhanden ist, während das für CAT kodierende Gen von einer solchen Anomalie nicht betroffen ist, da es sich auf dem Chromosom 11 befindet und demnach in jeder Körperzelle zweimal vorhanden ist.
Aufgrund dieser genetischen Ausstattung kommt es dazu, dass die Konzentration an SOD um bis zu 50 % erhöht ist und es entsteht mehr Wasserstoffperoxid pro Zeiteinheit als CAT spalten kann: Die Konzentration von Wasserstoffperoxid steigt, damit einhergehend kommt es zur Schädigung der Zellen und daraus resultiert womöglich ein vorzeitiges Altern der Kinder in Material 1.

5 *Zur Lösung dieser Aufgabe müssen Sie einen Sachverhalt (die Stilllegung des X-Chromosoms, Material 4) in einen neuen Kontext (die Entwicklung einer Hypothese zu einem möglichen Einsatz von XIST bei Menschen mit Trisomie 21) übertragen.*

Frauen besitzen in ihren Körperzellen zwei X-Chromosomen. Wären beide Geschlechtschromosomen aktiv, würden Frauen (XX) für eine Reihe von Enzymen höhere Konzentrationen aufweisen als Männer (XY). Da bei Frauen ein X-Chromosom in der frühen embryonalen Entwicklung inaktiviert wird, ist das jedoch nicht der Fall. Hinter diesem Vorgang steht ein Gen: das X-Inaktivierungsgen (XIST). Dieses Gen bewirkt, dass die Gene des einen Geschlechtschromosoms nicht mehr abgelesen werden, weil es dicht von Proteinen umgeben ist.

Hypothese:
Menschen mit Trisomie 21 besitzen in ihren Körperzellen das Chromosom 21 in dreifacher Ausführung. Man könnte versuchen, durch Einsatz von XIST ein Chromosom 21 zu inaktivieren, wodurch der Spiegel des Enzyms SOD auf ein normales Level sinken würde.

Grundkurs Biologie (Berlin): Abituraufgaben 2019
Aufgabe B: Ökologie und Nachhaltigkeit

Thema: Tomatenfisch

Süßwasserfische und Tomaten gleichzeitig in einem geschlossenen System aufwachsen zu lassen, das ist Wissenschaftlern vom Berliner Leibniz-Institut für Gewässerökologie und Binnenfischerei (IGB) gelungen. Das „Tomatenfisch-Projekt" setzt sich zum Ziel, Nahrungsmittel ökologisch nachhaltig herzustellen.

Abb. 1: Logo des Tomatenfisch-Projekts

Aufgaben

1 Geben Sie die Definitionen für die Begriffe Produzenten, Konsumenten und Destruenten an. Ordnen Sie die Lebewesen aus dem Tomatenfisch-Projekt zu. 12

2 Stellen Sie die Abhängigkeit des *Tilapia*-Fisches von der Temperatur in einem beschrifteten Diagramm dar. Erklären Sie die Ursachen für den Kurvenverlauf. 12

3 Erläutern Sie den Zusammenhang zwischen den Stoffwechselvorgängen der Bakterien und dem Wachstum der Tomaten innerhalb des Tomatenfisch-Projekts. 6

4 Begründen Sie die dargestellten zwei Möglichkeiten der Ertragssteigerung bei Tomatenpflanzen im Gewächshaus. 10

5 Beurteilen Sie das Tomatenfisch-Projekt hinsichtlich seines Verbrauchs an Ressourcen. 10

Material 1: Anlage des Tomatenfisch-Projekts

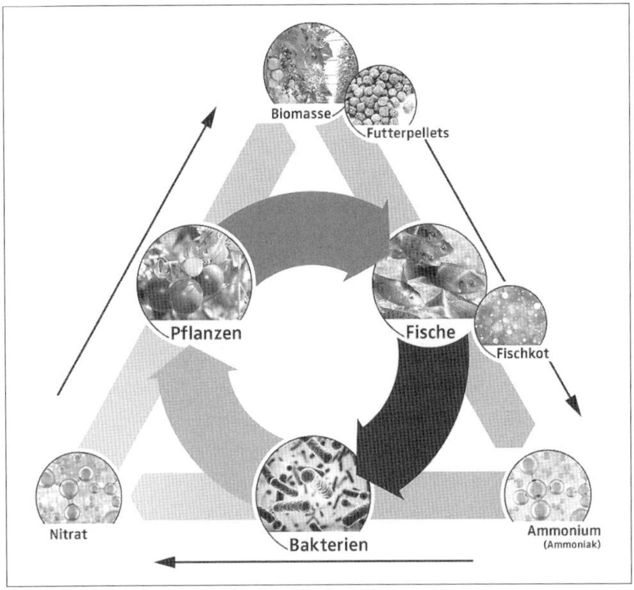

Abb. 2: Lebewesen im Tomatenfisch-Projekt

Quelle: obs/Aquaponik Manufaktur GmbH

Die Fischzucht in Aquakultur und der Anbau von Tomatenpflanzen in einer Nährlösung werden in einem Gewächshaus bei fast gleichbleibender Temperatur von 27 °C miteinander verbunden.

Der Kreislauf beginnt mit der Aufzucht des *Tilapia*-Fisches in großen Wasserbecken. Das Futter wird in Form von Pellets vorrangig aus organischen Abfällen hergestellt. Das von den *Tilapia*-Fischen durch ihre Kiemen ausgeschiedene Kohlenstoffdioxid sammelt sich in den Wasserbecken an und gelangt größtenteils von dort aus in die Luft des Gewächshauses. Über die Kiemen, den Kot und Urin scheiden die Fische stickstoffhaltige Verbindungen aus, die sich im Wasser anreichern. Dieses Wasser wird für den Anbau der Tomatenpflanzen genutzt. Da sie die stickstoffhaltigen Exkremente der Fische nicht direkt aufnehmen können, wird das Wasser vorher biologisch gereinigt, indem es zunächst von größeren Partikeln befreit und anschließend durch einen Biofilter geleitet wird. Dort entsteht durch Stoffwechselvorgänge der Bakterien die Nährlösung für die in Wasserrinnen wurzelnden Tomatenpflanzen. Das durch die Pflanzen verdunstete Wasser gelangt in die Gewächshausatmosphäre, wird aufgefangen und in der Aquakultur-Anlage erneut verwendet. Sie benötigt täglich zusätzlich 3 % Frischwasser. Die gesamte Anlage wird mit Photovoltaik betrieben.

Material 2: Süßwasserfisch *Tilapia*

Der Fisch *Tilapia* gehört zur Famile der Buntbarsche *(Cichliden)*. Er kommt ursprünglich aus subtropischen und tropischen Gebieten, wo er in Seen lebt.
Der ausgewachsene *Tilapia*-Fisch besitzt eine Größe von 30–40 cm und kann ein Körpergewicht von ungefähr 4 kg erreichen. Der *Tilapia* ist ein Allesfresser. Er ist äußerst kälteempfindlich und stellt bei unter 8 °C Wassertemperatur sein Wachstum ein. Wenn das Wasser noch kälter wird, stirbt er. Der bevorzugte Temperaturbereich reicht von 20 °C bis 30 °C, wobei er bei 27 °C am schnellsten wächst. Eine Temperatur von über 40 °C ist für ihn tödlich.

Abb. 3: Einige Monate alte und zum Verzehr geeignete *Tilapien*
Quelle: Aodaodaod/Dreamstime.com

Material 3: Bakterien im Biofilter

Im Biofilter befinden sich die aerob lebenden Bakterien *Nitrosomonas* und *Nitrobacter*, die unter den im Gewächshaus herrschenden Temperaturen eine hohe Stoffwechselaktivität zeigen.

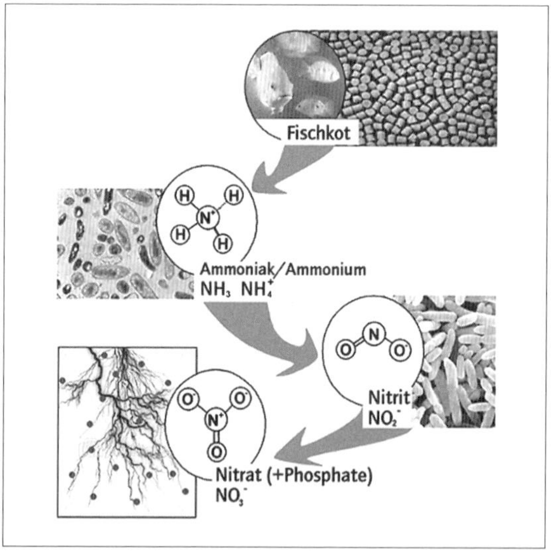

Abb. 4: Stoffwechselvorgänge der Bakterien innerhalb des Biofilters
Quelle: © Stephan Senfberg

Material 4: Ertragssteigerung bei Tomaten

Um die Erträge bei Tomatenpflanzen zu steigern, gibt es verschiedene Möglichkeiten: Die Tomatenpflanzen und ihre Früchte wachsen und reifen im Gewächshaus schneller, wenn sie zusätzlich zum natürlichen Sonnenlicht und bei ungünstigen Lichtverhältnissen mit roten und blauen LED-Lampen bestrahlt werden. LED-Lampen sind zurzeit das leistungsstärkste Leuchtmittel, das sichtbares Licht in unterschiedlichen Farben und damit in unterschiedlichen Wellenlängen ausstrahlt.

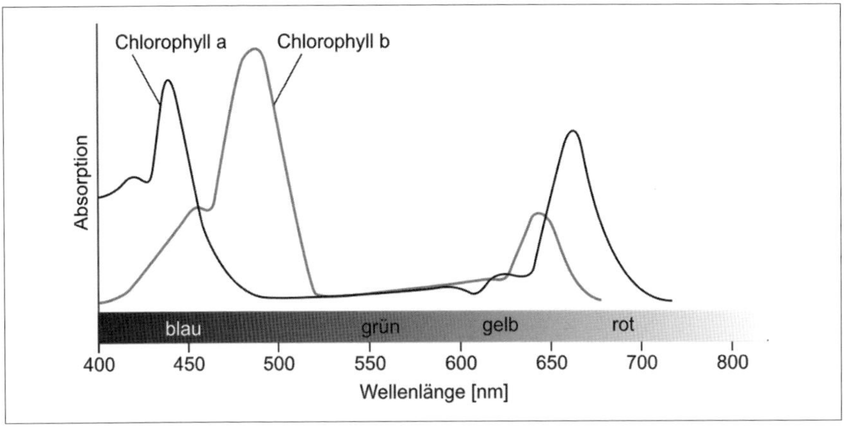

Abb. 5: Absorptionsspektren des Chlorophylls a und b im Bereich des sichtbaren Lichts

Außerdem hat man festgestellt, dass die Tomatenpflanzen im Gewächshaus mit mehr Fischen besser wachsen als mit weniger.
Die atmosphärische Luft enthält ca. 0,04 % Kohlenstoffdioxid.

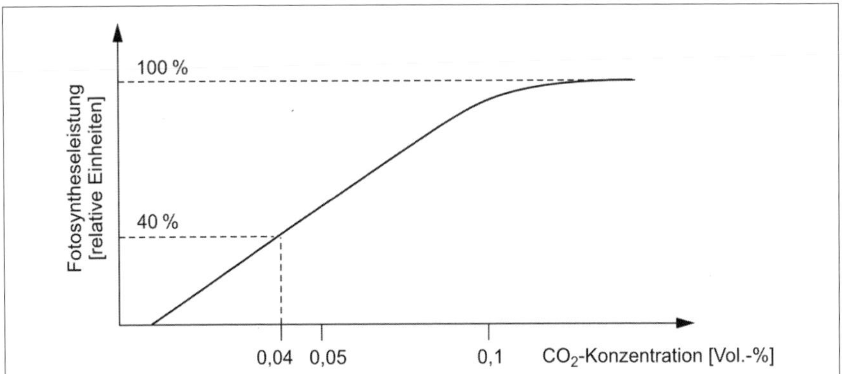

Abb. 6: Abhängigkeit der Fotosynthese von der CO_2-Konzentration

Lösungsvorschläge

1 *Bei dieser Aufgabe sollen die gängigen Definitionen für die Trophiestufen in einem Ökosystem unter Verwendung von Fachbegriffen angeführt werden.*

Produzenten sind autotrophe Organismen, die mithilfe von Licht aus anorganischen Stoffen organische Stoffe (Biomasse) aufbauen (Fotosynthese betreiben). Hierzu zählen alle grünen Pflanzen und Cyanobakterien, die aufgrund ihrer Fotosyntheseaktivität als fotoautotroph bezeichnet werden.
Im vorliegenden Fall: **Tomatenpflanze**

Neben den fotoautotrophen Organismen gibt es auch chemoautotrophe Organismen. Diese gewinnen ihre Energie aus der Oxidation anderer anorganischer Substanzen. Hierzu zählen beispielsweise Schwefelbakterien oder nitrifizierende Bakterien. Diese spielen bei Aufgabe 3 eine Rolle.

Konsumenten sind heterotrophe Organismen, die sich von energiereichen, organischen Stoffen ernähren und diese zur Energiegewinnung nutzen (Zellatmung).
Im vorliegenden Fall: **Tilapia-Fisch**

Man kann zudem zwischen Konsumenten 1. Ordnung (Herbivore), Konsumenten 2. Ordnung (Carnivore) und weiteren unterscheiden.

Destruenten sind heterotrophe Organismen, die sich von den organischen Ausscheidungsprodukten von Lebewesen und der Biomasse toter Organismen ernähren und diese zu anorganischen Stoffen abbauen. Diese stehen nun wieder den Produzenten zur Verfügung.
Im vorliegenden Fall: **Bakterien**

2 *Wichtig bei der Erstellung einer Toleranzkurve ist die saubere Anfertigung mithilfe eines Lineals und korrekter und gleichmäßiger Einteilung der Einheiten sowie die Beschriftung der Achsen. Die y-Achse können Sie mit Intensität der Lebensvorgänge oder Vitalität beschriften. Beachten Sie, dass diese Achse keine Einteilung und in der Regel keine Maßeinheiten aufweist. Durch die Beschreibung wird deutlich, dass das Minimum bei 8 °C liegt, da ein Unterschreiten dieser Grenze den Tod des Fisches zur Folge hat. Das Präferendum (Vorzugsbereich) liegt bei 20–30 °C. Das Optimum ist bei 27 °C und das Maximum bei 40 °C.*

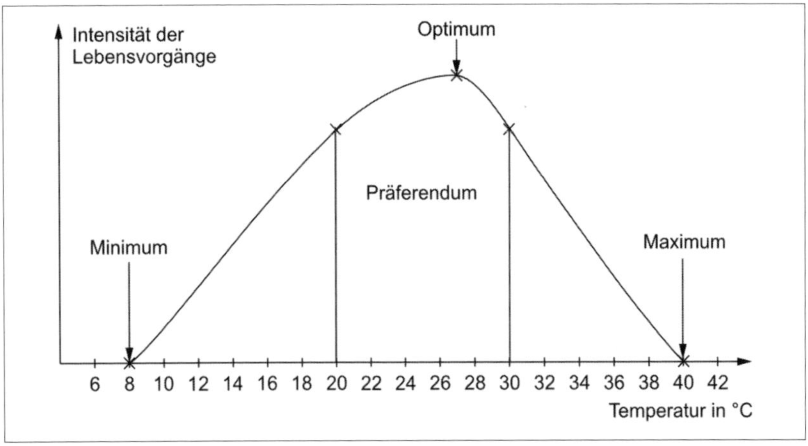

Erklärung:
Um den Kurvenverlauf zu erklären, muss man berücksichtigen, dass der Fisch *Tilapia* und Fische im Allgemeinen ektotherme Organismen sind. Das bedeutet, dass sie von der Wassertemperatur abhängig sind, da diese ihre Körpertemperatur bestimmt. Somit sind auch die Stoffwechselvorgänge und die dabei beteiligten Enzyme im Körper der Fische von der Wassertemperatur abhängig. Steigt diese, erhöht sich also auch die Stoffwechselrate. Dies beruht auf der RGT-Regel (Reaktions-Geschwindigkeit-Temperatur-Regel), die besagt, dass chemische Reaktionen bei höherer Temperatur schneller ablaufen. Unter 8 °C Wassertemperatur ist es für den Tilapia-Fisch zu kalt, er stellt sein Wachstum ein. Danach greift die RGT-Regel: Die Intensität der Lebensvorgänge nimmt mit steigender Temperatur zu. Die Enzyme des *Tilapia*-Fisches scheinen bei einer Temperatur von 27 °C optimal zu arbeiten. Hier ist also das Optimum. Danach nimmt die Intensität der Lebensvorgänge bis 40 °C ab. Bei einer Überschreitung dieser Temperatur denaturieren die Enzyme, was den Tod des Fisches herbeiführt.

Wichtig ist hier der Begriff der Ektothermie in Abgrenzung zur Endothermie. Ektotherme Lebewesen (Fische, Reptilien, Insekten usw.) sind von ihrer Umgebungstemperatur abhängig, endotherme regulieren ihre Körpertemperatur selbst (Säugetiere, Vögel). Dieses Begriffspaar sollte nicht mit den Begriffen poikilotherm und homoiotherm verwechselt werden. Diese beiden Begriffe beschreiben die Schwankung der Körpertemperatur bei Lebewesen. Homoiotherme Organismen zeigen geringe Schwankungen, meist aufgrund von Endothermie. Poikilotherme hingegen zeigen hohe Schwankungen, die häufig, aber nicht ausschließlich durch Ektothermie zu erklären sind.

3 *Die Aufgabe bezieht sich auf den Stickstoffkreislauf. In dem Projekt wird der natürliche Stickstoffkreislauf mit den beteiligten Bakterien modellhaft nachgebildet, wie das Fließschema in der Abbildung (Material 3) aufzeigt. Hieraus können die wichtigsten Informationen abgeleitet werden.*

Fische scheiden die stickstoffhaltigen Verbindungen Ammoniak (NH_3) bzw. Ammonium (NH_4^+) aus.

Anders als Säugetiere scheiden Fische keinen Harnstoff, sondern Ammoniakverbindungen aus.

Diese können von Pflanzen jedoch nicht direkt für ihr Wachstum genutzt werden. Ammoniak wird von den *Nitrosomonas*-Bakterien zu Nitrit (NO_2^-), einer anderen stickstoffhaltigen Verbindung umgewandelt. Diesen Prozess bezeichnet man als Ammoniakoxidation. Das so entstandene Nitrit wird in einem nächsten Schritt von *Nitrobacter*-Bakterien zu Nitrat (NO_3^-) weiter oxidiert. Nitrat ist eine wichtige Stickstoffverbindung für Pflanzen. Das Nitrat wird den Pflanzen zugeführt (Prinzip der Düngung). Nehmen die Pflanzen das Nitrat über die Wurzeln auf, können sie so mit dem Aufbau von körpereigenen Stoffen (vornehmlich Proteinen) beginnen. Dies fördert ihr Wachstum.

4 *Die Ertragssteigerung setzt ein effizientes Wachstum der Tomatenpflanzen voraus. Dies wiederum ist nur durch eine hohe Fotosyntheserate möglich. In dieser Aufgabe des AB II sollen daher zwei Faktoren angeführt werden, die die Fotosyntheseleistung der Tomatenpflanzen erhöhen. Konkrete Informationen dazu finden Sie in Material 4.*

Faktor Licht:
Lichtenergie ist Grundvoraussetzung für die Fotosynthese. Die Farbstoffe Chlorophyll a und b sind entscheidend für diesen Prozess. Diese haben ihr Absorptionsmaximum bei den Wellenlängen um 440 nm (Chlorophyll a) und 480 nm (Chlorophyll b) und um 670 nm (Chlorophyll a) sowie 650 nm (Chlorophyll b); dies entspricht den Farben blau und rot, wie der Abb. 5 zu entnehmen ist. Durch die eingesetzten LED-Lampen werden genau diese Wellenlängen den Pflanzen zur Verfügung gestellt. Dies führt zu einer gesteigerten Fotosyntheseleistung und somit zu stärkerem Wachstum und zur Ertragssteigerung.

Faktor CO_2:
Da der Ausgangsstoff für die Fotosynthese CO_2 ist (vgl. auch die Grundgleichung: $6\ CO_2 + 6\ H_2O \rightarrow C_6H_{12}O_6 + 6\ O_2$), wirkt sich die Konzentration direkt proportional auf die Fotosyntheseleistung aus, wie Abb. 6 zu entnehmen ist. Wird nun die Anzahl der Fische (geben CO_2 bei Atmung ab) erhöht, steigert das die Kohlenstoffdioxidkonzentration im Gewächshaus. Dies ermöglicht eine höhere Fotosyntheseleistung der Pflanzen und eine erhöhte Stärkesynthese. So können die Tomatenpflanzen ein höheres Wachstum aufweisen und der Ertrag kann gesteigert werden.

5 *Diese Aufgabe des AB III fordert einen zusammenhängenden Fließtext, in dem Aspekte aller Materialien berücksichtigt und argumentativ schlüssig dargelegt werden sollten. Hier sind viele Lösungsmöglichkeiten denkbar.*

Um den Verbrauch von Ressourcen zu beurteilen, kann man verschiedene Aspekte wie Energiebedarf, Wasserverbrauch und Düngemittelbedarf betrachten. Der **Energiebedarf** ist durch eine im gesamten Prozess konstante Umgebungstemperatur von 27 °C vergleichsweise gering. Der Einsatz von Photovoltaik ermöglicht emissionsfreien Energiegewinn, der Ausstoß von CO_2 wird vermieden. LED-Lampen sind zudem umweltschonender als Glühlampen und beanspruchen in der Produktion weniger Ressourcen.
Ein geringer **Wasserverbrauch** wird durch den geschlossenen Wasserkreislauf gewährleistet, der Frischwasserbedarf liegt bei nur 3 %.
Da die organischen Abfälle verwertet werden, ergibt sich ein geringerer **Futtermittelbedarf**. Futtermittel verursachen in der Produktion einen hohen Verbrauch an natürlichen Ressourcen (Wasser, Boden etc.).
Durch das Recycling der organischen Abfälle (Nutzung der Ausscheidungen der Fische) zu Düngemittel wird der **Düngemittelbedarf** niedrig gehalten.
Diese Faktoren reduzieren die Belastung der Umwelt und sind insgesamt als **ressourcenschonend** zu bewerten.

Grundkurs Biologie (Berlin): Abituraufgaben 2019
Aufgabe C: Evolution und Zukunftsfragen

Thema: Evolution der karnivoren Pflanzen

Einige Pflanzen haben im Laufe der Evolution eine außergewöhnliche Möglichkeit der Nährstoffversorgung entwickelt: Die Insekten fressenden Pflanzen, auch karnivore Pflanzen genannt, decken ihren Stickstoffbedarf unter anderem durch die Aufnahme von tierischen Stoffen. Über 700 Arten Insekten fangender Blütenpflanzen sind weltweit bekannt.

Abb. 1: Kannenpflanze *Nepenthes*
Quelle: Alastair Robinson/wikipedia, CC BY 3.0

Aufgaben

1 Nennen Sie jeweils drei abiotische und biotische Selektionsfaktoren. Erklären Sie die Bedeutung der abiotischen Selektionsfaktoren an je einem Beispiel bei Pflanzen. 9

2 Erklären Sie die ökologischen Beziehungen zwischen Taupflanze und Wanze. Begründen Sie die Bezeichnung der Wanzenpflanze als präkarnivore Pflanze. 11

3 Erläutern Sie die mögliche Entstehung eines typischen Merkmals der karnivoren Lebensweise bei Pflanzen mithilfe der synthetischen Evolutionstheorie. 14

4 Vergleichen Sie anhand von selbst gewählten Kriterien die karnivoren Pflanzen Taublatt und Venusfliegenfalle. 10

5 Begründen Sie, warum sich im Laufe der Evolution keine größeren, z. B. strauchartigen karnivoren Pflanzen entwickelt haben. 6

Material 1: Wanzenpflanzen als präkarnivore Pflanzen

Abb. 2: Wanze auf einer Taupflanze
Quelle: Denis Barthel/wikipedia, CC BY-SA 3.0

Verführerisch glitzernd locken die Sekrettropfen der Taupflanze *Roridula* Insekten an. Einmal gelandet, verfangen diese sich in den klebrigen Pflanzenhaaren. Der „Klebstoff" ist fast viermal so stark wie der Leim auf käuflichen Fliegenfängern. Weil sie keine Verdauungsenzyme besitzt, kann die Taupflanze allein ihre Beute nicht verwerten.

Doch sie hat einen „Untermieter": die Wanze *Pameridea roridulae*. Das räuberische Insekt ist von einer Art „Anti-Haft-Beschichtung" bedeckt. Auf langen Beinen bewegt sich die Wanze vorsichtig zwischen den Klebhaaren und saugt die gefangenen Insekten aus. Die Ausscheidungen der Wanzen werden von den Blättern der Taupflanze absorbiert und bieten ihr eine zusätzliche Stickstoffquelle. Versuche mit markiertem Stickstoff zeigten, dass Taupflanzen bis zu 70 % ihres Stickstoffbedarfs über diese Exkremente decken.
Die Wanze *Pameridea roridulae* kommt ausschließlich auf Taupflanzen vor, die deshalb im Deutschen auch Wanzenpflanzen heißen. Bei Gefahr fliehen die Wanzen in die Blattachseln, wo zahlreiche Klebhaare sie vor ihren Feinden abschirmen. Auch die Eiablage findet auf der Pflanze statt. Die Larven der Wanze halten sich vorzugsweise auf den Blüten auf und bestäuben dabei die Pflanze.

Material 2: Die Lebensweise karnivorer Pflanzen

Karnivore Pflanzen besiedeln mineralstoffarme Standorte, vor allem stickstoff- und phosphatarme Böden. Oft sind ihre Standorte zeitweise überschwemmt. Sie fangen kleine Tiere, insbesondere Insekten, mit speziellen Einrichtungen, verdauen sie und nehmen deren Abbauprodukte auf. Karnivore Pflanzen betreiben Fotosynthese. Durch die Nutzung tierischer Proteine als Stickstoffquelle ergeben sich Vorteile, die z. B. durch eine vermehrte Bildung von Blättern, Blüten und Samen sichtbar werden.
Dabei müssen karnivore Blütenpflanzen verhindern, dass sie ihre potenziellen Bestäuber verdauen. Daher werden die Blüten meist an sehr langen, blattlosen Sprossachsen gebildet, möglichst weit von den tierfangenden Fallen entfernt.
Die Fangorgane sind durchweg mehr oder weniger stark umgewandelte Blätter zu Klappfallen, Klebfallen, Saugfallen oder Gleitfallen. Die Reizung dieser Organe erfolgt entweder durch den Berührungsreiz des Beutetiers oder wird durch chemische Signale in Form von Stickstoff- und Phosphatverbindungen ausgelöst. Die Verdauung bei karnivoren Pflanzen erfolgt mithilfe von Enzymen, die über Drüsen ausgeschieden werden.

Die Bildung von Fallen ist für eine Pflanze sehr aufwendig, da Fangblätter sehr viel schlechter zur Fotosynthese geeignet sind als normale Laubblätter. Karnivore Pflanzen wachsen daher in der Regel recht langsam. An mineralstoffreichen Standorten, an denen auch viele andere Pflanzenarten zu gedeihen vermögen, werden sie durch das schnellere Wachstum der Konkurrenten oftmals verdrängt. Sie sind daher nur dort konkurrenzfähig, wo andere Pflanzen durch Mangel an Mineralstoffen nicht oder kaum wachsen können. Solche mineralstoffarmen Standorte sind etwa Moore, tropische Regenwälder oder tropische Tafelberge.
Da karnivore Pflanzen einen großen Teil ihres Mineralstoffbedarfs über die Fangblätter und nicht über die Wurzeln decken, sind diese oft spärlich ausgebildet und sehr widerstandsfähig gegen ungünstige Bodenbedingungen.
Die Fangblätter der karnivoren Pflanzen sind oft nicht so lange haltbar wie normale Laubblätter anderer Pflanzen. Die Gleitfallen sind irgendwann zu voll, Klappfallen können nicht unbegrenzt häufig ausgelöst werden, Klebfallen verunreinigen schnell mit Schmutz. Deswegen müssen tierfangende Blätter häufig neu gebildet werden und die Verdauungsenzyme und „Klebstoffe" müssen ständig nachproduziert werden.

Material 3: Beispiele für die Entwicklung karnivorer Pflanzen

Aus Fossilien und Pollenanalysen konnte man feststellen, dass die komplizierten Klappfallen der Venusfliegenfalle ca. 100 Millionen Jahre für ihre Entwicklung benötigt haben. Sehr wahrscheinlich haben sich die karnivoren Pflanzen aus normalen Pflanzen entwickelt, bei welchen sich bereits bestehende Fähigkeiten wie Bewegung, Sekretabgabe und Nährstoffaufnahme über die Blätter verstärkten und weiterentwickelten. Bei den Blütenpflanzen ist die karnivore Lebensweise fünfmal unabhängig voneinander entstanden.

Beispiele für rezente Arten:

Das Taublatt *Drosophyllum lusitanicum* besitzt Drüsen, die klebrige Sekrete produzieren. Der rötliche Fangschleim lockt die Insekten an und enthält Verdauungsenzyme. Das Taublatt ist eine passive Klebfalle, d. h. die Blätter und Tentakel bewegen sich beim Beutefang nicht.

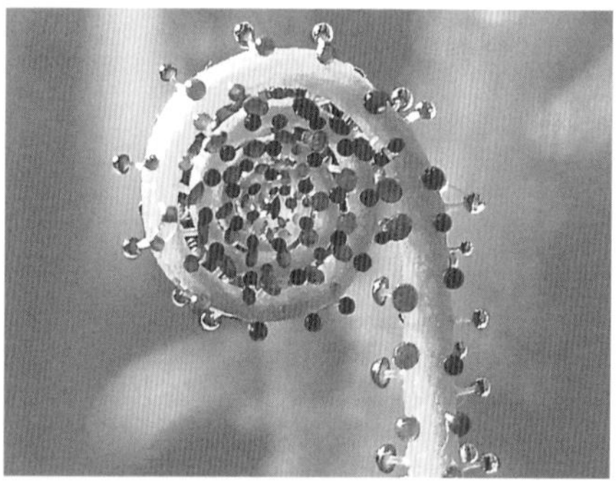

Abb. 3: Taublatt
Quelle: Sylvain Bezy/wikipedia, CC BY-SA 4.0

Beim Sonnentau *Drosera* bilden die Klebdrüsen auch Verdauungsenzyme. Bei den einzelnen Arten sind die Fangblätter unterschiedlich stark beweglich. Die Sonnentauart *Drosera capensis* beispielsweise kann seine Beute durch Ausrichten seiner Tentakel nahezu vollständig einschließen. An den Klebtentakeln sind einfache Erregungsleitungen zu beobachten.

Abb. 4: Sonnentau

Im Laufe ihrer Evolution hat die Venusfliegenfalle *Dionaea muscipula* aktive Klappfallen entwickelt, um an fleischhaltige Beute zu kommen.
Die Falle schnappt erst bei der zweiten Berührung zu – aber nur, wenn diese maximal 30 Sekunden nach der ersten erfolgt. Spezielle Gewebe konzentrieren die Bewegungsfähigkeit auf die Mittelrippe des Blattes. Über Erregungsleitungsbahnen werden diese extrem schnellen Bewegungen ermöglicht.

Abb. 5: Venusfliegenfalle

Weitere Materialgrundlagen (Texte M 1 bis M 3):
Homann, W.; Grotjohann, N. (2010): Karnivorie – Beutefang bei Pflanzen, in Unterricht Biologie 355129.70.49/nawi/lernprogramme/Carnivore
http://www.spektrum.de/lexikon/biologie/carnivor-pflanzen/12320
http://www.ard.de/home/wissen/Fleischfressende_Pflanzen/1465594/index.html

Lösungsvorschläge

1 *Die Aufgabe enthält die Operatoren „nennen“ und „erklären“. Zunächst sollen biotische Selektionsfaktoren lediglich aufgezählt werden. Hier kommt es darauf an, sich auf Wechselbeziehungen zwischen Lebewesen zu beziehen, die einen spezifischen Selektionsdruck auf Arten ausüben (daher sind unten sowohl die Wechselbeziehungen als auch die Fachbegriffe für die Organismen, die an diesen beteiligt sind, genannt). Für den zweiten Teil (abiotische Selektionsfaktoren) ist eine Erklärung wichtig, wobei auf Grundlagenwissen aus dem Unterricht zurückgegriffen werden sollte. Es sollten chemische oder physikalische Faktoren berücksichtigt werden, die einen Selektionsdruck ausüben.*

biotische Selektionsfaktoren *(nur drei verlangt)*:
- Konkurrenz (interspezifisch wie auch intraspezifisch), Konkurrenten
- Parasitismus, Parasiten
- Nahrungsbeziehungen, Fressfeinde
- Sexualpartner (sexuelle Selektion)

abiotische Selektionsfaktoren *(nur drei verlangt)*:
- Wasser
- Licht
- Mineralstoffe im Boden
- Temperatur

Bedeutungen:
Wasser ist für Pflanzen zum Leben entscheidend, sie benötigen es zum Beispiel für die Fotosynthese, für den Transport und auch zum Aufrechterhalt des Zellinnendrucks. Besonders in trockenen Gebieten, wie Wüsten, ist Wasser ein Selektionsfaktor. Typische Angepasstheiten daran stellen die Blätter der Sukkulenten dar. Zum Beispiel dienen die Blätter von *Aloe vera* als Wasserspeicher.

Licht wirkt als Selektionsfaktor, da es Voraussetzung für die Fotosynthese ist. Ein Beispiel sind Frühblüher wie das Buschwindröschen *(Anemone nemorosa)* im Laubwald. Sie blühen vor Austreiben der Laubblätter der Bäume, wenn noch Licht den Waldboden erreicht.

Als alternatives Beispiel könnte man auch die C3-, C4- bzw. CAM-Pflanzen, die durch spezielle Änderungen in ihrem Stoffwechselweg Licht optimal nutzen können, nennen.

Mineralstoffe im Boden sind ein weiterer wichtiger Selektionsfaktor. So haben Pflanzen im Laufe der Evolution verschiedene Strategien entwickelt, um optimal mit Mineralstoffen versorgt zu sein. Auf stickstoffarmen Böden haben Pflanzen einen Selektionsvorteil, wenn sie nicht nur über den Boden Stickstoff aufnehmen können, sondern eine weitere Quelle nutzen. Ein Beispiel sind hier die karnivoren Kannenpflanzen *(Nepenthes)*.

2 *Die Definition von Symbiose setzt Grundlagenwissen aus dem Unterricht voraus. Informationen zum Beispiel Taupflanze finden Sie in Material 1. Diese müssen Sie in die Antwort integrieren.*

Bei der Wechselbeziehung zwischen Taupflanze und Wanze handelt es sich um eine **Symbiose**. Definitionsgemäß setzt die Symbiose auf der einen Seite einen **nachweisbaren Vorteil** für beide an ihr beteiligten Organismen (Symbionten oder Symbiosepartner) voraus und auf der anderen Seite die **enge räumliche Nähe**. Beide Aspekte sind hier erfüllt.

Vorteile für die Taupflanze:
- Nutzung der Ausscheidung der Wanze als Stickstoffquelle
- Bestäubung durch die Larven der Wanze

Vorteile für die Wanze:
- Insekten, die sich in den Klebhaaren der Pflanze verfangen, dienen der Wanze als Nahrungsquelle
- Klebhaare bieten der Wanze Schutz vor Feinden
- Pflanze bietet einen geschützten Ort zur Eiablage und Larvenentwicklung

Die Wanzenpflanze ist als **präkarnivore Pflanze** zu bezeichnen, da sie durch ihre Klebhaare zwar in der Lage ist, Insekten zu fangen, diese jedoch nicht verdauen kann, da sie keine entsprechenden Organe bzw. Enzyme besitzt. Daher ist sie abhängig von den Wanzen und somit als eine Vorstufe der karnivoren (vgl. prä- lat. *vor*) Pflanzen zu bezeichnen.

3 *Hier müssen Sie auf das im Unterricht erworbene Wissen hinsichtlich der synthetischen Evolutionstheorie zurückgreifen. Material 2 und 3 bieten hilfreiche Informationen. Sie müssen nur ein typisches Merkmal der karnivoren Lebensweise bei Pflanzen für Ihre Ausführung heranziehen. Im Folgenden werden die Verdauungsenzyme gewählt, auch andere (z. B. Klappfallen) sind möglich.*

Eine ursprüngliche Pflanzenpopulation ohne **Verdauungsenzyme**, die ein typisches Merkmal von karnivoren Pflanzen darstellen, zeigt eine **genetische Variabilität**. Diese Unterschiede bei den Individuen treten **zufällig** und **ungerichtet** auf. Gründe hierfür sind **Mutationen** und **Rekombinationen** bei der geschlechtlichen Reproduktion. In dieser Population kommen nun auch Individuen vor, die zufällig Verdauungsenzyme bilden können und dafür spezielle Drüsen besitzen. Dies stellt auf nährstoffreichen Böden keinen Selektionsvorteil dar, weil dies die Pflanze nur zusätzlich Energie kostet. Auf mineralstoffarmen Böden haben genau diese Pflanzen einen **Selektionsvorteil**, da sie mehr Stickstoff für die Proteinsynthese gewinnen können. Damit wirkt der Stickstoffgehalt als **abiotischer Selektionsfaktor** und übt einen **Selektionsdruck** auf die Population aus (gerichtete Selektion). Können die Pflanzen Verdauungsenzyme bilden, ist es ihnen möglich, gefangene Insekten auch zu verdauen. Sie nutzen effizient eine Stickstoffquelle und haben eine **höhere relative Fitness**. Durch diesen Selektionsvorteil zeigen sie eine erhöhte Fitness und somit einen **höheren Reproduktionserfolg**. Letztendlich erreicht das

Merkmal Verdauungsenzyme durch **Weitergabe der Erbanlagen** (Gene) die Folgegenerationen. Es kommt zu einem Wandel der Art.

4 *Wichtig zur Lösung dieser Aufgabe des AB II ist, dass bei einem Vergleich sowohl Gemeinsamkeiten als auch Unterschiede dargestellt werden müssen. Als Darstellungsform eignet sich eine Tabelle.*

Vergleich zwischen	**Taublatt**	**Venusfliegenfalle**
Gemeinsamkeiten	Beide bilden Sekrete und Enzyme. – Die Sekrete dienen bei beiden zum Festhalten von Insekten. – Die Enzyme dienen bei beiden der Verdauung.	
Unterschiede hinsichtlich des Fangmechanismus	passive Klebfalle: Insekten bleiben an Blättern haften	aktive Klappfalle: Fangblätter schließen sich bei haptischem Kontakt (Berührung)
Unterschiede hinsichtlich der Erregungsleitung	nicht vorhanden	sehr schnell, durch spezielle Gewebe beschleunigt

5 *Beachten Sie, dass es für diese typische Aufgabe des AB III nur eine relativ geringe BE-Zahl gibt. Ihre Ausführungen sollten also nicht zu ausführlich sein.*

Strauchartige Pflanzen bzw. größere Pflanzen benötigen zum Erreichen ihrer Wuchshöhe mehr Energie und eine effizientere Versorgung mit Nährstoffen. Karnivore Pflanzen sind aus den folgenden Gründen in ihrem Wachstum limitiert, sodass sich in der Evolution keine größeren karnivoren Pflanzen bilden konnten:

- Karnivore Pflanzen kommen vor allem auf mineralstoffarmen Böden vor. Der Stickstoffmangel kann auch durch die verdauten Insekten nicht komplett ausgeglichen werden. Dies wird besonders dadurch deutlich, dass an mineralstoffreichen Standorten andere Pflanzen dominieren, da sie offensichtlich effizienter Stickstoffverbindungen nutzen können und damit konkurrenzstärker sind.
- Die Fangblätter karnivorer Pflanzen betreiben weniger effizient Fotosynthese als andere Laubblätter. Daher haben karnivore Pflanzen weniger Energie zur Verfügung.
- Fangblätter müssen häufig erneuert werden; dies kostet zusätzliche Energie und limitiert daher die Energieressourcen für Wachstum in die Höhe.

Leistungskurs Biologie (Berlin): Abituraufgaben 2019
Aufgabe A1: Physiologische Grundlagen ausgewählter Lebensprozesse

Thema: Untersuchungen an Axonen

Grundlegende Erkenntnisse zur Funktionsweise von Synapsen gewann man vor allem durch Untersuchungen an Axonen von wirbellosen Tieren. So setzt man beispielsweise einen elektrischen Reiz an einem Axon und untersucht die Reaktionen an Axon und Synapse.

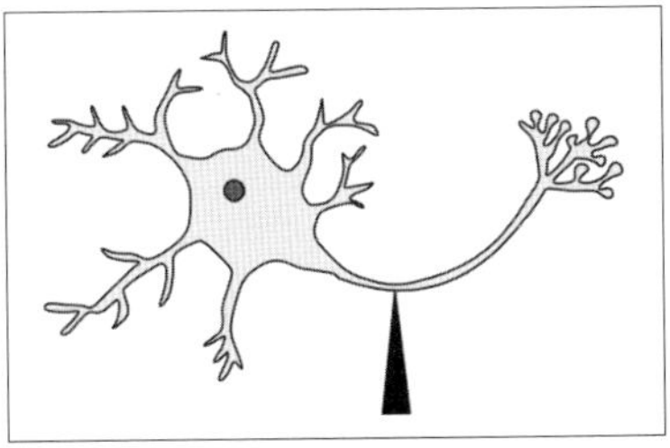

Abb. 1: Reizsetzung am Neuron

Aufgaben

1 Stellen Sie die Entstehung und Aufrechterhaltung des Ruhepotenzials am Axon dar. 11

2 Geben Sie die Reaktionen des Axons auf die in der Abb. 2 dargestellten unterschiedlichen Reizungen an und erklären Sie diese. 12

3 Werten Sie die Versuche zum Spannungsverlauf nach Reizung eines Flusskrebs-Riesenaxons aus. 13

4 Beschreiben Sie die Spannungsverläufe an der postsynaptischen Membran nach Zugabe von Conotoxin A und B.
Erklären Sie den Kurvenverlauf im Versuch 1 und ordnen Sie ihn begründet der Reaktion der Beutetiere auf diese Gifteinwirkung zu. 8

5 Entwickeln Sie zwei begründete Hypothesen zum Wirkungsmechanismus von Conotoxin B. 6

Material 1: Untersuchung an Axonen

Auf elektrische Reizungen können Axone, je nach Art der Reizung, ganz unterschiedlich reagieren. Sowohl die angelegten Reizspannungen als auch die Reaktionen der Axone hierauf können auf einem Oszilloskop sichtbar gemacht werden. Die Abbildung 2 zeigt Reize, welche in einem Laborversuch auf ein Axon in unterschiedlicher Stärke und mit unterschiedlicher Dauer einwirken. Die Reaktionen des Axons sind nicht dargestellt.

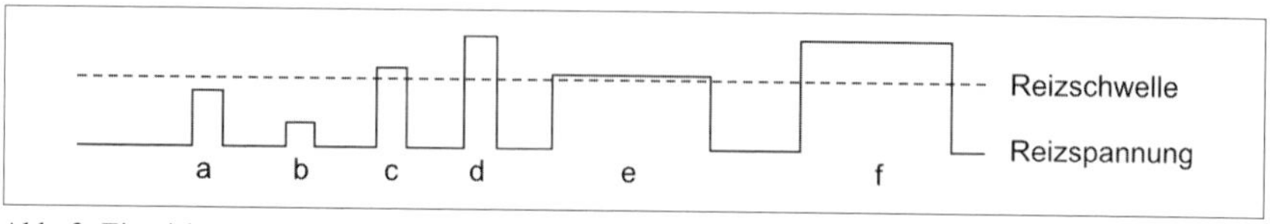

Abb. 2: Einwirkung von Reizen unterschiedlicher Stärke (y-Achse) und Dauer (x-Achse) auf ein Axon

Quelle: Jungbauer, Wolfgang (Hrsg.): Aufgabenhandbuch Biologie, Band 6, Aulis-Verlag, Düsseldorf 2013

Material 2: Einfluss des Außenmediums auf die Bildung von Aktionspotenzialen

In einem neurophysiologischen Labor wurde der Einfluss des Außenmediums auf die Bildung von Aktionspotenzialen untersucht. Aktionspotenziale wurden ausgelöst am Riesenaxon eines Flusskrebses, wobei dieses bei jeder Messung einer anderen Na^+-Konzentration ausgesetzt wurde. In der Abbildung 3 ist der Verlauf der Aktionspotenziale bei verschiedenen Außenkonzentrationen von Na^+ wiedergegeben. Der physiologische „Normalwert" liegt bei ca. 205 mMol/L Na^+.

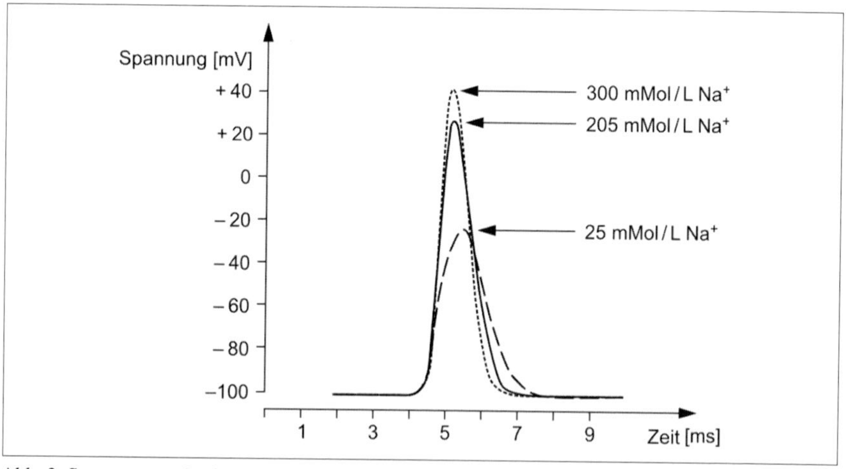

Abb. 3: Spannungsverlauf nach Reizung eines Flusskrebs-Riesenaxons in Abhängigkeit von der Na^+-Außenkonzentration

Quelle: Jungbauer, Wolfgang (Hrsg.): Aufgabenhandbuch Biologie, Band 6, Aulis-Verlag, Düsseldorf 2013

Material 3: Gifte der Kegelschnecken

Nicht nur Schlangen, Spinnen und Frösche produzieren Gifte, auch Weichtiere setzen hochwirksame „Giftcocktails" ein. Die Kegelschnecken der Gattung *Conus* besiedeln hauptsächlich Korallenriffe tropischer Meere. Sie erlegen ihre Beute (Würmer, Schnecken, kleine Fische) mit Giftpfeilen, die sie aus einem röhrenförmigen Schlundfortsatz abschießen. Die Gifte der Kegelschnecken sind relativ kleine basische Peptide, die auch als Conotoxine bezeichnet werden. Sie lassen das Opfer in zahllosen Muskelkrämpfen erstarren oder lähmen es in Sekundenschnelle und geben der Kegelschnecke Zeit, es in den großen Schlund zu ziehen und zu verdauen.

Abb. 4: Kegelschnecke *Conus textile*

Material 4: Versuche mit Conotoxinen

Conotoxine wirken in der Synapse, sie haben unterschiedliche Wirkungen. Zwei Versuche mit Conotoxinen (Versuch 1 mit Conotoxin A, Versuche 2 mit Conotoxin B) erbrachten die in Abbildung 5 dargestellten Ergebnisse. In beiden Versuchen wurde Conotoxin in den synaptischen Spalt eines Beutetiers injiziert, anschließend das präsynaptische Axon gereizt und dann der Spannungsverlauf an der postsynaptischen Membran gemessen.

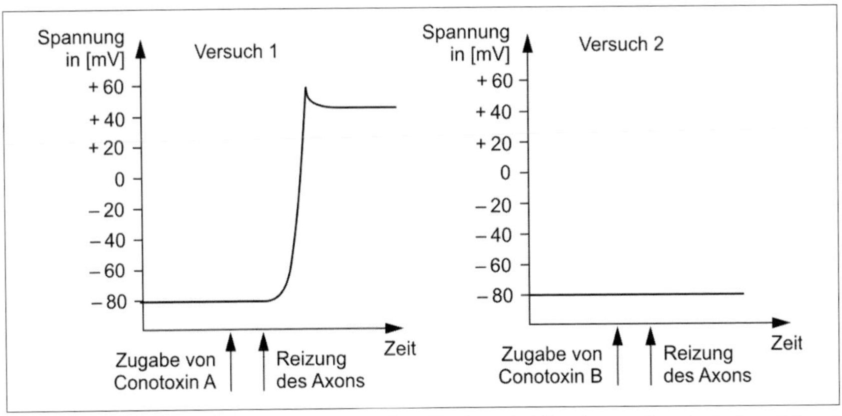

Abb. 5: Spannungsverlauf an der postsynaptischen Membran bei Zugabe von Conotoxin A und B und anschließender Reizung des Axons.

Lösungsvorschläge

1 *Hierbei handelt es sich um eine Aufgabe des Anforderungsbereichs I (AFB I). Sie sollen Ihre Kenntnisse zur Entstehung und zur Aufrechterhaltung des Ruhepotenzials strukturiert wiedergeben. Die Aufgabenstellung erfordert keinen Bezug zu den Materialien.*

Membranpotenziale beruhen auf unterschiedlichen Konzentrationen von Kationen und Anionen innerhalb und außerhalb des Axons. Der Zellinnenraum und der extrazelluläre Raum werden durch eine semipermeable (auch selektivpermeable) Membran getrennt. Semipermeable Membranen sind für verschiedene Ionen unterschiedlich durchlässig bzw. undurchlässig. Im extrazellulären Raum ist die Konzentration an Natrium- und Chloridionen um ein Vielfaches höher als im Zellinneren. Innen ist hingegen die Konzentration an Kaliumionen und an organischen Anionen (A^-) viel höher als außen.

Ein Membranpotenzial ist die gemessene Spannung, wenn eine Elektrode im extrazellulären Raum liegt und die andere durch die Axonmembran gestochen wird, also innerhalb des Axons misst. Die Elektrode außen dient als Bezugselektrode und wird als Nullwert festgelegt. Für den Zellinnenraum ergibt sich in Ruhe, also in Abwesenheit von Reizen, die ein Aktionspotenzial auslösen, eine Potenzialdifferenz von –70 mV, dieses Potenzial nennt man Ruhepotenzial.

Die Entstehung des **Ruhepotenzials** kann man wie folgt erklären: Die Axonmembran besitzt Kaliumionenkanäle, durch die Kaliumionen ohne Energieaufwand diffundieren können. Die Kaliumionen treten durch diese Kanäle aufgrund des Konzentrationsgefälles zwischen Innen- und Außenmedium aus. Jedes Kaliumion, welches das Axoninnere verlässt, bedeutet eine positive Ladung weniger im Zellinneren, dadurch entsteht ein Überschuss an negativen Ladungen und somit eine Potenzialdifferenz zwischen der Innen- und der Außenseite der Membran. Dieser Überschuss an negativen Ladungen erschwert durch elektrische Anziehung zwischen entgegengesetzten Ladungen ein weiteres Austreten von Kaliumionen: Konzentrations- und Ladungsunterschied wirken demnach entgegen, sodass sich ein Gleichgewicht einstellt, sobald der Ausstrom von Kaliumionen durch das Konzentrationsgefälle und der Einstrom durch elektrische Anziehung gleich groß sind.
Das Ruhepotenzial würde sich nach und nach aber auflösen, da auch andere Ionen, wenn auch nur in geringem Maß, die Membran passieren können. Natriumionen gelangen zum Beispiel über Leckströme in den intrazellulären Raum. Aus diesem Grund wird das Konzentrationsgefälle bezüglich der Kalium- und Natriumionen unter Energieaufwendung durch eine ATP-abhängige Na^+/K^+-Pumpe aufrechterhalten. Ohne diese Pumpe würden sich die Ionenkonzentrationen langsam ausgleichen. Pro Pumpzyklus werden drei Natriumionen vom Zellinneren nach außen befördert und gegen zwei Kaliumionen ausgetauscht, die ins Zellinnere befördert werden. Die Na^+/K^+-Pumpe benötigt dafür ATP, es handelt sich also um einen aktiven Transport.

2 *Bei dieser Aufgabe sollen Sie Ihre Kenntnisse zum Aktionspotenzial auf die im Material dargestellten Fälle a bis f konkret anwenden, indem Sie die Reaktionen des Axons auf unterschiedliche Reize angeben und erklären. Anwendungsaufgaben decken den Anforderungsbereich II (AFB II) ab. Eine allgemeine Beschreibung und Erklärung des Aktionspotenzials ist hierzu nicht gefordert. Wichtig ist bei solchen Aufgaben eine möglichst genaue Auseinandersetzung mit dem Material. In diesem Fall sollen Sie die unterschiedliche Bedeutung der Höhe bzw. Breite der Reize in der grafischen Darstellung beachten. Je höher der Balken, desto stärker der Reiz. Je breiter der Balken, desto länger hält der Reiz an.*

Reize, die eine bestimmte Mindestintensität besitzen, die also überschwellig sind, lösen immer gleich hohe Aktionspotenziale (APs) aus. Eine höhere Intensität des Reizes führt also nicht zu größeren Amplituden, sondern zu einer höheren Frequenz der aufeinanderfolgenden APs (sogenannte Frequenzmodulation). Der Grund dafür ist, dass bei überschwelligen Reizen ohnehin alle spannungsgesteuerten Natriumionenkanäle geöffnet werden, sodass es zu keiner Abstufung bezüglich der Amplitude kommen kann. Dieses Prinzip wird als Alles-oder-Nichts-Gesetz bezeichnet.

Reize **a** und **b** sind in ihrer Stärke unterhalb der Schwelle, die erreicht werden muss, um ein AP auszulösen. Sie verursachen also kein AP, sondern nur eine lokale Depolarisation der Membran, die elektrotonisch weitergeleitet wird. Die Ausbreitung dieser Spannungsänderung nennt man elektrotonische Fortleitung.

Alle anderen Reize, die im Material dargestellt sind, sind überschwellig und lösen somit APs aus. Bei **d** wird die Frequenz der APs höher sein als bei **c**, da der Reiz **d** stärker als **c** ist. Die Reize **f** und **d** sind ähnlich stark, dennoch ist bei **f** eine höhere Frequenz der APs zu erwarten, weil der Reiz **f** länger als **d** anhält. Reiz **e** ist in der Intensität geringfügig schwächer als **c**, dafür ist seine Dauer länger, womit man bei **e** APs mit höherer Frequenz als bei **c** erwartet.

3 *Zur Lösung der Aufgabe müssen Sie Versuchsergebnisse erfassen, darstellen und auswerten. Dafür wenden Sie Ihre Kenntnisse zum Aktionspotenzial auf die unterschiedlichen Spannungsverläufe von Material 2 an. Obwohl die Aufgabenstellung dem Operator nach nur eine Auswertung verlangt, lässt sich eine solche Auswertung von einer beschreibenden Versprachlichung der Kurvenverläufe nicht trennen. Beachten Sie: mMol/L (ausgesprochen: „Millimol pro Liter") ist die Einheit, in der die Konzentration von Natriumionen im Außenmedium angegeben wird. Ein Millimol entspricht einem Tausendstel Mol: mMol = mol $\cdot 10^{-3}$.*

Laut dem einleitenden Text entsprechen **205 mMol/L** der normalen Natriumionen-Konzentration an der Membran. Demnach löst ein überschwelliger Reiz ein normales Aktionspotenzial (AP) aus. Man erkennt im Diagramm die Depolarisation durch den Natriumionen-Einstrom bis ca. +25 mV sowie die darauffolgende Repolarisation durch den Kaliumionen-Ausstrom auf ca. –100 mV.

Bei **25 mMol/L** erkennt man im Kurvenverlauf eine langsamere Depolarisation und zwar nur bis ca. –25 mV. Grund dafür ist die geringe Konzentration von

Natriumionen im Außenmedium, wodurch weniger Natriumionen pro Zeiteinheit einströmen können. Auch die Repolarisation dauert länger: Wegen der geringeren Potenzialdifferenz ist bei den Kaliumionen die Tendenz ebenfalls geringer, diese Spannungsdifferenz auszugleichen, womit dieser Vorgang langsamer abläuft und somit länger dauert.

Bei **300 mMol/L** steigt das AP auf +40 mV, also auf deutlich mehr als im Normalfall bei 205 mMol/L. Dies ist auf die höhere Natriumionen-Konzentration im Außenmedium zurückzuführen: Das Konzentrationsgefälle zwischen innen und außen ist größer und es sind mehr Natriumionen vorhanden, die pro Zeiteinheit einströmen können. Die Repolarisation erfolgt ebenfalls besonders schnell, weil die Potenzialdifferenz höher ist, sodass die Kaliumionen eine stärkere Tendenz haben, diese auszugleichen.

4 *Diese Aufgabe erfordert eine angemessene Beschreibung und Auswertung von Versuchsergebnissen. Das Beschreiben ist im AFB I angesiedelt, weil man lediglich die Grafik in einen beschreibenden Text „übersetzen" muss, ohne dabei biologisches Fachwissen anzuwenden oder zu übertragen. Die darauffolgende Erklärung des Kurvenverlaufs des Versuchs 1 ist hingegen eine Leistung im AFB II, da man dafür spezifische Kenntnisse über synaptische Vorgänge anwenden muss. Beachten Sie, dass nur Versuch 1 näher erklärt werden muss. Versuch 2 muss nur beschrieben werden.*

Die Ergebnisse zweier Versuche sind als Diagramme dargestellt. Auf der y-Achse ist die Spannung und auf der x-Achse die Zeit aufgetragen.

Beschreibung Versuch 1:
Der Kurvenverlauf zeigt, dass die Zugabe von Conotoxin A zunächst keinen Einfluss auf das Potenzial von +80 mV hat (die Kurve bleibt konstant). Jedoch steigt nach der Reizung das Potenzial auf +60 mV und bleibt auf diesem Niveau, die Repolarisation bleibt aus.

Beschreibung Versuch 2:
Durch die Zugabe von Conotoxin B ändert sich bei Reizung des Axons das Potenzial nicht, es bleibt während des gesamten Versuchs konstant bei –80 mV.

Erklärung Versuch 1:
Conotoxin A verhindert offenbar die Repolarisation. Als Ursache dafür kann man annehmen, dass Conotoxin A die Acetylcholinesterase im synaptischen Spalt blockiert, indem es daran andockt und sie besetzt, sodass der Transmitter (Acetylcholin) nicht mehr gespalten werden kann. Damit steigt die Konzentration von Acetylcholin, dies führt zur Dauererregung an der motorischen Endplatte. Folge davon ist eine Dauerkontraktion der Muskeln und das damit einhergehende Erstarren des Beutetiers wegen Muskelkrämpfen. Somit kann die Beute leicht gefangen werden.

5 *Diese Aufgabe gehört dem AFB III an, da von Ihnen eine komplexe Transferleistung ohne weitere Informationen aus Materialien gefordert wird. Für das Entwickeln von zwei begründeten Hypothesen müssen Sie Ihr Wissen über Synapsen und Transmittermoleküle einsetzen und mögliche Wirkmechanismen von Conotoxin B plausibel erklären. Selbstverständlich handelt es sich um Erklärungsansätze, die fachlich überzeugend sein sollen. Ob diese dem tatsächlichen Wirkmechanismus entsprechen, ist zur Lösung der Aufgabe nicht entscheidend.*

Als **erste Hypothese** zum Wirkmechanismus von Conotoxin B wäre denkbar, dass Conotoxin B die Ausschüttung von Acetylcholin verhindert, indem es zum Beispiel die präsynaptische Membran so verändert, dass ein Verschmelzen der synaptischen Bläschen mit dieser Membran nicht mehr möglich ist. In diesem Fall wäre die Konsequenz, dass die Rezeptoren nicht besetzt werden können, womit kein erregendes postsynaptisches Potenzial (EPSP) ausgelöst werden kann. Dies würde die Lähmung des Beutetiers erklären, da seine Muskeln, auch eventuell die, die für die Atmung relevant sind, nicht mehr kontraktionsfähig sind.

Alternativ könnte Conotoxin B den ausgeschütteten Transmitter inaktivieren, beispielsweise indem es dessen Form so verändert, dass der modifizierte Transmitter nicht mehr an die Rezeptoren der postsynaptischen Membran andocken kann. Dies hätte denselben Effekt.

Als **alternative Hypothese** könnte man annehmen, dass Conotoxin B die Acetylcholin-Rezeptoren blockiert. Das hätte zur Folge, dass sich die Natriumionenkanäle der postsynaptischen Membran nicht mehr öffnen können, und so keine Potenzialänderung mehr möglich ist. Auch in diesem Fall käme es zu keinem EPSP mehr und das Beutetier wäre gelähmt.

Leistungskurs Biologie (Berlin): Abituraufgaben 2019
Aufgabe A2: Grundlagen und Anwendungsfelder der Genetik

Thema: Genetisch bedingter Kleinwuchs

Viele unterschiedliche Gene können zu Kleinwuchs führen, wenn sie durch Mutationen verändert sind. Zu den genetisch bedingten, seltenen Formen des Kleinwuchses gehören das Silver-Russel-Syndrom und das Laron-Syndrom. Von ihnen sind bisher nur wenige hundert Fälle weltweit bekannt. Wissenschaftlich interessant sind dabei die unterschiedlichen Vererbungsmuster. Manchmal gelingt der genaue Nachweis und die Abgrenzung von anderen genetisch bedingten Wachstumsstörungen erst durch gendiagnostische Maßnahmen.

Aufgaben

1 Beschreiben Sie die Rekombinationsvorgänge bei der Meiose. 10

2 Erklären Sie die Entstehung einer uniparentalen Disomie beim Silver-Russel-Syndrom unter Verwendung von beschrifteten Skizzen. 10

3 Beschreiben Sie das Prinzip der Gelelektrophorese am Beispiel eines DNA-Gemisches.
Werten Sie das Ergebnis der vorliegenden Gelelektrophorese aus. 12

4 Analysieren und begründen Sie den Erbgang für das Laron-Syndrom, indem Sie die nicht in Frage kommenden Erbgänge begründet ausschließen.
Geben Sie für die Personen 13, 14, 19 und 20 alle in Betracht kommenden möglichen Genotypen an. 10

5 Diskutieren Sie den möglichen Einsatz des Medikaments Pegvisomant zur Verlangsamung des Alterungsprozesses beim Menschen. 8

Material 1: Symptome und genetische Ursachen des Silver-Russel-Syndroms (SRS)

Die betroffenen Kinder weisen schon bei der Geburt ein verringertes Gewicht von unter 2 000 Gramm auf. Während die kognitive Leistungsfähigkeit normal bis leicht eingeschränkt ist, zeigt die Mehrzahl von ihnen neben dem Minderwuchs typische körperliche Auffälligkeiten: großer Kopf mit hoher Stirn und tiefsitzenden Ohren, Fehlstellung von Zähnen, Fingern und Zehen, eingeschränktes Hörvermögen u. a.
In ca. 10 % der Fälle ist die Ursache das Vorliegen eines mutierten Allels auf dem Chromosom Nr. 7. Die Krankheit kommt nur zum Ausbruch, wenn das mutierte Allel homozygot vorliegt. Dazu kommt es nur, wenn eine Nondisjunction (Fehlverteilung) der Chromosomen bei der Meiose II der mütterlichen Eizelle stattfindet. Hier trennen sich die Schwester-Chromatiden des Chromosoms nicht. Als Folge entstehen eine

Eizelle mit zwei identischen Chromosomen Nr. 7 und eine Eizelle ohne Chromosom Nr. 7. Bei der Befruchtung der Eizelle mit den zwei Chromosomen Nr. 7 durch eine Spermienzelle entsteht folglich eine Trisomie 7. Erstaunlicherweise kommt es nun bei der ersten Zellteilung der Zygote zu einer „Korrektur“ der Trisomie 7, indem das vom Vater stammende Chromosom Nr. 7 abgebaut wird. Als Ergebnis liegen dann zwei Tochterzellen vor, die jeweils zwei Kopien des mütterlichen Chromosoms besitzen.

Material 2: Nachweis der uniparentalen Disomie

Bei einem Säugling besteht der Verdacht auf SRS. Der Arzt empfiehlt zur Abklärung zunächst eine Labor-Untersuchung. Sowohl die Eltern als auch der Bruder und die Schwester des Säuglings sind in Bezug auf SRS gesund.
Mithilfe von DNA-Mikrosatellitenmarkern kann die elterliche Herkunft des Chromosoms Nr. 7 nachgewiesen werden. Dazu werden die Allele des betreffenden Genortes und in der Nähe liegende Mikrosatelliten zunächst durch PCR vermehrt. Menschen unterscheiden sich zu wenig in ihren Proteine codierenden Genen, um sie daran zu unterscheiden. Eine Unterscheidung gelingt aber durch den Vergleich von Mikrosatelliten-DNA. Das sind hochvariable nichtcodierende DNA-Abschnitte, in denen sich Mutationen folgenlos anreichern und die man als Bandenmuster in einer Gelelektrophorese sichtbar machen kann.
Für die betroffene Familie ergib sich das folgende Bandenmuster nach PCR und Gelelektrophorese:

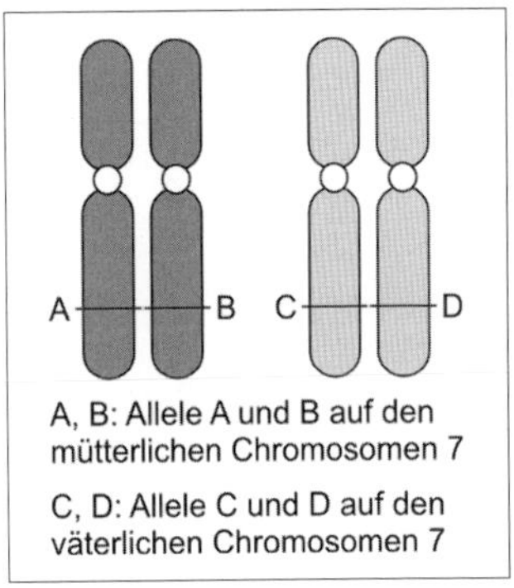

Abb. 1: Chromosomen 7

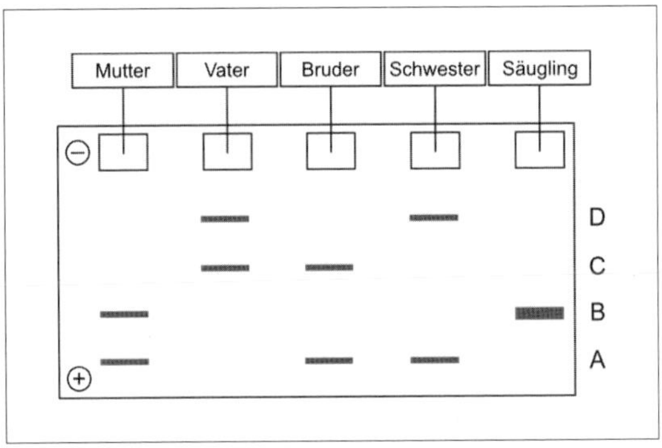

Abb. 2: Ergebnisse der Gelelektrophorese

Quelle: Jütte, M.; Pohlmann, M.; Wiechern, V.; Gröne, C.; Becker, J.: Biosphäre Sekundarstufe II Genetik, Klausurenheft, Cornelsen Verlag 2013

Material 3: Das Laron-Syndrom

Das Laron-Syndrom ist eine ebenfalls sehr seltene Erbkrankheit, es sind nur wenige hundert Fälle weltweit beschrieben. Allerdings gibt es in einer abgelegenen Provinz Ecuadors annähernd 100 Betroffene. Der ecuadorianische Arzt GUEVARA-AGUIRRE beschrieb sie 1987 als „wenig über hüftgroß“ und „pummelig“. Heute weiß man, dass der Kleinwuchs auf einer Mutation eines Gens beruht, das für den Rezeptor des Wachstumshormons Somatotropin kodiert. Somatotropin bewirkt normalerweise nach Bindung an den Rezeptor die Bildung und Ausschüttung des Wachstumsfaktors IGF-1 durch die Leber. Erst durch IGF-1 werden die eigentlichen Wachstumsprozesse des Körpers ausgelöst.

Im Folgenden ist ein Stammbaum für eine Familie mit dem Laron-Syndrom angegeben.

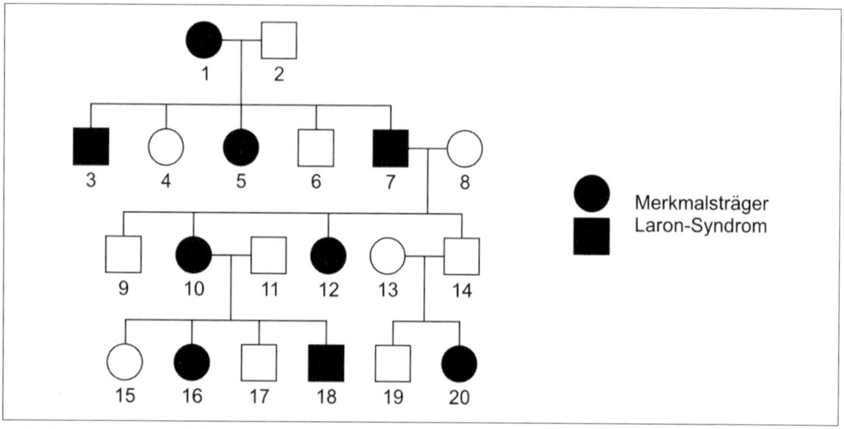

Abb. 3: Stammbaum Laron-Syndrom
Quelle: Jürgen Markl, Biologie Oberstufe, Arbeitsbuch, Klett, Stuttgart 2010

Material 4: Ein potenzielles Anti-Aging-Mittel

Die in Material 3 erwähnten ecuadorianischen Laron-Betroffenen erregten großes wissenschaftliches Interesse, da sie scheinbar resistent gegen Diabetes, Krebs und andere Alterserkrankungen waren. Bei diesen Ecuadorianern handelt es sich um Nachfahren spanischer Juden, die vor der Inquisition nach Ecuador geflohen waren. 22 Jahre lang beobachteten der Arzt Jaime Guevara-Aguirre und Valter Longo von der University of Southern California 99 dieser ecuadorianischen Menschen mit Laron-Syndrom und 1 600 ihrer Verwandten ohne die Genmutation. In diesem Beobachtungszeitraum erkrankte keiner der 99 an Diabetes und nur einer erlitt eine Krebserkrankung. In derselben Zeit erkrankten 5 % der Verwandten an Diabetes und 17 % erhielten eine Krebs-Diagnose. Diese Ergebnisse deckten sich mit Ergebnissen von Tierstudien: Mäuse ohne den Wachstumsfaktor Somatotropin lebten 40 % länger als Artgenossen und entwickelten seltener Tumore, litten aber teilweise an Leberentzündungen. Die Fachwelt war begeistert und Kamerateams reisten nach Ecuador. Valter Longo war 2011 überzeugt, die Lebensspanne eines Menschen mit einem „Anti-Aging"-Mittel, dem Medikament Pegvisomant, deutlich erhöhen zu können. Dafür möchte er in einer Studie das Medikament ausgewachsenen Menschen verabreichen. Pegvisomant blockiert die Rezeptoren für Somatotropin in der Leber.

Weitere Materialgrundlagen:
https://medium.com/@claire.willians/living-with-russell-silver-syndrome-3f5ceb76d19b.
https://www.mgz-muenchen.de/erkrankungen/diagnose/silver-russell-syndromhtml.
http://www.zeit.de/zeit-wissen/2011/04/Alter-Ecuador.
http:www.spiegel.de/wissenschaft/medizin/medizinisches-phaenomen-mutation-schuetzt-vor-krebs-und diabetes-a-746225.html.

Lösungsvorschläge

1 *Hierbei handelt es sich um eine Aufgabe des AFB I. Sie sollen Ihre Kenntnisse zu den Rekombinationsvorgängen während der Meiose strukturiert wiedergeben. Die Aufgabenstellung erfordert keinen Bezug zu den Materialien. Bei der Rekombination wird das gegebene genetische Erbgut der Eltern „durchgemischt", was zur genetischen Variabilität führt. Für wirklich „neues" Material sorgen hingegen Mutationen, worum es in dieser Aufgabe aber nicht geht.*

In zwei Phasen der Meiose I kommt es zur Rekombination. Diese Vorgänge führen dazu, dass jedes Individuum in seiner genetischen Ausstattung einzigartig ist, obwohl es das genetische Material von den Eltern geerbt hat.

Prophase I:
Die homologen Chromosomen des Vaters und der Mutter lagern sich paarweise an der Äquatorialebene aneinander. Das Gebilde aus dem homologen Paar wird auch Tetrade (gr. *tetra* = vier) genannt, da es aus vier Chromatiden besteht (jedes Chromosom ist in dieser Phase noch ein Zwei-Chromatid-Chromosom). Die gepaarten homologen Chromosomenpaare tauschen spezifische DNA-Abschnitte aus: diesen Rekombinationsvorgang nennt man **crossing-over**.

Der Name hat seinen Ursprung darin, dass man die Austauschbereiche als Kreuzungen erkennt, da sich die Chromosomen x-förmig überlagern. Dazu gibt es auch den Fachbegriff Chiasma (Plural: Chiasmata).

Anaphase I:
In dieser Phase trennen sich die homologen Chromosomen durch die Zugfasern des Spindelapparats voneinander und wandern anschließend zu den entgegengesetzten Zellpolen. In dieser Phase kommt es ebenfalls zur Rekombination durch die zufällige Anordnung der homologen Chromosomenpaare an der Äquatorialebene. Das heißt, für jedes Paar gibt es zwei mögliche Ausrichtungen für das väterliche bzw. mütterliche Chromosom zum einen oder anderen Pol hin. Diese zufällige Anordnung der homologen Chromosomenpaare an der Äquatorialebene ist bei 23 Chromosomenpaaren eine Quelle immenser Variabilität.

Genauer betrachtet sind 2^{23} Sortierungen der Chromosomen möglich: Das bedeutet, mehr als acht Millionen unterschiedliche Gameten hinsichtlich ihrer Chromosomenkonformation können dadurch generiert werden.

2 *Bei dieser Aufgabe sollen Sie die Informationen aus Material 1 erfassen und in Form einer beschrifteten Skizze wiedergeben. Der Übersichtlichkeit halber zeichnen Sie am besten immer nur das Chromosom Nr. 7, worum es bei diesem Syndrom insbesondere geht, auch wenn natürlich die anderen 22 Chromosomen auch vorhanden sind.*

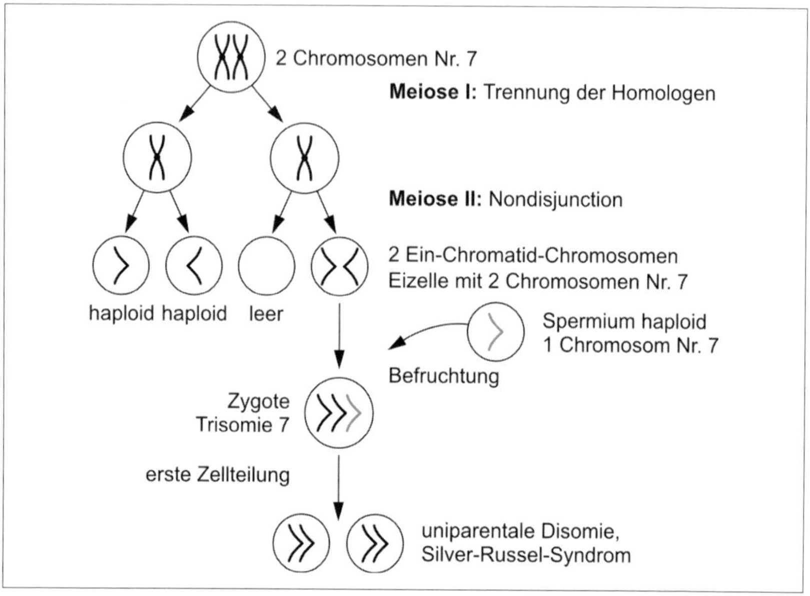

3 *Die Beschreibung der Gelelektrophorese eines DNA-Gemisches ist im AFB I angesiedelt, da es eine reine Reproduktionsleistung Ihres im Unterricht erworbenen Wissens erfordert. Im zweiten Teil der Aufgabe müssen Sie vorliegende Untersuchungsergebnisse erfassen und auswerten. Dafür arbeiten Sie möglichst konkret mit den Informationen aus Material 2 und insbesondere mit dem Bandenmuster, also mit der Abbildung der Ergebnisse der Gelelektrophorese. Dieser Teil der Aufgabe entspricht dem AFB II. Für die Auswertung der Ergebnisse sind die Schlüsselbeobachtungen, dass alle Individuen – bis auf den Säugling – zwei Banden generieren und dass die Bande des Säuglings breiter als die der anderen Probanden ist. Die Auswertung erfordert von Ihnen eine anhand dieser Beobachtung begründete Deutung.*

Beschreibung:
Die Gelelektrophorese eines Gemisches von DNA-Fragmenten hat die Auftrennung dieser DNA-Fragmente auf der Basis ihrer unterschiedlichen Länge zum Ziel. Die DNA-Fragmente werden dafür auf ein Gel (meist aus Agarose) aufgetragen (dieses besitzt befüllbare Taschen). Nach Anlegen einer elektrischen Spannung

wird das eine Ende der Platte mit dem Gel zum Pluspol und das andere zum Minuspol. Die DNA-Fragmente sind aufgrund der Phosphatgruppen negativ geladen und wandern vom Startpunkt (Taschen) in Richtung Pluspol. Das Gel bildet eine Gitternetzstruktur und wirkt dabei wie eine Art molekulares Sieb, sodass kürzere, leichtere DNA-Fragmente sich schneller als längere DNA-Fragmente zum Pluspol hindurchbewegen. Nach einer gewissen Zeit sind also alle DNA-Fragmente unterschiedlich weit gewandert und entfernt voneinander aufgetrennt. Sie können anschließend mittels verschiedener Methoden sichtbar gemacht werden, sodass als Ergebnis der Auftrennung ein spezifisches Bandenmuster erscheint.

Auswertung:
Vergleicht man die Lage der Banden der Schwester und des Bruders mit denen der Eltern, erkennt man, dass sowohl der Bruder als auch die Schwester je ein väterliches und ein mütterliches Allel besitzen. Genauer betrachtet: Von der Mutter besitzen beide Geschwister dasselbe Allel (Bande A) und vom Vater je ein unterschiedliches (der Bruder Bande C und die Schwester Bande D). Auffällig ist, dass vom Säugling nur eine Bande (Bande B) zu sehen ist und dass diese dicker als alle anderen Banden ist. Die Erklärung dafür ist, dass der Säugling das mütterliche Allel B doppelt trägt. Diese identischen DNA-Fragmente trennen sich bei der Gelelektrophorese nicht, da sie identisch groß und schwer sind, und sammeln sich somit im Gel an der gleichen Stelle, wodurch es zu einer breiteren Bande kommt. Damit ist das Vorliegen der uniparentalen Disomie 7 beim Säugling nachgewiesen, die zum Silver-Russel-Syndrom führt.

4 *Bei dieser Aufgabe wenden Sie Ihre Kenntnisse bezüglich der Methodik der Stammbaumanalyse an, um die vorliegenden Daten auszuwerten und begründete Schlussfolgerungen zu ziehen. Diese ist eine typische Leistung des AFB II. Eine begründete Ermittlung des Erbgangs impliziert, dass man anhand konkreter Fälle, also Individuen aus dem Stammbaum, argumentiert und dabei alternative Erbgänge ausschließt. Im weiteren Verlauf fordert die Aufgabenstellung, für einige Individuen des Stammbaums die möglichen Genotypen anzugeben. Das bedeutet, dass man die infrage kommenden Genotypen ohne Begründung auflistet. Bei betroffenen Individuen ist bei einer rezessiven Vererbung der Genotyp zwingend rezessiv homozygot. Bei den anderen Individuen sind teilweise zwei Genotypen möglich und müssen daher auch beide angegeben werden.*

Es liegt ein **autosomal-rezessiver Erbgang** vor. Dies lässt sich am besten durch die Widerlegung aller anderen möglichen Erbgänge begründen. Die Tochter mit der Nr. 20 gilt als Beweis, dass der Erbgang weder dominant-autosomal noch dominant-X-gonosomal sein kann. In beiden Fällen müsste mindestens ein Elternteil Merkmalsträger sein, was jedoch nicht der Fall ist. Unabhängig davon, ob das für das Syndrom verantwortliche Gen sich auf einem Autosom oder auf dem Gonosom X befindet, wäre mindestens ein Elternteil einer betroffenen Tochter ebenfalls Merkmalsträger, wenn das Allel für das Syndrom sich dominant verhalten würde.

Ein rezessiver-X-gonosomaler Erbgang lässt sich ebenfalls anhand derselben Tochter Nr. 20 ausschließen: Wäre die Vererbung rezessiv-X-gonosomal, müsste ihr Vater das Laron-Syndrom haben, da Männer die gonosomale Ausstattung XY (sog. Hemizygotie der Gonosomen) haben. Das heißt, ein rezessives Allel auf dem Chromosom X kann bei Männern nicht durch ein entsprechendes Allel auf dem anderen Gonosom, anders als es bei Frauen (XX) der Fall ist, überdeckt werden; es kommt immer zur Ausprägung der Merkmale auf dem X-Chromosom. Zum Schluss gilt noch die Möglichkeit eines dominant-Y-gonosomalen Erbgangs auszuschließen. Diese kann man durch die Beobachtung ausschließen, dass im Stammbaum auch Frauen betroffen sind. Weil Frauen kein Y-Chromosom besitzen, kann das für das Syndrom verantwortliche Gen auch nicht auf dem Y-Chromosom lokalisiert sein. Der Erbgang ist demnach autosomal-rezessiv.

Genotypen:
Nr. 13: Aa
Nr. 14: Aa
Nr. 19: AA oder Aa
Nr. 20: aa

5 *Der Operator „diskutieren" weist auf eine Leistung des AFB III hin. Eine solche Diskussion beinhaltet eine kritische Gegenüberstellung von Pro- und Contra-Argumenten sowie eine persönliche, begründete Stellungnahme. Für die Argumente werden die Informationen aus den Materialien interpretiert und verwendet. Hinzu können auch eigene Argumente angeführt werden. Sind diese jedoch hypothetischer Natur, sollten sie dementsprechend als Vermutungen, Befürchtungen oder eben Hoffnungen formuliert werden und von den Fakten aus den Materialien abgegrenzt werden. Für ein persönliches Fazit gibt es keine inhaltlichen Vorgaben. Sie müssen lediglich die eigene Position nachvollziehbar begründen.*

Pro:
Für den Einsatz des Medikaments Pegvisomat zur Verlangsamung des Alterungsprozesses beim Menschen spricht die signifikant niedrigere Inzidenz von Krebs und Diabetes bei Menschen mit dem Laron-Syndrom. Man erwartet durch Pegvisomat eine entsprechend deutliche Reduktion der Wahrscheinlichkeit, Krebs oder Diabetes zu entwickeln. Darüber hinaus ließe sich als Pro-Argument zugunsten von Pegvisomat anführen, dass Mäuse, denen dieses Medikament verabreicht wurde, langlebiger sind. Wenn Pegvisomat diesbezüglich bei Mäusen und Menschen gleich wirkt, ist auch beim Menschen eine verlängerte Lebensspanne zu erwarten.

Contra:
Die Quellen ermöglichen keine Aussagen darüber, ob Menschen mit dem Laron-Syndrom langlebig sind. Sollte dies nicht der Fall sein, wäre es fragwürdig, ob die Ergebnisse aus den Versuchen mit den Mäusen auf den Menschen übertragen werden können. Zumindest bei Mäusen verursacht Pegvisomat in manchen Fällen Nebenwirkungen (Leberentzündungen). Diese könnten auch beim Menschen auftreten und müssten genauer erforscht werden. Bisher liegen keine ausreichenden

Studien über die Wirkung von Pegvisomat bei Menschen vor, sodass ein Einsatz zu große Risiken birgt.

Weitere Argumente sind denkbar. Es könnte beispielsweise auch andere Anti-Aging-Mechanismen und wirksamere oder risikoärmere Mittel geben bzw. sie könnten noch entwickelt werden.

Fazit:
Ich begrüße die Möglichkeiten, die Pegvisomat potenziell eröffnet. Meiner Meinung nach sind jedoch zusätzliche Studien notwendig, da es noch unklar ist, wie es sich mit der Lebensspanne von den Menschen mit Laron-Syndrom verhält und ob der Mensch wie die Maus auf Pegvisomat reagiert und ob die Nebenwirkungen beim Menschen vertretbar sind.

Ihre Meinung darf natürlich auch dezidierter zugunsten oder gegen den Einsatz von Pegvisomat sein, solange Sie diese begründen. Beispielsweise: Ich finde, dass die ohnehin immer länger werdende Lebensspanne in den industrialisierten Regionen der Erde zu Problemen wie Überbevölkerung und alternden Gesellschaften führt, weswegen ich einer künstlichen Verlängerung des Lebens durch Anti-Aging-Mittel kritisch gegenüberstehe. Begrüßenswert fände ich jedoch, dass Krebs und Diabetes seltener auftreten würden, da diese Erkrankungen eine schlimme Last für die Betroffenen sind. Zusammenfassend würde ich mich für den Einsatz von Pegvisomat aussprechen, falls dieses Medikament zwar die Inzidenz von Krebs und Diabetes reduzieren würde, jedoch darüber hinaus keine Anti-Aging-Wirkung hätte, was auch noch nicht endgültig bewiesen ist.

Thema: Insektensterben

Insekten bilden die artenreichste Ordnung auf unserem Planeten und ihre Bedeutung in zahlreichen Ökosystemen ist kaum zu überschätzen. Doch seit einigen Jahren beobachten Forscher besorgt, dass die Bestände von Bienen, Schmetterlingen und anderen Insekten abnehmen. Was lässt sich dagegen tun? Und wie sieht es andererseits mit der Bedrohung durch Schadinsekten aus?

Abb. 1: Honigbiene
Quelle: Andreas Trepte/wikipedia, CC BY-SA 2.5

Aufgaben

1 Erklären Sie die funktionelle Gliederung eines Ökosystems unter Berücksichtigung des Stoffkreislaufs. Ordnen Sie die Insekten begründet ein. 14

2 Analysieren Sie die Grafik zu den ausgewählten Insektengruppen der Roten Liste für Ameisen und Bienen hinsichtlich möglicher Folgen für das jeweilige Ökosystem. 12

3 Geben Sie drei mögliche Ursachen für den Rückgang der Insektenpopulationen an und leiten Sie die entsprechenden Folgen ab.
Entwickeln Sie jeweils eine Maßnahme zum Schutz der Artenvielfalt der Insekten. 12

4 Stellen Sie die neurobiologische Wirkung der Neonicotinoide beginnend mit ihrer Aufnahme in den Organismus der Insekten in einem Fließschema dar. 6

5 Diskutieren Sie den Einsatz von Neonicotinoiden in der Landwirtschaft. 6

Material 1: Bedeutung der Insekten im Ökosystem am Beispiel der Waldameise

Die Waldameisen sind eine Gattung der Ameisen aus der Unterfamilie der Schuppenameisen. Weltweit gibt es 297 beschriebene Arten. Waldameisen gelten als wichtiger Teil des Ökosystems im Wald, da sie einerseits viele Forstschädlinge (wie den Borkenkäfer) fressen, andererseits als Nahrungsgrundlage für Tiere wie den Grünspecht dienen. Sie spielen auch bei der Verbreitung von Samen und der Belüftung des Bodens eine Rolle.

Abb. 2: Rote Waldameisen beim Abtransport von Beute

Quelle: Michael Hanselmann/wikipedia, CC BY-SA 3.0

Die Waldameisen sind Allesfresser und ernähren sich überwiegend von den Ausscheidungen der Baumläuse, dem sogenannten Honigtau. Damit wird der Großteil ihres Energiebedarfs abgedeckt. Daneben jagen sie andere Insekten am Boden und auf Bäumen in der näheren Nestumgebung. Diese proteinreiche Kost dient der Aufzucht der Brut.

Die jährliche Nahrung eines durchschnittlichen einheimischen Waldameisennests mit ungefähr einer Million Individuen besteht aus:

- 62 % Honigtau (ungefähr 200 Liter)
- 33 % Insekten (ungefähr 10 Millionen Insekten)
- 4,5 % Baumsäften
- 0,5 % Aas und Pilzen

Material 2: Auswertung der Bestände ausgewählter Insektengruppen der Roten Liste

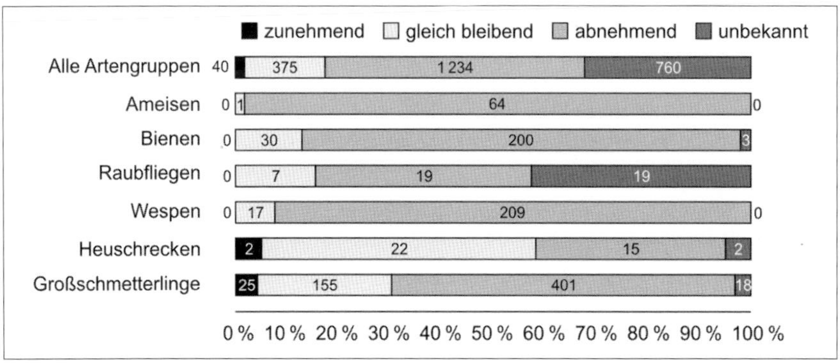

Abb. 3: Ausgewählte Insektengruppen der Roten Liste 2011 in Deutschland in den letzten 20 Jahren (1992–2012); Angaben bezogen auf die Artenzahl, insgesamt 2 409 Arten (BfN 2012)

© Bundesamt für Naturschutz (2012): Pressehintergrund zu Rote Liste gefährdeter Tiere, Pflanzen und Pilze Deutschlands, Band 3 – Wirbellose Tiere (Teil I)

Material 3: Ursachen für den Insektenschwund

Als ein wesentlicher Faktor für den Rückgang der Insektenpopulationen wird die Intensivierung der Landwirtschaft angesehen, die sich in den letzten drei Jahrzehnten weiter beschleunigt hat. Neben dem Einsatz von Pestiziden spielen dabei unter anderem der Verlust an artenreichen Ackerrändern, häufigere Mahd und wiederholtes Umpflügen das ganze Jahr über eine wichtige Rolle. Dadurch nimmt die Artenvielfalt von Blütenpflanzen massiv ab, während sich Gräser ausbreiten. Es entstand ein hoher Anteil an einjährigen Mono-Ackerkulturen und damit verbunden ein hoher Einsatz von stickstoffhaltigen Düngemitteln und Pestiziden.

Der Klimawandel hat einen enormen Einfluss auf die fragile Entwicklung vieler Insektengruppen. Mildere Temperaturen und höhere Niederschlagsmengen im Winter, trockenwarmes Frühjahr sowie eine fehlende Schneedecke und ausbleibender Frost prägen zunehmend den typischen Wetterverlauf in Deutschland. Dies führt zur Ausbreitung oder zum Zuzug anderer Arten und begünstigt die Ausbreitung von Parasiten, Schädlingen, Bakterien und Pilzerkrankungen.

Möglicherweise spielt auch die Verinselung eine Rolle. Viele Naturschutzgebiete erstrecken sich nur über kleine Flächen und sind umgeben von Nutzland. Ursprünglich zusammenhängende Lebensräume werden durch den Bau von Siedlungen, Straßen, Bahnlinien sowie durch die intensive Agrarnutzung in mehrere Untereinheiten zerschnitten.

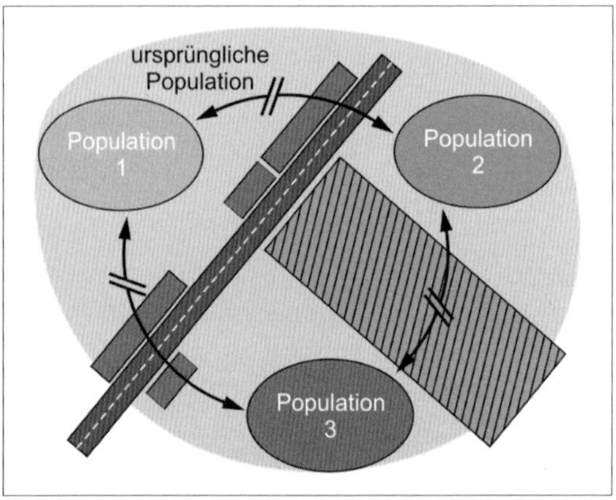

Abb. 4: Verinselung der Populationen
© Adam Schnabler NABU Baden-Württemberg

Material 4: Insektizide als Schädlingsbekämpfungsmittel

Neonicotinoide sind eine Wirkstoffgruppe, die aufgrund ihrer systemischen und hochtoxischen Wirkung auf Insekten eine Sonderstellung unter den Pflanzenschutzmitteln einnimmt. Im Frühjahr 2008 sind in Deutschland 11 000 Honigbienenvölker mit dem Neonicotinoid *Clothianidin* kontaminiert worden, was zu einem Zusammenbruch dieser Honigbienenvölker führte.

Neonicotinoide sind synthetisch hergestellte Wirkstoffe, die als Kontakt- oder Fraßgift wirken. Aufgrund ihrer Wasserlöslichkeit werden sie über die Wurzel aufgenommen und in alle Pflanzenteile transportiert. Der Wirkstoff kommt damit sowohl in den Sprossachsen, im Blattwerk als auch in der Blüte, dabei speziell im Nektar und Pollen vor.
Behandelte Pflanzen sind dadurch sowohl vor beißenden, als auch vor saugenden Insekten geschützt. Da Neonicotinoide in der Pflanze nur langsam abgebaut werden, hält ihre Wirkung längere Zeit an. Forscher hatten den Ursprung der Pollen in Bienenstöcken untersucht und herausgefunden, dass sie Neonicotinoide enthielten, obwohl die Pollen von unbehandelten Feldern stammten. Aufgrund ihrer Wasserlöslichkeit werden Neonicotinoide aus den behandelten Samen ausgewaschen und gelangen so in den Boden und dann auch in andere Pflanzen.
Bei Insekten wirkt diese Stoffgruppe wie Acetylcholin am nikotinischen Acetylcholinrezeptor der Nervenzellen, wobei kein Abbau durch das Enzym Acetylcholinesterase stattfindet. Die Folge davon sind Krämpfe und der Tod der Insekten.

Quelle: Bernhard Heuvel, Neonicotinoide / Systemische Insektizide und ihre Auswirkungen auf die Insektenwelt: eine Übersicht im Kontext des Honigbienensterbens im Jahr 2008 in Deutschland, http://www.imkerdemo.de/Dokumente/EH_Neonicotinoide.pdf

Weitere Materialgrundlagen:
Spektrum der Wissenschaft KOMPAKT, Insekten: 5dc6bc3ae4_SdW_Kompakt_Insekten, 01. 11.20 17
http://www.spektrum.de/news/wie-sehr-schaden-neonicotinoide-den-bienen-tatsaechlich/1523993,
http://www.spektrum.de/news/insektenzahl-in-deutschland-nimmt-ab, 14. 11. 1017
http://www.imkerdemo.de/Dokumente/EH_Neonicotinoide.pdf, 20. 01. 2018
Bundesamt für Verbraucherschutz und Lebensmittelsicherheit, BVL 2008

Lösungsvorschläge

1 *Der Operator „erklären“ verlangt eine tiefer gehende Darstellung der einzelnen Stufen des Ökosystems hinsichtlich der Stoffe (Trophiestufen). Es sollten daher zunächst die einzelnen Organisationsstufen genannt, dann aber genauer erklärt werden. Hierbei müssen Sie auf im Unterricht erlangtes Fachwissen zurückgreifen (daher entspricht die Aufgabe dem AFB I). Eine bloße Nennung von einzelnen Begriffen ist nicht ausreichend. Anschließend sollen Sie einen Bezug zu den Insekten herstellen. Beachten Sie dabei die große Vielfalt innerhalb der Klasse der Insekten.*

Produzenten sind autotrophe Organismen, die mithilfe von Licht aus anorganischen und energiearmen Stoffen organische und energiereiche Stoffe (Biomasse) aufbauen (Fotosynthese betreiben). Hierzu zählen alle grünen Pflanzen sowie die Cyanobakterien.

Neben den photoautotrophen Organismen gibt es auch chemoautotrophe Organismen, die zu den Produzenten zählen. Diese gewinnen ihre Energie aus der Oxidation anderer anorganischer Substanzen. Hierzu zählen beispielsweise Schwefelbakterien oder nitrifizierende Bakterien.

Konsumenten sind heterotrophe Organismen, die sich von energiereichen, organischen Stoffen ernähren, die sie mit der Nahrung aufnehmen, und diese zur Energiegewinnung nutzen (Zellatmung) sowie in körpereigene Stoffe umwandeln. Hier kann zwischen Konsumenten 1. Ordnung (Herbivore) und Konsumenten 2. Ordnung (Carnivore) unterschieden werden. Alternativ finden sich auch die Begriffe Primär- und Sekundärkonsumenten.

Genauer betrachtet kann eine Nahrungskette weitere Ordnungen innerhalb der Konsumenten aufweisen. So ist ein Lebewesen, das sich von carnivoren Tieren ernährt, ein Konsument 3. Ordnung. Meist wird der Einfachheit halber aber auf weitere Differenzierungen verzichtet. Bei Carnivoren in einem Ökosystem, die keine natürlichen Fressfeinde haben, spricht man häufig von Topkonsumenten oder Superprädatoren.

Destruenten sind heterotrophe Organismen, die sich von der Biomasse toter Organismen ernähren und/oder diese zu anorganischen Stoffen abbauen. Hierbei unterscheidet man zwischen Saprobionten (Insekten, Würmer) und Mineralisierern (Bakterien, Pilze). Die Saprobionten zersetzen tote Biomasse, allerdings wird die organische Materie nicht vollständig zu anorganischem Material umgewandelt, sondern nur zerkleinert und vorverdaut, sodass durch die Zerkleinerung die Stoffe für die Mineralisierer zugänglich gemacht werden. Erst die Mineralisierer wandeln organische Stoffe dann in anorganische, energiearme Stoffe um, welche dann wieder in die Umwelt gelangen. Durch sie wird der Stoffkreislauf geschlossen.

Einordnung Insekten:
Insekten ernähren sich sowohl von pflanzlicher Biomasse (z. B. Bienen, Schmetterlinge) als auch von tierischer Biomasse (z. B. räuberische Wanzen, Ameisen). Damit sind sie den Konsumenten 1. Ordnung (Primärkonsumenten) und den Konsumenten 2. Ordnung (Sekundärkonsumenten) zuzuordnen. Andere Insekten (z. B. Mistkäfer) gehören zu den Destruenten.

Manche Insekten lassen sich in alle drei Gruppen einordnen, wie aus Material 1 deutlich wird. Die Nahrung der Ameise setzt sich aus pflanzlichen Stoffen (z. B. Baumsäfte), aber auch aus anderen Insekten und sogar Aas zusammen.

2 *Die Aufgabenstellung bezieht sich eindeutig auf die Gruppe der Ameisen und Bienen. Daher müssen bei der eingeforderten Analyse nur diese beiden Gruppen näher ausgewertet und die ihnen entsprechenden Daten aus dem Diagramm in Material 2 abgelesen werden. Eine erschöpfende Analyse des Diagramms ist nicht notwendig. In einem zweiten Schritt sollen die Folgen angegeben werden (für die Ameisen finden sich Informationen in Material 1; für die Bienenarten müssen Sie auf Fachwissen zurückgreifen). Da es sich um Prognosen (mögliche Folgen) handelt, sollten Sie bei der Antwort im Konjunktiv formulieren.*

Das Diagramm in Material 2 zeigt, dass die **Ameisenarten** deutlich abnehmen (Abnahme von ca. 98 %, oder in totalen Zahlen 64 Ameisenarten). Die Folgen des

Rückgangs der Ameisenarten könnte für das Ökosystem gravierend sein. Wie Material 1 zu entnehmen ist, sind Waldameisen sehr wichtig für ein funktionierendes Ökosystem. Sie sind beispielsweise natürliche Feinde von Forstschädlingen. Werden die Ameisen weniger, wäre ein Anstieg der Schädlinge möglich und die Bäume könnten geschwächt werden. Zudem sind Waldameisen auch Nahrungsgrundlage vieler Tiere. Damit könnte eine Abnahme der Ameisenarten (und ihrer Populationen) zu einem Nahrungsmangel bei anderen Sekundärkonsumenten führen (im Text wird der Grünspecht genannt), was zu einem Rückgang der Arten, die die Ameisen als Nahrungsgrundlage nutzen, führen könnte.

Auch die **Bienenarten** haben um ca. 88 % abgenommen (total 200 Bienenarten). Bienen sind wichtige Pflanzenbestäuber (Ökosystemdienstleistung). Durch den Rückgang der Bienenarten könnten Pflanzen in ihrer Ausbreitung und Vermehrung eingeschränkt werden, sodass es zu einer Abnahme der Biodiversität kommen könnte. Ein Schwinden der Bienenarten könnte sich auch negativ auf deren Fressfeinde (Vogelarten) auswirken, da deren Nahrungsangebot reduziert wird. Auch direkte Folgen für den Menschen sind zu bedenken: Durch die fehlenden Bestäuber könnte es zu einer geringeren Fruchtbildung bei den Pflanzen kommen und dies hätte (mit Blick auf die Agrarwirtschaft) gravierende Folgen für die Versorgung mit Nahrungsmitteln (Ernteausfall, Rückgang des Ertrags). Zudem könnten die Produkte, die direkt von den Bienen gewonnen werden (Honig, Propolis), durch den Rückgang der Bienenpopulationen knapp und daher teurer werden.

3 *Bei dieser Aufgabe sollen aus Material 3 und 4 die zentralen Aussagen herausgearbeitet und mit dem erworbenen Fachwissen kombiniert werden. Da hier Wissen verknüpft wird, ist der Großteil der Aufgabe dem AFB II zuzuordnen. Achten Sie auf eine sinnvolle Strukturierung.*

- Als erster Faktor ist die **Intensivierung der Landwirtschaft** zu nennen. Durch den Verlust von artenreichen Ackerrändern kommt es zu einer Veränderung der für die Insekten wichtigen Vegetation. Die Artenvielfalt der Blütenpflanzen geht zurück und somit auch die Nahrungsgrundlage vieler Insekten. Dies kann einen Rückgang der Insektenpopulationen zur Folge haben.

  Als Maßnahme wäre es zielführend, durch das Anlegen kleinerer Felder mit Mischkulturen und durch die Schaffung von Ackerrändern die Biodiversität der Pflanzen wieder zu erhöhen.

Fachlicher Hinweis: Ackerränder können auch als Ökoton (auch Saumbiotop oder Randbiotop) bezeichnet werden. Ökotone stellen einen Übergangsbereich zwischen zwei verschiedenen Ökosystemen oder Landschaften dar und sind, wie alle Grenzgebiete zwischen Ökosystemen, sehr artenreich.

- Ein zweiter Faktor stellt der übermäßige **Einsatz von Pestiziden** dar. Diese gelangen über die einzelnen Trophiestufen in die Insekten und können diese schädigen. Dabei sind nicht nur Schadinsekten, sondern auch nützliche Insekten betroffen.

Als Gegenmaßnahme könnte man sich die natürliche Schädlingsbekämpfung durch Fressfeinde der Pflanzenschädlinge zunutze machen und auf chemische Mittel verzichten bzw. den Einsatz dieser Mittel reduzieren.

– Ein weiterer Faktor ist die **Verinselung der einzelnen Anbaugebiete**. Durch die räumliche Trennung kommt es zu keinem genetischen Austausch zwischen den Populationen und somit zur Verringerung der genetischen Variabilität. Pflanzen sind beispielsweise anfälliger gegenüber Krankheitserregern oder Schädlingen. Nahrungspflanzen für Insekten werden so beeinträchtigt. Aber auch die Insektenpopulationen selbst sind davon betroffen.

  Abhilfe wäre dem zu schaffen durch das Verbinden getrennter Lebensräume und somit der Gewährleistung des genetischen Flusses. Eine Möglichkeit ist hier das Anlegen von Hecken als verbindendes Element.

Im Material lassen sich weitere Faktoren wie Klimawandel und Düngung finden. Auch diese können alternativ herangezogen werden.

4 *Diese Aufgabe des AFB II verlangt eine Reorganisation von Informationen in einem Text in Form eines Fließschemas. Dazu sollten die zentralen Punkte aus dem Text in Material 4 schrittweise dargestellt werden.*

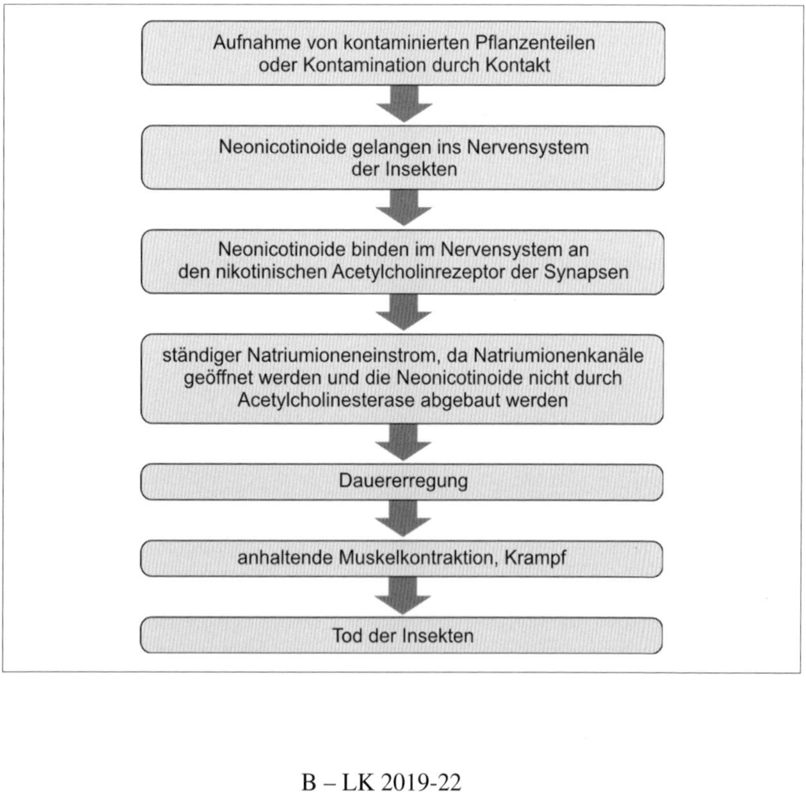

5 *Der Operator „diskutieren" verlangt eine begründete Gegenüberstellung von Argumenten und eine abschließende eigene Stellungnahme. Hierbei lässt sich zwischen Pro- und Contra-Argumenten unterscheiden, die dann gegeneinander in einem Fazit abgewogen werden. Achten Sie bei dieser für den AFB-III-Bereich typischen Aufgabe besonders auf eine klare Darstellung Ihrer Überlegungen. Da es nur verhältnismäßig wenig Punkte gibt, sollten jeweils maximal zwei Pro- und Contra-Punkte angeführt werden.*

Pro:
- Durch den Einsatz von Neonicotinoiden kann die landwirtschaftliche Produktion gesteigert werden, da der Verlust durch Fraß reduziert wird. Bei einer wachsenden Bevölkerung ist dies ein wichtiger Aspekt.
- Die Neonicotinoide haben ein breites Wirkungsspektrum. Somit wäre der Einsatz weiterer Mittel nicht notwendig. Dies spart ggf. Geld in der Landwirtschaft und hält Lebensmittel günstig.

Contra:
- Neonicotinoide sind wasserlöslich. Dadurch gelangen sie über den Boden auch in andere Pflanzen und damit auch in Nutzinsekten wie Bestäuberinsekten. Somit käme es zu einer Schädigung anderer, nützlicher Insekten *(side-effect)*. Die Folgen für die Biodiversität sind gravierend und kaum abzuschätzen.
- Durch die Wasserlöslichkeit könnten die Pestizide auch in eventuell nahe gelegene Flüsse oder Bäche gelangen und dort die Flora und Fauna (besonders Amphibien) schädigen. Die Pestizide sind in ihrem Wirkungskreis schwierig zu kontrollieren.

Fazit:
Die Neonicotinoide haben eine weitreichende Wirkung auf Ökosysteme. Sie beeinflussen nicht gezielt die Schädlinge, sondern wirken auch auf andere Insekten. Daher wäre es ratsam, Pestizide, wenn sich der Einsatz nicht vermeiden lässt, nur ganz sparsam einzusetzen oder aber ganz darauf zu verzichten und natürliche Schädlingsbekämpfung zu favorisieren. Im Sinne der Nachhaltigkeit und des Schutzes der Biodiversität sind die Pestizide ebenfalls eher abzulehnen.

Als konstruktives Fazit wäre auch denkbar: Andere Wege, die parallel zu einer Reduzierung des Einsatzes von Pestiziden zu beschreiten sind, wären beispielsweise: der gezielte Einsatz von Nützlingen oder das Heranzüchten von Pflanzenvarietäten, die resistenter gegenüber dem Befall durch Schädlinge sind. Auch die Weiterforschung an selektiv wirkenden Pestiziden sollte gefördert werden, um side-effects auf andere Arten zu reduzieren.

Leistungskurs Biologie (Berlin): Abituraufgaben 2019
Aufgabe C: Evolution und Zukunftsfragen

Thema: Das Wollhaarmammut

Die ersten Vertreter der Gattung Mammut traten vor etwa 5,7 Millionen Jahren in Afrika auf. Von dort breiteten sie sich nach Nordamerika und Eurasien aus. Das Wollhaarmammut besiedelte das nordsibirische Tiefland. Im Dauerfrostboden konservierte Kadaver liefern wichtige Erkenntnisse zu den Angepasstheiten des Wollhaarmammuts an das eiszeitliche Klima.

Abb. 1: Wollhaarmammut
Quelle: © 123rf.com. Andreas Meyer

Aufgaben

1 Benennen Sie die grafisch dargestellten Selektionstypen und beschreiben Sie diese kurz.
Begründen Sie, welche Selektionstypen bei der Evolution der Gattung Mammut gewirkt haben. 15

2 Erläutern Sie die Entstehung des Merkmals helle Fellfarbe beim Wollhaarmammut mithilfe der Synthetischen Evolutionstheorie. 12

3 Skizzieren Sie die Systematik innerhalb der Gattung Mammut in Form eines möglichen Stammbaumes unter Angabe der Zeitleiste.
Formulieren Sie die für die Mammut-Arten zutreffende Definition des Begriffs Art. 8

4 Vergleichen Sie die Angepasstheiten der Sauerstoffversorgung an tiefe Temperaturen bei Rentier und Wollhaarmammut.
Erklären Sie die auftretenden Ähnlichkeiten aus evolutionsbiologischer Sicht. 10

5 Leiten Sie einen möglichen Zusammenhang zwischen der Backenzahnstruktur und dem Lebensraum der Gattung Mammut ab. 5

Material 1: Selektionstypen

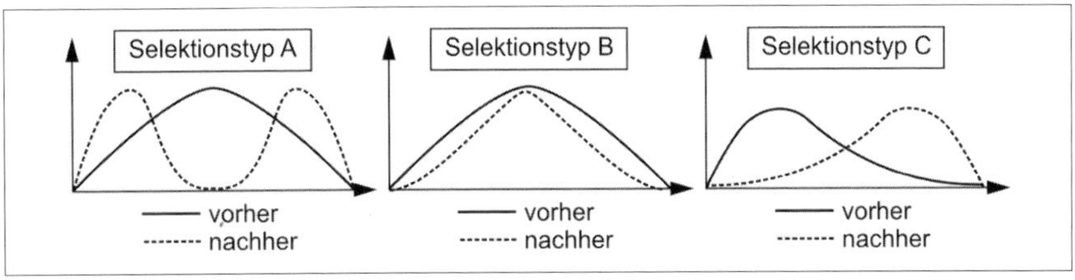

Abb. 2: Selektionstyp A – C. An der x-Achse ist der Grad der Merkmalsausprägung dargestellt, an der y-Achse ist die Anzahl der Individuen dargestellt.

Quelle: Andrew Z. Colvin/wikipedia, CC BY-SA 3.0

Material 2: Die Fellfarbe des Wollhaarmammuts *Mammuthus primigenius*

Das Wollhaarmammut *Mammuthus primigenius* gehört zu den Mammuten, einer ausgestorbenen Gattung der Familie der Elefanten. Mit einer Schulterhöhe von etwa 3,5 m war es etwa genauso groß wie heutige Elefanten. Es besiedelte die sibirischen Steppen während des Pleistozäns (Eiszeitalter). Anhand fossiler Funde konnte gezeigt werden, dass das Wollhaarmammut sowohl an die tiefen Temperaturen als auch an die hohen Windgeschwindigkeiten in der sibirischen Steppe angepasst war. Von den im Permafrostboden gefundenen Mammuts wiesen einige ein dunkles Fell (siehe Abbildung 1) auf, andere besaßen jedoch eine helle Fellfarbe. Ein helles Fell reflektiert zwar die Sonnenstrahlen, aber ein Teil davon wird in Richtung der inneren Fellschichten und zur Haut gestreut. Dunkles Fell absorbiert die Sonnenstrahlen. Die Wärme verbleibt jedoch in den äußeren Fellschichten und kann durch Wind leicht abtransportiert werden. Forscher des Max-Planck-Instituts in Leipzig konnten aus einem 43 000 Jahre alten Oberschenkelknochen DNA-Fragmente aus dem Zellkern gewinnen und sequenzieren. Die Fragmente konnten dem Gen für den Melanocortin1-Rezeptor (kurz: MC1R-Gen), welches für die Pigmentbildung und damit für die Fellfarbe zuständig ist, zugeordnet werden. Die Sequenzierung zeigte, dass das Gen in zwei verschiedenen Varianten vorkam. Die eine Variante führt zu einer geringeren Aktivität des MC1R-Gens und damit zu einer geringeren Pigmentproduktion.

Material 3: Systematik innerhalb der Gattung Mammut

Die ältesten Fossilreste von Mammuten wurden in Äthiopien gefunden und sind etwa 5,7 Millionen Jahre alt, sie stammen von *Mammuthus subplanifrons*. Aufgrund veränderter Umweltbedingungen entwickelte sich aus dieser Art vor ca. 3 Millionen Jahren *M. africanavus*. Dieser ist wahrscheinlich der Vorfahre von *M. meridionalis*. Diese Art ist die erste, welche sich über Afrika hinaus nach Eurasien und Nordamerika ausbreitete und sich dort aufgrund der unterschiedlichen Umweltbedingungen zu verschiedenen Arten weiterentwickelte. In Europa und Asien (Eurasien) entstand vor 1,2 Millionen Jahren *M. trogontherii*, in Nordamerika entwickelte sich aus *M. meridionalis* etwa zur gleichen Zeit die Art *M. columbi*. In Eurasien entwickelte sich vor ca. 750 000 Jahren aus *M. trogontherii* das Wollhaarmammut: *M. primigenius*. Es stellt die jüngste Mammut-Art dar. Auf dem Festland starben seine letzten Vertreter vor ca. 12 000 Jahren aus, auf der Wrangelinsel, welche erst am Ende der Eiszeit vor ca. 12 000 Jahren durch den steigenden Meeresspiegel vom sibirischen Festland getrennt wurde, überlebte eine kleine Population des Wollhaarmammuts noch bis vor ca. 4 000 Jahren.

Material 4: Sauerstoffversorgung von kalten Füßen

Die Füße von heute lebenden, arktischen Tieren wie z. B. Rentieren weisen eine sehr geringe Temperatur auf, sie liegt nur wenige Grad über null. Die Neigung des roten Blutfarbstoffs Hämoglobin, den gebundenen Sauerstoff abzugeben, wird jedoch mit sinkender Temperatur immer geringer. Bei Rentieren sind daher an das Hämoglobin zusätzliche Moleküle gebunden, welche die Sauerstoffabgabe erleichtern.

Vermutlich waren die Füße des Wollhaarmammuts ähnlich kalt. Um den Mechanismus zur Sauerstoffversorgung zu klären, sequenzierten Forscher Fragmente der Hämoglobin-Gene des Wollhaarmammuts und verglichen die entsprechenden Aminosäuresequenzen mit denen des Indischen Elefanten. Dabei fanden Sie an drei Stellen unterschiedliche Aminosäuren. Anschließend veränderten sie die Hämoglobin-Gene des Indischen Elefanten so, dass die Aminosäuresequenz des Wollhaarmammuts codiert wurde. Danach bauten sie die veränderten Gene in die DNA von *Escherichia coli* Bakterien ein und ließen *Escherichia coli* das Mammut-Hämoglobin produzieren. Untersuchungen ergaben, dass das Mammut-Hämoglobin und das Hämoglobin des Indischen Elefanten bei 37 °C die gleiche Bindungsstärke für Sauerstoff haben. Bei tiefen Temperaturen gibt Mammut-Hämoglobin den Sauerstoff jedoch besser ab.

Material 5: Die Ernährung des Wollhaarmammuts *Mammuthus primigenius*

Einige der im sibirischen Permafrostboden entdeckten Kadaver von *Mammuthus primigenius* enthielten noch Mageninhalt. Dieser bestand hauptsächlich aus Resten von verschiedenen Grasarten. Die Gräser enthielten nicht nur einen hohen Anteil an unverdaulichen Zellulosefasern, sondern auch besonders viele Kieselsäurekristalle. Letztere dienen der Stabilität der Pflanze und als Fraßschutz. Sie werden vor allem in die Epidermis eingelagert und ähneln in ihrer chemischen Struktur winzig kleinen Sandkörnern. Forscher vermuten, dass das Wollhaarmammut aufgrund des geringen Nährstoffanteils seiner Nahrung täglich 150–300 kg Nahrung aufnehmen musste.

Material 6: Backenzahnstruktur bei verschiedenen Mammut-Arten

Durchschnittliche Zahl der Lamellen im Zahnschmelz	Mammut-Art
9	*Mammuthus subplanifrons*
16	*Mammuthus meridionalis*
20	*Mammuthus trogontherii*
26	*Mammuthus primigenius*

Tab. 1: Durchschnittliche Zahl der Lamellen im Zahnschmelz

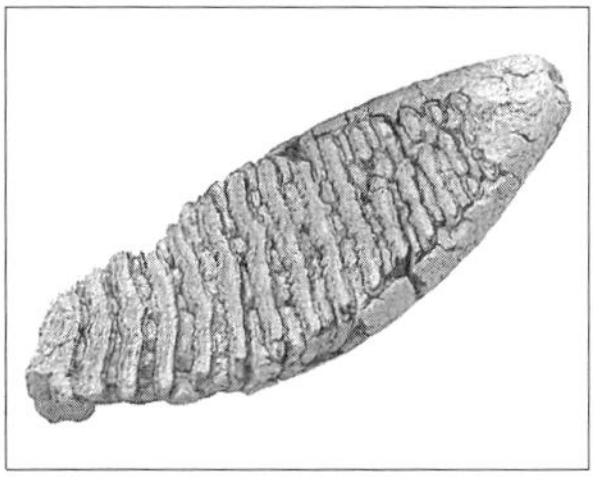

Abb. 3: Backenzahn von *Mammuthus primigenius*

Quelle: *DagdaMor/wikipedia, CC BY-SA 4.0*

Weitere Materialgrundlage:
Kevin L. Campbell und Michael Hofreiter, Paläophysiologie, Angepasst an die Eiszeit, Spektrum der Wissenschaft vom August 2013

Lösungsvorschläge

1 *Die Darstellung bekannter Kenntnisse, die mithilfe einer gängigen Abbildung hergeleitet werden, entspricht dem AFB I. Hier sollten unter Rückgriff auf das Fachwissen aus dem Unterricht die drei bekannten Selektionstypen den Abbildungen zugeordnet und erklärt werden. Die Übertragung auf einen konkreten Fall entspricht dem AFB II. Hierbei ist es wichtig, dass aus dem Text in Material 3 die relevanten Informationen gewonnen und unter Verwendung von Fachbegriffen auf den jeweiligen Fall bezogen werden.*

Selektionstyp A stellt die disruptive (spaltende) Selektion dar. Dabei werden Extremformen eines Merkmals durch einen Selektionsvorteil begünstigt, sodass nach einer Zeit beide Extremformen häufiger auftreten. Der Durchschnittswert taucht viel seltener auf. Hierbei kommt es häufig zur Neubildung zweier Arten, da sich die Genpools der Populationen immer weiter voneinander entfernen, bis die jeweiligen Individuen untereinander nicht mehr kreuzbar sind.

Selektionstyp B stellt die stabilisierende Selektion dar. Dabei haben Individuen, die eine durchschnittliche Merkmalsausprägung aufweisen, einen Selektionsvorteil, sodass das Merkmal stabil weitervererbt wird und die Häufigkeit dieses Merkmals in der Population konstant bleibt. Extremformen tauchen auf, können sich aber nicht dauerhaft durchsetzen.

Selektionstyp C stellt die transformierende (gerichtete) Selektion dar. Dabei haben die Individuen einen Selektionsvorteil, deren Merkmalsausprägung in eine bestimmte Richtung vom Durchschnitt abweicht (z. B. größer/kleiner). Somit verändert sich im Laufe vieler Generationen die Häufigkeit einer Merkmalsausprägung in eine Richtung.

Begründung:
Die Umweltbedingungen in Afrika haben sich gleichermaßen für die gesamte Population der Art *M. subplanifrons* geändert, wie aus Material 3 hervorgeht. Somit haben die Individuen einen Selektionsvorteil, deren Merkmalsausprägung sich so verändert, dass sie an diese neuen Umweltbedingungen angepasst sind. Die Mammuts in Afrika evolvierten durch transformierende Selektion. Es entstand die Art *M. africanavus*.

In Eurasien und Nordamerika unterlagen die Umweltbedingungen aufgrund der geografischen Unterschiede verschiedenen Veränderungen. Somit kam es auch zu einer unterschiedlichen, in zwei Arten aufspaltenden Evolution des *M. meridionalis* (Nachfahre der Art *M. africanavus*): In Eurasien evolvierte aus dieser Stammart die Art *M. trogontherii*, in Nordamerika die Art *M. columbi*. Dieser Evolutionsprozess ist durch die disruptive Evolution ausgehend von unterschiedlichem Selektionsdruck durch die Umwelt erklärbar.

2 *Hier müssen Sie auf das im Unterricht erworbene Wissen zur synthetischen Evolutionstheorie zurückgreifen. Material 2 sollte hinsichtlich zentraler Informationen ausgewertet und diese dann präzise im Kontext der synthetischen Evolutionstheorie unter Verwendung wichtiger Fachbegriffe dargestellt werden.*

Ausgangspunkt ist eine **zufällige Mutation** im Gen MC1R. Im weiteren Verlauf kommt es durch intrachromosomale **Rekombination** (crossing-over) sowie durch interchromosomale Rekombination (aufgrund der zufälligen Verteilung der Chromosomen auf haploide Keimzellen) zu einer **Neukombination von unterschiedlichen Varianten** des Gens MC1R. Dies führt zu einer **erhöhten Variabilität** des Merkmals Fellfarbe innerhalb der Population der Wollhaarmammuts *M. primigenius*. Einige Individuen haben ein helles, andere ein dunkles Fell.

Nun greift die **Selektion**: Tiere mit heller Fellfarbe haben einen **Selektionsvorteil** hinsichtlich des Faktors Windgeschwindigkeit/Wärmeverlust. Denn durch die helle Farbe werden die Sonnenstrahlen partiell zu den inneren Hautschichten gestreut, was zur Wärmespeicherung führt. Dunkle Haare absorbieren die Sonnenstrahlen; diese Wärme erreicht jedoch nicht die tieferen Hautschichten des Mammuts, da sie durch den starken, kalten Wind direkt abtransportiert bzw. an die Luft übertragen werden. Durch dieses Merkmal sind die Mammuts mit hellem Fell besser an die kalte sibirische Steppe angepasst und sichern damit **erfolgreicher ihre Reproduktion** als Mammuts mit dunkleren Haaren *(survival of the fittest)*. Durch den erhöhten **Reproduktionserfolg** wird das dieses Merkmal codierende Allel häufiger weitervererbt und seine Häufigkeit innerhalb der Population nimmt zu.

3 *Sachverhalte durch eine eigene Darstellung (Skizze, Grafik) wiedergeben, entspricht dem AFB II. Hierbei sollte darauf geachtet werden, übersichtlich zu arbeiten und besonders eine Beschriftung anzulegen, welche die Skizze leicht verständlich macht. Wichtiger Bestandteil ist in dem vorliegenden Fall eine Zeitleiste. Im zweiten Aufgabenteil soll unter Bezugnahme auf ein geeignetes Artkonzept erklärt werden, wie die Arten der Mammuts als eigene Arten definiert werden können. Besonders in der Paläontologie wird auf das morphologische Artkonzept zurückgegriffen. Wählen Sie daher dieses, auch wenn im Text keine morphologischen Eigenschaften der einzelnen Mammutarten beschrieben werden.*

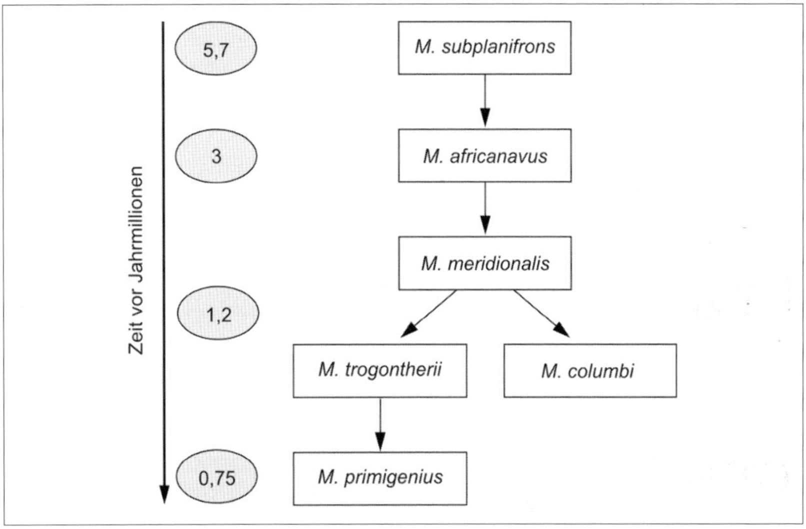

Nach dem **morphologischen Artkonzept** gehören Individuen dann einer Art an, wenn sie sich in wesentlichen Merkmalen zu einem großen Teil gleichen (die Gesamtheit von Individuen, die in wesentlichen Merkmalen des Körperbaus übereinstimmt, nennt man dann Morphospezies).

Das wohl am häufigsten angewendete Artkonzept ist das reproduktive Artkonzept (auch biologisches Artkonzept). Es geht davon aus, dass zwei Individuen zu einer Art gehören, wenn sie sich miteinander fortpflanzen können, also keine präzygotische Isolation oder geografische Barrieren oder auch gravierende Unterschiede im Verhalten (besonders Paarungsverhalten) vorliegen, und fertile Nachkommen hervorbringen können. Dieses Artkonzept ist auf die Mammutarten nicht anwendbar, da diese ausgestorben sind und eine (potenzielle) Reproduktion nicht mehr überprüfbar ist.

4 *Wichtig zur Lösung dieser Aufgabe des AFB II ist, dass bei einem Vergleich sowohl Gemeinsamkeiten als auch Unterschiede dargestellt werden müssen. Als Darstellungsform eignet sich eine Tabelle. Die Informationen sollen aus dem Text des Materials 4 entnommen werden.*

Gemeinsamkeiten	**Unterschiede**
Die Abgabe von am Hämoglobin gebundenen Sauerstoff ist bei niedrigen Temperaturen erhöht. Dies hat eine verbesserte Versorgung der kalten Füße mit Sauerstoff zur Folge.	Der Hauptunterschied liegt in der Ursache für die erleichterte Sauerstoffabgabe: – beim **Rentier** werden zusätzliche Moleküle an das Hämoglobin gebunden – beim **Mammut** besitzt das Hämoglobin-Gen eine veränderte Aminosäuresequenz

Dieser Befund der Ähnlichkeit hinsichtlich der Sauerstoffversorgung ist durch eine **konvergente Entwicklung** zu erklären. Unter konvergenter Entwicklung versteht man in der Evolutionsbiologie ähnliche Anpassungen unterschiedlicher Arten durch ähnliche Umweltbedingungen und damit ähnlichem Selektionsdruck. Solche konvergent entstandenen Merkmale nennt man Analogien. Diese können bei der Rekonstruktion von Verwandtschaftsbeziehungen zwischen Arten, anders als die Homologien, nicht herangezogen werden.

5 *Die Aufgabenstellung, einen möglichen Zusammenhang zwischen Befunden herzuleiten, entspricht einer typischen Aufgabe des AFB III. Hierbei sollte auf eine schlüssige Argumentation und eine klare Darstellung der Gedanken geachtet werden. Beachten Sie, dass es für diese Aufgabe eine vergleichsweise geringe BE-Zahl gibt. Daher sollten die Ausführungen nicht zu umfangreich, dafür aber präzise sein. Der Ausgangspunkt Ihrer Darstellungen sollte dabei der Befund sein, der der Tabelle 1 zu entnehmen ist.*

Im Laufe der Evolution der einzelnen Mammutarten hat sich die Anzahl der Lamellen im Zahnschmelz kontinuierlich erhöht (Tabelle 1). Mammutarten, die evolutiv gesehen relativ jung sind (das wurde in Aufgabe 3 geklärt: *M. primigenius* ist eine junge Art), ernährten sich von Grasarten mit Zellulosefasern und einem hohen Anteil an Kieselsäurekristallen. Diese Zusammensetzung stellt einen Selektionsfaktor dar, denn die hohe Lamellenanzahl erhöht die Feinheit der Nahrung bei dem Zermahlen der Gräser. Je mehr Lamellen, desto feiner wird das Gras zermahlen und die Kristalle werden zerkleinert (die Funktionalität der Zähne wird demnach verbessert). Hier ließe sich die transformierende Selektion auf die Evolution der Backenzähne anwenden. Mammuts mit mehr Lamellen im Zahnschmelz der Backenzähne wurden innerhalb einer Population immer häufiger.

Wenn man davon ausgeht, dass die Gräser erst im Laufe der Zeit immer mehr Kieselsäure als Fraßschutz eingelagert haben, könnte man auch von einer Koevolution von Mammuts und Gräsern ausgehen.

Grundkurs Biologie (Berlin): Abituraufgaben 2020
Aufgabe A1: Physiologische Grundlagen ausgewählter Lebensprozesse

Thema: Cyanobakterien und ihre Gifte

Cyanobakterien, aufgrund ihrer Färbung auch Blaualgen genannt, sind Fotosynthese betreibende Bakterien. Immer wieder bilden sich in stehenden Gewässern vor allem im Spätsommer sog. „Algenblütenteppiche“ aus Cyanobakterien. Einige Arten von ihnen produzieren auch Gifte (Toxine), die sowohl innerhalb des Organismus bleiben als auch ins Wasser abgegeben werden. Trinken Wild- oder Nutztiere davon, so sterben diese manchmal daran.

Aufgaben

1 Beschreiben Sie die Zellstrukturen von Bakterien, durch die sie sich von Eukaryoten unterscheiden. 5

2 Erklären Sie unter Berücksichtigung der Zahlen in Abbildung 1 die Erregungsübertragung an einer motorischen Endplatte. 15

3 Beschreiben Sie die Untersuchungsergebnisse zur Wirkung von Anatoxin A und Anatoxin A (S) auf das postsynaptische Membranpotenzial.
Leiten Sie jeweils einen möglichen molekularen Wirkmechanismus dieser beiden Toxine ab. 12

4 Stellen Sie zwei Hypothesen zum molekularen Wirkmechanismus von Saxitoxin auf. 8

5 Entwickeln Sie konkrete Maßnahmen, mit denen Gesundheitsbehörden eine Gefährdung für Menschen und Haustiere durch Cyanobakterien verhindern könnten.
Begründen Sie dabei auch eine langfristig wirksame Maßnahme. 10

Material 1: Toxine der Cyanobakterien

Cyanotoxine wirken insbesondere im Bereich der motorischen Endplatten, so bezeichnet man die Synapsen zwischen Neuron und Muskelfaser. Der entsprechende Transmitter ist dabei in der Regel Acetylcholin. Von den Cyanotoxinen sind besonders gut erforscht das Anatoxin A und das Anatoxin A (S). Beide Toxine werden von der Süßwassergattung *Anabaena* produziert, bis heute ist kein Gegenmittel bekannt. Sowohl Anatoxin A als auch Anatoxin A (S) führen zum Erstickungstod, zusätzlich kommt es bei Anatoxin A (S) zu einem auffälligen Speichelfluss (engl. salivation, daher der Zusatz S). Ein drittes Cyanobakteriengift, das Saxitoxin, wirkt ebenfalls stark toxisch.

Material 2: Bau und Funktion der motorischen Endplatte

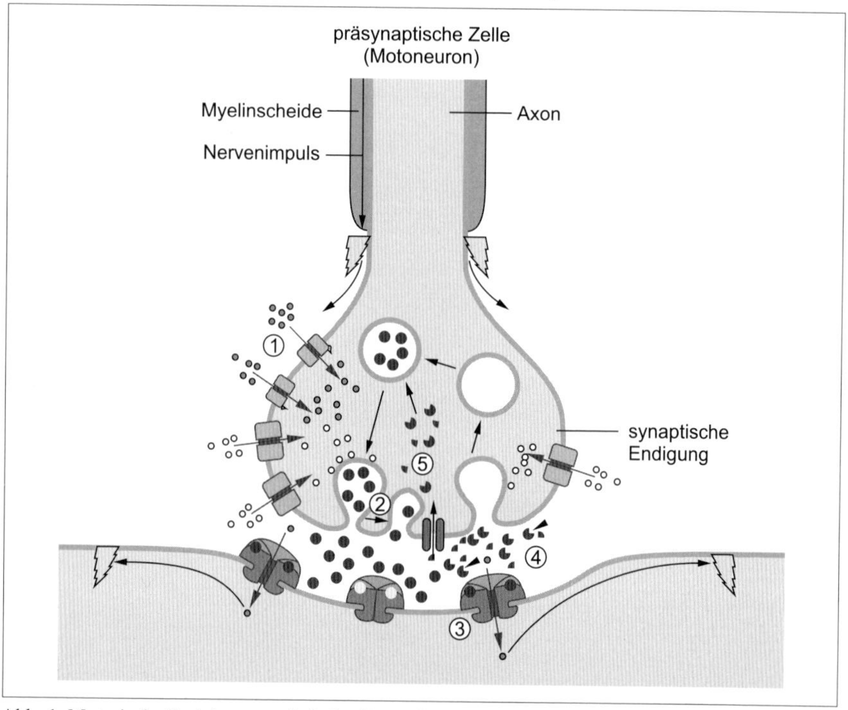

Abb. 1: Motorische Endplatte, vereinfachte Darstellung

Quelle: Hinghofer-Szalkay, H.: Funktionelle Organisation des Skelettmuskels. In: Verzeichnis der Life Science Teaching Resource Community, http://physlologie.cc/XV. 1.htm

Material 3: Toxinwirkungen an der motorischen Endplatte

In mehreren Experimenten erforschte man die Wirkung von drei Cyanobakterien-Toxinen an der postsynaptischen Membran. Zunächst wurde jeweils ein Kontrollversuch ohne Toxin durchgeführt, bei dem man die präsynaptische Zelle überschwellig reizte. Anschließend gab man das jeweilige Toxin auf die motorische Endplatte und setzte wieder einen Reiz auf das zuführende Neuron.

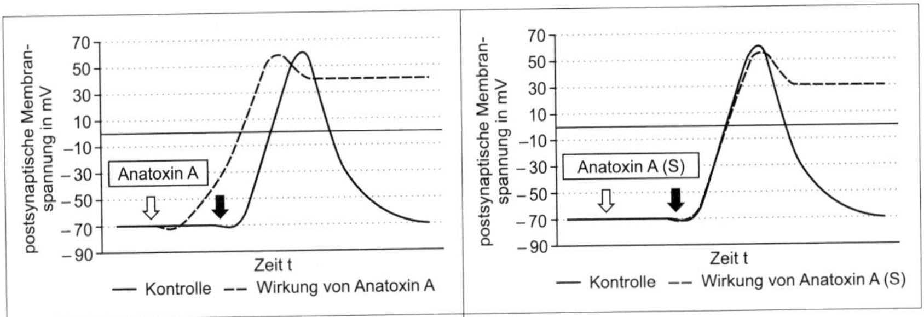

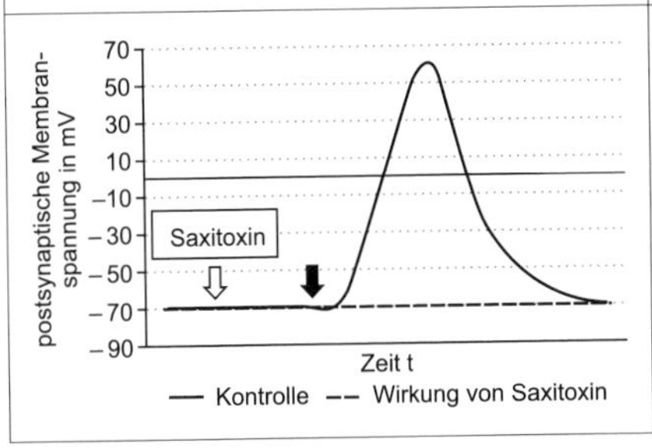

Abb. 2: Postsynaptische Membranpotenziale an einer motorischen Endplatte nach Toxinzugabe (=⇩) und Setzen eines Elektroreizes (=⬇). Zum Vergleich sind jeweils die Messungen bei den davor durchgeführten Kontrollversuchen ebenfalls dargestellt.

Quelle: Dumcke, R. Grotjohann, N.: Die Blüte bringt den Tod. In: Praxis der Naturwissenschaften, Heft 4/63, Juni 2014. S. 35–40

Material 4: Toxine der Cyanobakterien – eine Gefahr für Badende?

Die Gewässer rund um Berlin werden im Sommer von vielen Menschen zum Baden genutzt. In den nährstoffreichen, flachen Gewässern kommt es insbesondere bei anhaltend hohen Temperaturen immer wieder zur massenhaften Vermehrung von Cyanobakterien. Die meisten der über 2 000 bekannten Blaualgen-Arten sind für Menschen harmlos. Die Gifte einiger weniger Arten können aber, wenn sie in den Körper aufgenommen werden, bei Menschen zu Übelkeit, Erbrechen und Durchfall führen. Die Schwere der Symptome ist abhängig vom Verhältnis der aufgenommenen Wassermenge zum Körpergewicht. Die Bestimmung des Toxingehalts ist zwar möglich, aber zeitaufwändig. Hunde reagieren besonders empfindlich auf diese Toxine; so starben im Mai 2017 am Tegeler See mehrere Hunde, die das mit Cyanobakterien belastete Seewasser getrunken hatten. Die Bakterien haften besonders an Wasserpflanzen, aber auch an Badekleidung. Dabei kann es zu Zerreibungen (Zerstörungen) der Cyanobakterien kommen, die dabei freigesetzten Toxine können auf der Haut zu Reizungen führen.

Weitere Materialgrundlagen:
Carmichael, W.W. (1994): Cyanobakterielle Toxine. In: Spektrum der Wissenschaft. S. 70–77
Dittmann, E., Kehr, J. C. (2013): Cyanobakterielle Toxine – von der Biosynthese zur Funktion. In: BIOspektrum 19, S. 16–18

Lösungsvorschläge

1 *Hierbei handelt sich um eine Reproduktionsaufgabe des AFB I. Sie sollen Ihre Kenntnisse zur prokaryotischen Zelle strukturiert wiedergeben. Die Aufgabenstellung verlangt zwar keinen Vergleich mit der eukaryotischen Zelle, fordert Sie jedoch auf, diejenigen Merkmale zu nennen, die kennzeichnend und exklusiv für die prokaryotische Zelle sind. Die Aufgabenstellung erfordert keinen Bezug zu den Materialien.*

Bei den Bakterien liegt ein ringförmiges DNA-Molekül frei in der Zelle vor. Die Procyte – so nennt man die Zelle der Prokaryoten – hat also keinen Zellkern. Zusätzlich zu dieser ringförmigen DNA besitzen Bakterien häufig sogenannte Plasmide. Diese sind kleine DNA-Moleküle, die ebenfalls frei im Cytoplasma der Zelle vorliegen. Die Ribosomen der Procyte gehören zum Typ 70S. Oft besitzen Bakterien eine Zellwand (meist aus Murein) sowie für die Fortbewegung Flagellen (Geißeln).

70S-Ribosome bedeutet, dass die Ribosomen der Procyte kleiner als die 80S-Ribosomen der Eucyte sind. S weist indirekt auf die Masse der Ribosomen hin. Die Svedberg-Einheit (S) ist ein Maß für die Sedimentationsgeschwindigkeit.

2 *Bei dieser Aufgabe sollen Sie Ihre Kenntnisse über die Vorgänge und deren Abfolge bezüglich der Erregungsübertragung an einer motorischen Endplatte unter expliziter Verwendung der vorgegebenen Nummerierung (Abbildung 1) strukturiert wiedergeben. Sie sollen also Ihre im Unterricht erworbenen Kenntnisse den Zahlen in der Abbildung zuordnen.*

1. Ein Aktionspotenzial erreicht das Endknöpfchen. Aufgrund der Änderung des Membranpotenzials öffnen sich kurzzeitig die spannungsabhängigen Calciumionenkanäle und Calciumionen strömen in das Zellinnere ein.
2. Der Anstieg der intrazellulären Calciumionenkonzentration bewirkt, dass transmittergefüllte Vesikel mit der präsynaptischen Membran verschmelzen (Exozytose). Die Transmittermoleküle (Acetylcholin) gelangen somit in den synaptischen Spalt.
3. Acetylcholin diffundiert zur postsynaptischen Membran und bindet an Rezeptoren, wodurch sich ligandengesteuerte Natriumionenkanäle öffnen und Natriumionen in die Muskelzelle einströmen.
4. Acetylcholin wird vom Enzym Acetylcholinesterase gespalten (enzymatischer Abbau).
5. Die Spaltprodukte werden in die präsynaptische Zelle aufgenommen (Endozytose) und für die Synthese des Transmitters wiederverwendet, sodass neue mit Acetylcholin gefüllte Vesikel entstehen.

3 *Zur Lösung dieser Aufgabe müssen Sie Untersuchungsergebnisse (Material 3) zunächst beschreiben (AFB I) und anschließend korrekt auswerten (AFB II). Bei der Auswertung des Diagramms sollen Sie ausgehend vom jeweiligen Kurvenverlauf des Membranpotenzials eine plausible Erklärung für den Wirkmechanismus der Toxine entwickeln. Achten Sie darauf, ob jeweils das Membranpotenzial durch den elektrischen Reiz ausgelöst wird oder ob bereits bei der Gabe des Toxins ein Anstieg des Membranpotenzials zu verzeichnen ist.*

Dargestellt werden für Anatoxin A und für Anatoxin A (S) die postsynaptischen Membranpotenziale an einer motorischen Endplatte nach Zugabe des jeweiligen Toxins. Als Kontrolle werden auch die Messungen ohne Zugabe des Toxins dargestellt.

Beschreibung der Versuchsergebnisse:

Anatoxin A: Sofort bei Toxinzugabe wird ein erregendes postsynaptisches Potenzial (EPSP) ausgelöst, also bereits bevor die Membran elektrisch stimuliert wird. Im Unterschied zur Kontrolle bleibt das Potenzial bei ca. 40 mV, die Repolarisation bleibt damit aus.

Anatoxin A (S): Direkt nach der Toxinzugabe lässt sich kein Unterschied zur Kontrolle erkennen. Nach dem Setzen eines elektrischen Reizes wird ein EPSP ausgelöst. Ähnlich wie bei Anatoxin A bleibt das Potenzial anschließend auf hohem Niveau bei ca. 30 mV, auch hier kommt es nicht zur Repolarisation.

Auswertung der Versuchsergebnisse:

Anatoxin A: Es ist anzunehmen, dass Anatoxin A statt Acetylcholin an die Rezeptoren der postsynaptischen Membran bindet, sodass sich die Natriumionenkanäle öffnen und Natriumionen einströmen können. Für diese Annahme spricht die Tatsache, dass bei Zugabe von Anatoxin A ein EPSP bereits vor dem Einsetzen des elektrischen Reizes ausgelöst wird. Auch die ausbleibende Repolarisation lässt vermuten, dass Anatoxin A an die Rezeptoren anstelle von Acetylcholin bindet. Da Enzyme sehr spezifisch wirken, kann Anatoxin A durch Acetylcholinesterase nicht abgebaut werden, wodurch es zu einer Dauererregung kommt, indem Natriumionen ungehindert weiterhin in die Muskelzelle einströmen. Das Membranpotenzial bleibt daher auf hohem Niveau bestehen.

Anatoxin A (S): Da dieses Toxin anders als Anatoxin A nicht sofort ein EPSP auslöst, muss auch der Wirkmechanismus anders sein. Es kann vermutet werden, dass Anatoxin A (S) die Acetylcholinesterase hemmt, sodass das Acetylcholin nach einem EPSP nicht abgebaut wird und im synaptischen Spalt verbleibt. Aus diesem Grund bleiben die Natriumionenkanäle weiterhin geöffnet und auch die Repolarisation kann, wie beobachtet, nicht stattfinden.

Da Sie ausgehend von den experimentellen Ergebnissen einen Erklärungsansatz entwickeln, empfiehlt es sich, die Erklärung so zu formulieren, dass der hypothetische Charakter Ihrer Ausführungen deutlich wird. Dazu helfen Wendungen wie „es ist anzunehmen“, „es ließe sich vermuten“ usw.

4 *Für diese Aufgabe des AFB III werten Sie die Versuchsergebnisse bei Zugabe von Saxitoxin (Material 3) aus, um zwei Hypothesen zum molekularen Wirkmechanismus dieses Toxins zu formulieren. Es geht dabei nicht darum, den tatsächlichen Wirkmechanismus zu identifizieren, sondern zwei plausible Hypothesen aufzustellen. Diese sollen auf den experimentell gewonnenen Daten fußen und nicht im Widerspruch mit ihnen stehen. Daher empfiehlt es sich, im Konjunktiv zu formulieren.*

Aus den im Diagramm präsentierten Daten wird deutlich, dass **Saxitoxin** jegliche Membranpotenzialänderung unterbindet. So stellt sich die Frage: An welchen Stellen kann das Toxin eingreifen, sodass ein EPSP nicht mehr ausgelöst werden kann?

Mögliche Wirkmechanismen von Saxitoxin:

1. Saxitoxin blockiert die spannungsgesteuerten Natriumionenkanäle des Axons vor der Präsynapse, sodass diese auf Reize in Form von Potenzialänderungen nicht mehr reagieren. Wenn die Natriumionenkanäle durch Saxitoxin geschlossen blieben, könnte kein Einstrom von Natriumionen stattfinden. Ohne Änderung des Membranpotenzials könnte kein EPSP entstehen.
2. Saxitoxin blockiert die spannungsgesteuerten Natriumionenkanäle an der postsynaptischen Membran. Auch in diesem Fall würde ein EPSP ausbleiben, weil keine Natriumionen in die Muskelzelle einströmen würden und es somit nicht zu der nötigen Änderung des Membranpotenzials kommen könnte.

Andere Wirkmechanismen sind ebenfalls denkbar, solange die Folge dieser Wirkmechanismen das Ausbleiben einer Änderung des Membranpotenzials an der präsynaptischen oder an der postsynaptischen Membran ist. Beispielsweise könnte auch eine Wirkung von Saxitoxin im synaptischen Spalt als Hypothese formuliert werden. Man könnte vermuten, dass Saxitoxin die Exozytose der mit Acetylcholin gefüllten Vesikel hemmt oder dass Saxitoxin Acetylcholin im synaptischen Spalt blockiert oder abbaut. Tatsächlich handelt es sich bei Saxitoxin um einen Natriumkanalblocker.

5 *Diese Aufgabe ist dem AFB II zuzuordnen, da Sie zunächst die Textinformationen erfassen und auswerten sollen, um dann konkrete Maßnahmen zum Schutz von Menschen und Haustieren zu entwickeln (viele Aspekte sind aus dem Text ableitbar). Nur eine Maßnahme soll dabei begründet ausgeführt werden und zwar eine, die langfristig wirkt. Bei einer solchen Aufgabe wird meist nicht konkret angegeben, wie viele Maßnahmen erwartet werden. Bei zehn Bewertungseinheiten ist es jedenfalls ratsam, möglichst viele Maßnahmen zu formulieren.*

Maßnahmen:

- Man könnte die Wasserqualität bezüglich der Toxinbelastung regelmäßig überprüfen und bei einem positiven Ergebnis bzw. beim Überschreiten eines Grenzwertes die Badestelle sperren.
- Man könnte die Artenvielfalt an Cyanobakterien in regelmäßigen Zeitabständen kontrollieren und beim Nachweis gefährlicher Arten entweder die Badestelle sperren oder zumindest Hinweisschilder zur Warnung der Bevölkerung aufstellen.
- Bei einer möglichen Gefährdung könnten die Gesundheitsbehörden Warnhinweise aufstellen, damit Eltern besonders darauf achten, dass Kleinkinder kein Seewasser schlucken. Für die Toxizität ist das Körpergewicht entscheidend. Deswegen sind Kleinkinder stärker gefährdet als Erwachsene.
- Bei einer möglichen Gefährdung könnten die Gesundheitsbehörden Warnhinweise aufstellen, die die Badegäste dazu auffordern, nach dem Baden möglichst bald zu duschen und die Badekleidung gründlich abzuspülen, um den Hautkontakt mit den Bakterien zeitlich einzugrenzen.
- Bei einer möglichen Gefährdung könnten die Gesundheitsbehörden Warnhinweise aufstellen, die Hundebesitzer*innen dazu auffordern, Hunde an der Leine zu führen und nicht an das Wasser heranzulassen, weder zum Trinken noch zum Baden.

Begründung einer langfristig wirksamen Maßnahme:

- Eine vorbeugende Maßnahme, die langfristig und effektiv von der gefährlichen Blaualgenblüte schützen würde, wäre eine Reduktion des Eintrags von Nährstoffen in die Gewässer. Diese gelangen vor allem über stark gedüngte landwirtschaftlich genutzte Flächen in die Gewässer und fördern das Wachstum und die unkontrollierte Vermehrung von Algen und Bakterien aufgrund der massiven Anreicherung mit Nährstoffen (Eutrophierung).

Thema: Was Mitochondrien uns verraten

Bei der Suche nach den Eigenschaften unserer Vorfahren spielen Erkenntnisse aus der Genetik zunehmend eine wichtige Rolle, zum Beispiel bei Untersuchungen zur Besiedlung Eurasiens oder in der Familiengeschichtsforschung. Dabei sind besonders die Erbinformationen der Mitochondrien von Interesse.

Aufgaben

1 Beschreiben Sie den Chromosomensatz der menschlichen Körper- und Keimzellen. 9

2 Vergleichen Sie mitochondriale und autosomale nukleäre Erbinformationen des Menschen nach Vorkommen, Bau und Informationsgehalt. 12

3 Erklären Sie die unterschiedlichen charakteristischen Merkmale autosomal-rezessiver und X-chromosomal-rezessiver Erbgänge beim Menschen.
Ermitteln Sie die Phänotypen der Generation II der Familie im Material 3 für den Fall eines X-chromosomal-rezessiven Erbgangs, wenn Person 1 Merkmalsträgerin ist, aber Person 2 das entsprechende Allel nicht aufweist. 15

4 Erläutern Sie die charakteristischen Merkmale eines mitochondrialen Erbgangs.
Ermitteln Sie für den Fall, dass Person 1 der Beispielfamilie Merkmalsträgerin einer mitochondrial vererbten Erkrankung ist, Aussagen zu den mitochondrialen Erbinformationen der Personen in Generation II und III. 8

5 Begründen Sie die Bedeutung von Untersuchungen mitochondrialer Erbinformationen für die Erforschung der menschlichen Abstammung. 6

Material 1: Nukleäre Erbinformationen beim Menschen

Einen entscheidenden Schritt bei der Lösung der Rätsel über unsere Erbinformationen verdanken wir dem Human-Genom-Projekt. Es startete 1988 und konnte 2003 abgeschlossen werden. Man entschlüsselte 3,2 Milliarden Basenpaare. Dabei gibt es eine 99,9 %ige Übereinstimmung zwischen allen Menschen.
Die Angaben zur Anzahl der menschlichen Gene sind in der Literatur nicht einheitlich. Die Gesamtzahl wird derzeit mit bis zu 50 000 angegeben. Fast 95 % davon liegen auf den Autosomen. Hier befindet sich auch der überwiegende Teil der proteincodierenden Gene. Man geht derzeit von rund 19 500 solcher Gene auf diesen Autosomen (sog. Körperchromosomen) aus. Neben der nukleären Erbsubstanz des Zellkerns enthalten auch Mitochondrien DNA.
Die Anzahl der Gene auf den einzelnen Chromosomen ist sehr unterschiedlich. So hat das Chromosom 21 bei einer Gesamtlänge von fast 470 000 Basenpaaren insgesamt 738 Gene, davon 233 proteincodierende. Ein X-Chromosom trägt bei einer Länge von ca. 156 000 Basenpaaren fast 2 000 Genen, dabei sind 839 proteincodierend. Das deutlich kürzere Y-Chromosom hat 496 Gene, nur 48 sind proteincodierend.

Quellen:
http://vega.archive.ensembl.org/info/about/gene_and_transcripl_types.html#genes;
https://www.scinexx.de/news/biowissen/haben-wir-weniger-echte-gene-als-gedacht/

Material 2: Erbinformationen in den Mitochondrien des Menschen

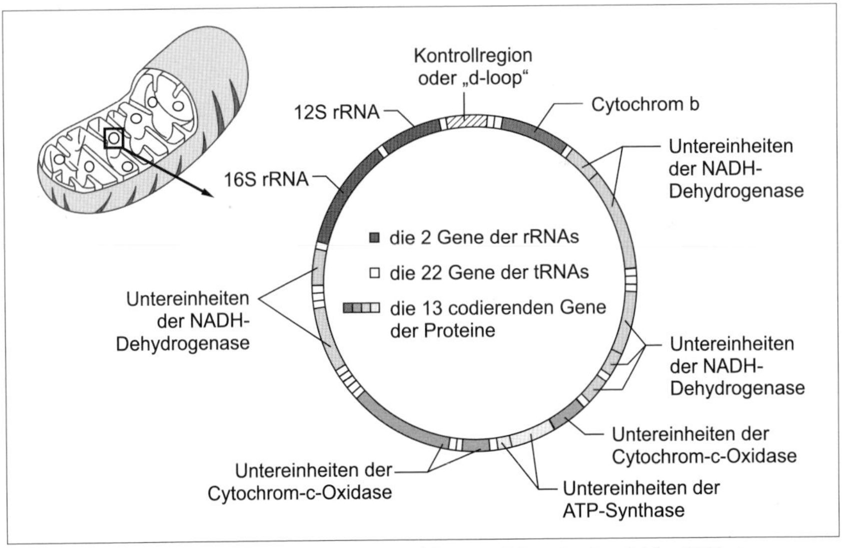

Abb. 1: Schematische Darstellung eines Mitochondriums und der mitochondrialen DNA des Menschen

Quelle: Knopfkind/Wikipedia, CC BY-SA 3.0

Die Anzahl der Mitochondrien in einer menschlichen Zelle hängt von der Funktion des Zelltyps ab. Sie kommen in großer Zahl in Zellen mit hohem Energieumsatz vor, zum Beispiel in Muskelzellen, Nervenzellen und Eizellen. So können in menschlichen Leberzellen über 2 000 Mitochondrien vorkommen. Mitochondrien sind nur 2 bis 10 µm lang und haben einen Durchmesser von ca. 0,2 µm. Sie werden bei der Zellteilung zufällig auf die Tochterzellen verteilt.
Mitochondrien vermehren sich ähnlich wie Bakterien durch Teilung. Der größte Teil der Gene, die für den Aufbau und das Wachstum der Mitochondrien zuständig sind, befindet sich im Zellkern der Zelle.
Die DNA in den Mitochondrien ist 16 569 Basenpaare lang, das entspricht 0,001 % des gesamten genetischen Materials des Menschen. Insgesamt enthält die Mitochondrien-DNA 37 Gene, viele dieser Gene verschlüsseln Enzyme der Atmungskette. Bis zu 15 Kopien des doppelsträngigen DNA-Moleküls kommen in einem Mitochondrium vor. Seine Kontrollregion steuert die Transkripton und Replikation dieses Zellorganells.
Nach einer Befruchtung treten in der Zygote keine Mitochondrien des Spermiums auf, da bei der Verschmelzung der beiden Geschlechtszellen von der männlichen Keimzelle nur der Zellkern übertragen wird.
Mitochondriale DNA hat eine höhere und konstantere Mutationsrate als die DNA des Zellkerns. Mutationen der mitochondrialen DNA können die Ursache für Erkrankungen sein.

Material 3: Verwandtschaftsbeziehungen einer Familie

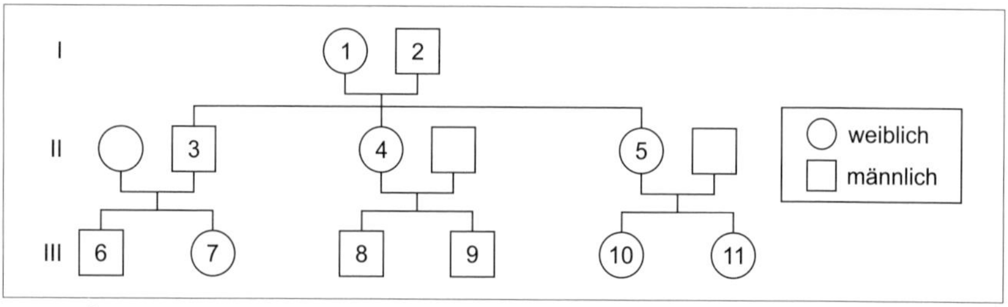

Abb. 2: Übersicht über die Nachkommen eines Elternpaares (1 und 2), ohne Kennzeichnung bestimmter Phänotypen

Weitere Materialgrundlagen:
Kunsch, Konrad (1997): Der Mensch in Zahlen. Gustav Fischer, Stuttgart. S. 16/17
https://www.scinexx.de/news/biowissen/forscher-ersetzen-mitochondrien-einer-menschlichen-eizelle

Lösungsvorschläge

1 *Hierbei handelt sich um eine Reproduktionsaufgabe des AFB I. Sie sollen Ihre im Unterricht erworbenen Kenntnisse bezüglich der chromosomalen Ausstattung menschlicher Körper- und Keimzellen fachsprachlich präzise wiedergeben. Die Aufgabenstellung erfordert keinen Bezug zu den Materialien.*

In den **Körperzellen** des Menschen liegt ein diploider Chromosomensatz vor. Insgesamt besitzt eine Körperzelle 46 Chromosomen, wobei 44 Autosomen (22 homologe Chromosomenpaare) und 2 Gonosomen (XX bei Frauen, XY bei Männern) vorhanden sind.

Die **Keimzellen** (Gameten) liegen haploid vor. Sie enthalten also keine homologen Chromosomenpaare. Keimzellen enthalten im Zellkern 22 Autosomen und ein Gonosom (X oder Y).

2 *Diese Aufgabe gehört dem AFB II an, da die von Ihnen geforderte Leistung darin besteht, Informationen aus Quellen gezielt zu gewinnen, um diese strukturiert zu vergleichen. Die hierzu relevanten Texte sind die Materialien 1 und 2. Zu beachten ist dabei, dass bei einem Vergleich sowohl Gemeinsamkeiten als auch Unterschiede dargestellt werden können. Als Darstellungsform eignet sich eine Tabelle. Die drei Kriterien, nach denen mitochondriale und autosomale nukleäre Erbinformationen zu vergleichen sind, sind durch die Aufgabenstellung vorgegeben.*

	Mitochondriale Erbinformation	**Nukleäre autosomale Erbinformation**
Vorkommen	– Mitochondrien – Mehrfach (bis zu 15 Kopien) pro Zelle	– Zellkerne von Körperzellen – Einmal pro Zelle
Bau	doppelsträngige DNA	
	– ringförmig – Länge von ca. 16 600 Basenpaaren	– Stränge (einzeln vorkommend bei einzelnen Chromatiden, am Centromer verbunden bei Zwei-Chromatid-Chromosomen) – variable Länge je nach Chromosom
Informationsgehalt	– 0,001 % des menschlichen Erbgutes – Vor allem Gene, die für die Enzyme der Atmungskette codieren	– 95 % des menschlichen Erbgutes – ca. 19 500 proteincodierende Gene

3 *Die Erklärung der jeweiligen Charakteristika eines autosomalen bzw. X-chromosomalen rezessiven Erbgangs ist dem AFB I zuzuordnen, da es einer Reproduktionsleistung von im Unterricht erworbenen Kenntnissen entspricht. Die Teilaufgabe der Anwendung dieser Kenntnisse auf den Stammbaum im Material 3 ist im AFB II anzusiedeln.*

Autosomal-rezessive Erbgänge:
Da es sich um einen autosomalen Erbgang handelt und sich die Geschlechter bezüglich der Autosomen nicht unterscheiden, tritt das Merkmal gleich häufig bei beiden Geschlechtern auf. Der Erbgang ist rezessiv, was impliziert, dass es nur im Fall der Homozygotie bezüglich dieses Allels in seiner rezessiven Variante (Genotyp aa) zur Merkmalsausprägung kommt. Einige Individuen können dadurch als Heterozygoten zwar merkmalsfrei sein, das rezessive Allel aber in sich tragen und dieses an die nächste Generation weitervererben (sogenannte Konduktoren), bei der es bei rezessiver Homozygotie wieder zur Merkmalsausprägung kommt. Somit sind oft nicht in jeder Generation Merkmalsträger zu finden und merkmalsfreie Eltern können Kinder bekommen, die Merkmalsträger sind.

X-chromosomal-rezessive Erbgänge:
Im Fall eines X-chromosomalen rezessiven Erbgangs ist ein deutlicher Unterschied im Vergleich zu einem autosomalen rezessiven Erbgang zu beobachten: Männer sind viel häufiger betroffen bzw. Merkmalsträger als Frauen. Grund dafür ist, dass bei Männern (XY) das Chromosom X nur einmal vorhanden ist. Befindet sich das für das Merkmal verantwortliche Allel auf dem X-Chromosom, wird es bei Männern immer exprimiert, da das Y-Chromosom kein passendes Allel dazu trägt, das die Expression unterdrücken könnte. Frauen sind hingegen nur bei Homozygotie Merkmalsträgerinnen. Bei Heterozygotie tragen Frauen das Allel, ohne dabei Merkmalsträgerinnen zu sein (Konduktoren).

Bei der Symbolsprache für gonosomale Erbgänge muss man besonders auf eine stringente Darstellung achten. Denn X steht eigentlich immer für das Gonosom, X (kursiv geschrieben) kann für das dominante Allel stehen, x^* dann für das rezessive Allel, das bei Homozygotie (x^*x^*) zur phänotypischen Ausprägung des Merkmals führt. Sie sollten bei der Symbolsprache nicht einfach X verwenden, da dieses auf das Gonosom als Ganzes verweist. Auch Buchstaben wie A oder B sind nicht ratsam, da diese meist auf einen autosomalen Erbgang bezogen werden.

Ermittlung der Phänotypen:
Geht man bei dem Stammbaum in Material 3 von einem X-chromosomalen rezessiven Erbgang aus und beachtet, dass Person 1 Merkmalsträgerin ist, muss diese Person bezüglich des hier betrachteten Allels homozygot rezessiv sein, ihr Genotyp ist also x^*x^*. Person 2 ist männlich und merkmalsfrei, genotypisch ist sie somit *X*–. Für Person 2 kann nur ein Allel angegeben werden, weil Männer nur ein X-Chromosom besitzen. Die zu betrachtende Generation II sind also die Kinder von Person 1 und Person 2.

- **Person 3:** Da die Person männlich ist und somit das X-Chromosom von der Mutter mit dem Genotypen x*x* stammt, muss Person 3 Merkmalsträger sein. Sein Genotyp bezüglich dieses Allels ist x*–. Ein rezessives Allel ist in diesem Fall für die Ausprägung des Merkmals hinreichend, da Person 3 als Mann kein zweites Allel besitzt, das die Expression der Gene auf dem x* unterdrücken könnte.
- **Person 4:** Da diese Person weiblich ist, erhält sie ein X-Chromosom vom Vater, der das Allel in der dominanten Form *X* besitzt. Das andere Allel stammt von der Mutter (Person 1), die den Genotypen x*x* hat. Somit ist der Genotyp von Person 4 *X*x*. Sie ist phänotypisch merkmalsfrei, da es nur bei Homozygotie zur Merkmalsausprägung kommt.
- **Person 5:** Hier liegt wie bei der Person 4 der Genotyp *X*x* vor.

4 *Diese Aufgabe ähnelt dem Anforderungsprofil der vorangegangenen Aufgabe. Sie weicht lediglich in dem Punkt ab, dass man hier einen mitochondrialen Erbgang auf den Stammbaum in Material 3 anwenden muss. Solche Anwendungsaufgaben sind dem AFB II zuzuordnen.*

Das Hauptmerkmal eines **mitochondrialen Erbgangs** besteht darin, dass die Vererbung mitochondrialer DNA ausschließlich durch die Eizelle der Mutter stattfindet (sogenannte maternale Vererbung). Die Mitochondrien eines Individuums stammen also von seiner Mutter, die sie wiederum von ihrer Mutter bekommen hat usw. Die Häufigkeit des Vorkommens bestimmter mitochondrialer Gene bzw. ihrer phänotypischen Expression ist bei beiden Geschlechtern gleich. Mitochondriale DNA wird nicht rekombiniert, Rekombination betrifft nur nukleäre DNA.

Anwendung auf den Stammbaum:
Alle Kinder der Generation II (Person 3, Person 4 und Person 5) sind Träger der Erbinformation für die in der Aufgabe genannte mitochondrial vererbte Krankheit, weil alle drei ihre Mitochondrien von ihrer Mutter (Person 1) erhalten haben. In der Generation 3 sind die Kinder von Person 4 und Person 5 Merkmalsträger: Person 8, Person 9, Person 10, Person 11. Person 6 und Person 7 sind wahrscheinlich keine Merkmalsträger, es sei denn, ihre Mutter wäre auch Merkmalsträgerin. Über diese Person liegen jedoch keine Informationen vor.

5 *Diese Aufgabe erfordert eine auf der Grundlage von Kenntnissen sachgerechte Bewertung der Bedeutsamkeit von Untersuchungen mitochondrialer Erbinformation für die Erforschung der menschlichen Abstammung und ist somit dem AFB III zuzuordnen.*

Für phylogenetische Rekonstruktionen hat die **mitochondriale DNA** gegenüber der nukleären Erbinformation deutliche Vorzüge, weshalb ihre Untersuchung in diesem Zusammenhang von großer Bedeutung ist. Diese Vorzüge beruhen darauf, dass die mitochondriale DNA eine höhere und konstantere Mutationsrate aufweist. Durch die Mutationen lassen sich Trennungen von Teilpopulationen und die damit verbundenen evolutiven Prozesse genauer rekonstruieren. Bildhaft könnte man sich die mitochondriale DNA als eine Uhr vorstellen, die viel genauer als die nukleäre Erbinformation ist. Diese Genauigkeit ist auf die höhere und konstantere Mutationsrate zurückzuführen. Durch die höhere Mutationsrate lassen sich auch kleinere Zeiträume anhand von Mutationen erkennen. Dadurch, dass die Mutationsrate konstant ist, besteht eine gewisse Proportionalität zwischen Anzahl der Mutationen und vergangener Zeit, somit sind relative Datierungen der Abspaltungsprozesse möglich. Die Mutationen der mitochondrialen Erbinformationen etablieren sich zahlreicher und schneller im Genpool als im Fall der nukleären DNA, weil die Vererbung mitochondrialer DNA nur durch die Mutter erfolgt, wodurch keine väterlichen Allele vorhanden sind, welche die Ausprägung des für die jeweilige Mutation verantwortlichen Allels unterdrücken könnten.
Bei einer Extraktion der Erbinformation aus Fossilien bietet die mitochondriale DNA den zusätzlichen Vorteil, dass sie pro Zelle mehrfach vorhanden ist, während jede Zelle nur einen Zellkern besitzt. Es kann also besser und mehr mitochondriale DNA gewonnen werden, die analysiert werden kann.

Grundkurs Biologie (Berlin): Abituraufgaben 2020
Aufgabe B: Ökologie und Nachhaltigkeit

Thema: Schmetterlinge im Aufwind

In Großbritannien war der Kleine Sonnenröschen-Bläuling bis in die 1980er Jahre nur selten zu finden, die Bestände galten als rückläufig. In den 1990er Jahren beobachteten Schmetterlingsfreunde dann eine deutliche Zunahme der Bläulinge. Es wird diskutiert, ob der Klimawandel dafür verantwortlich ist.

Abb. 1: Kleiner Sonnenröschen-Bläuling
Quelle: Rosenzweig/Wikipedia, CC BY-SA 3.0

Aufgaben

1 Definieren Sie den Begriff der ökologischen Nische.
Beschreiben Sie die ökologische Nische des Kleinen Sonnenröschen-Bläulings in seinen verschiedenen Entwicklungsstadien. 12

2 Beschreiben Sie die Entwicklung der Befallsdichte der Pflanzen durch die Schmetterlingsraupen getrennt nach Wirtspflanzen. 6

3 Erklären Sie die zunehmende Ausbreitung des Sonnenröschen-Bläulings in Großbritannien zwischen 1970 und 2009 mit Hilfe des Materials 2. 12

4 Stellen Sie die Ergebnisse der Untersuchung zur Bedrohung der Raupen graphisch dar.
Erklären Sie am Beispiel den Begriff Parasitismus und den unterschiedlichen Parasitierungsgrad an den beiden Standorten. 14

5 Diskutieren Sie, ob der Kleine Sonnenröschen-Bläuling von der Roten Liste der gefährdeten Arten gestrichen werden kann. 6

Material 1: Merkmale und Lebenszyklus des Kleinen Sonnenröschen-Bläulings

Die Kleinen Sonnenröschen-Bläulinge *(Aricia agestis)* zählen zur Familie der Bläulinge, einer Gruppe von tagaktiven Schmetterlingen. Sie erreichen eine Flügelspannweite von 22 bis 27 mm. Sie haben dunkelbraune Flügeloberseiten, wobei sowohl auf den Vorder- als auch auf den Hinterflügeln deutlich orangefarbene Randflecken sichtbar sind.

Kleine Sonnenröschen-Bläulinge fliegen jährlich in zwei Generationen von Mai bis Juni und von Juli bis September, im Norden und in kälteren Regionen nur in einer von Juni bis Juli. Während der Schmetterling bei der Suche nach Nektar nicht wählerisch ist, ernähren sich die Raupen in erster Linie vom Gelben Sonnenröschen. Die Weibchen legen ihre Eier einzeln auf die Blüten oder Stängel der Futterpflanzen. Die jungen Raupen ernähren sich nur vom unteren Teil der Blätter, die größeren Raupen fressen sie vollständig. Die Art überwintert im Raupenstadium.

Quelle: Kleiner Sonnenröschen-Bläuling (Aricia agestis), Deutschlands Natur, https://www.deutschlands-natur.de/tierarten/tagfalter/kleiner-sonnenroeschen-blaeuling/

Material 2: Verbreitungsgebiete des Kleinen Sonnenröschen-Bläulings

Die Art kommt häufig im Mittelmeerraum vor. In Mitteleuropa ist sie eher selten. Die Tiere bevorzugen warme, sonnige und trockene Gebiete, wie z. B. Trockenrasen, nährstoffarme Brachflächen und ähnliche Biotope. In Großbritannien war der Kleine Sonnenröschen-Bläuling noch in den 1980er-Jahren nur selten zu finden, die Bestände galten außerdem als rückläufig. In den 1990er-Jahren beobachteten Schmetterlingsfreunde dann eine deutliche Zunahme der Bläulinge. Die Schmetterlinge nutzten früher fast ausschließlich das Gelbe Sonnenröschen, das bevorzugt an sonnigen Südhängen wächst, zur Ablage ihrer Eier.

eigene Zusammenstellung nach: https ://de.wikipedia.org/wiki/Kleiner_Sonnenr%C3%B6schen-Bl%C3%A4uling

Auffällig ist, dass die Bläulinge nun zusätzlich in Gegenden leben, in denen die ursprüngliche Hauptwirtspflanze gar nicht vorkommt. Die Schmetterlinge legen ihre Eier dort vermehrt auf Storchschnabelgewächsen ab, vor allem auf dem Weichen Storchenschnabel. Diese Art ist weiter verbreitet als das Gelbe Sonnenröschen (siehe Abbildung 3). Die durchschnittlichen Sommertemperaturen sind in Großbritannien deutlich gestiegen: Zwischen 1990 und 2009 lagen sie um 0,78 °C über dem Durchschnitt der Jahre von 1800 bis 1989.

Fachleute gehen häufig davon aus, dass die Anpassung an den Klimawandel besonders für Arten schwer ist, die für ihre Vermehrung auf andere Lebewesen angewiesen sind. Diese Studie zeigt, dass auch das Gegenteil der Fall sein könnte.

Quelle: Einst gefährdeter Schmetterling profitiert vom Klimawandel, DPA vom 25. 05. 2012, https://www.welt.de/newsticker/dpa_nt/infoline_nt/wissenschaft_nt/article106375425/Einst-gefaehrdeter-Schmetterling-profitiert-vom-Klimawandel.html

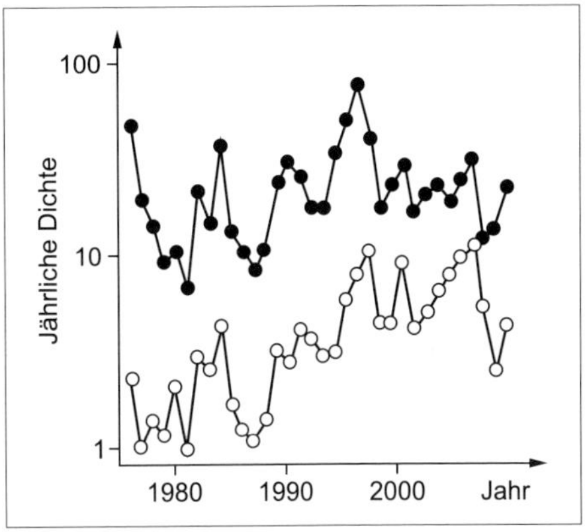

Abb. 2: Anzahl der Raupen des Kleinen Sonnenröschen-Bläulings pro Pflanze auf dem Gelben Sonnenröschen (schwarz) und dem Weichen Storchschnabel (weiß)

Quelle: Wolfgang Klemmstein: Die Ausbreitung des Kleinen Sonnenröschen-Bläulings, UB 417, Friedrich-Verlag, 2016

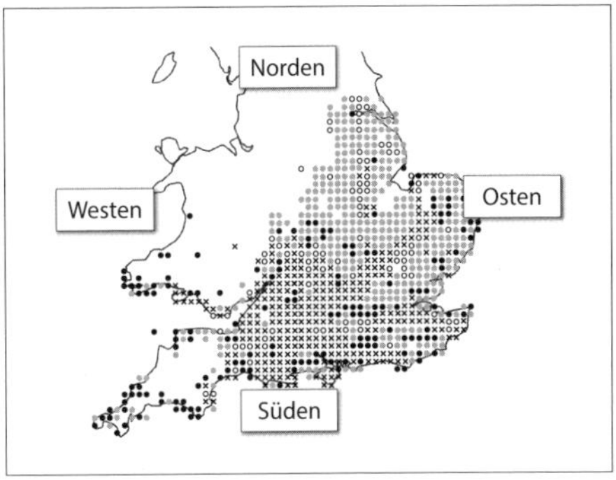

Abb. 3: Verbreitungskarte der Wirtspflanzen des Kleinen Sonnenröschen-Bläulings in Großbritannien. Kreuzchen 1970–1987, Gelbes Sonnenröschen vorhanden; schwarzer Punkt 1970–1987, nur Weicher Storchschnabel vorhanden; weißer Punkt 1988–2009, Gelbes Sonnenröschen vorhanden; grauer Punkt 1988–2009, nur Weicher Storchschnabel vorhanden

Quelle: Wolfgang Klemmstein: Die Ausbreitung des Kleinen Sonnenröschen-Bläulings, UB 417, Friedrich-Verlag, 2016

Material 3: Bedrohung der Raupen des Kleinen Sonnenröschen-Bläulings

Die Raupen des Schmetterlings werden von verschiedenen Parasiten befallen. Dazu zählen in erster Linie Schlupfwespen, die ihre Eier in der Raupe ablegen. Dort entwickeln sich die Larven der Wespen und töten am Ende ihrer Entwicklung den Wirt. Bezüglich des Befalls mit Schlupfwespen wurden zwei Standorte untersucht: ein Gebiet, an dem der Schmetterling schon immer vorkam (Aston Rowant) und ein Areal innerhalb des neuen Verbreitungsgebiets (Kirkby-on-Bain). An diesen beiden Standorten wurden Raupen in ausreichender Zahl in vier aufeinanderfolgenden Generationen gesammelt, anschließend wurde der Parasitierungsgrad bestimmt. Dieser gibt die Höhe des Anteils der von Parasiten befallen Raupen an.

Ort	Parasitierungsgrad [%] zum Zeitpunkt der Untersuchung			
	2. Generation 2002	1. Generation 2003	2. Generation 2003	1. Generation 2004
Aston Rowant	68	75	71	67
Kirkby-on-Bain	32	25	30	37

Tab. 1: Parasitierungsgrad der Raupen des Kleinen Sonnenröschen-Bläulings in vier aufeinanderfolgenden Generationen am gleichen Standort, oben: ursprüngliches Verbreitungsgebiet (Aston Rowant), unten: neu besiedelte Areale (Kirkby-on-Bain)

eigene Zusammenstellung nach: Rosa Menedez: Escape from natural enemies during climate-driven range expansion: a case study 2008

Material 4: Gewinner der Klimaerwärmung?

Ein erheblicher Teil aller Schmetterlingsarten ist wärmeliebend; deshalb liegt die Annahme nahe, dass sie von der Klimaerwärmung profitieren. Andererseits stehen 58 % der Großschmetterlinge z. B. in Niedersachsen auf der Roten Liste der gefährdeten Arten und auch bei den noch nicht bedrohten Arten nehmen die Vorkommen zum Teil deutlich ab, weil negative Faktoren (vor allem Überdüngung, Luftverschmutzung, Insektenvernichtungsmittel und Nutzungsintensivierung) auf den Bestand überwiegen.

Quelle: Beispiele gefährdeter Schmetterlinge in der Region Hannover, BUND Region Hannover, http://region-hannover.bund.net/themen_und_projekte/schmetterlinge/gefaehrdete_schmetterlinge/

Lösungsvorschläge

1 *Diese Aufgabe verlangt zunächst einmal, dass Sie unter Rückgriff auf im Unterricht erworbenes Fachwissen eine angemessene Definition der ökologischen Nische anführen. Anschließend sollen Sie Material 1 bis 3 (alle enthalten wichtige Informationen) erschließen und alle dort angeführten Umweltfaktoren (abiotisch wie biotisch) nennen, die für den Kleinen Sonnenröschen-Bläuling von Bedeutung sind. Da es sich dabei einerseits um die Wiedergabe von Wissen, andererseits um die Herausarbeitung von im Text genannten Informationen handelt, gehört diese Aufgabe zum AFB I. Achten Sie dabei darauf, dass alle Entwicklungsstadien des Kleinen Sonnenröschen-Bläulings abgedeckt werden sollen.*

Definition: Die ökologische Nische einer Art umfasst die Gesamtheit aller biotischen (belebten) und abiotischen (unbelebten) Umweltfaktoren im Ökosystem, die mit der jeweiligen Art in einer Wechselbeziehung stehen (biotische Faktoren) bzw. die auf die Art einwirken und diese dann in spezifischer Weise auf die Faktoren reagieren muss (abiotische Faktoren).

Die Definition mag etwas komplex klingen. Häufig findet man die ökologische Nische auch verkürzt definiert als Gesamtheit der Beziehungen einer Art und ihrer Umwelt. Da der Begriff Beziehung jedoch eine Wechselseitigkeit beinhaltet, ist diese Definition für abiotische Faktoren nicht optimal (denn diese stehen in keiner Beziehung zu einer Art; sie sind lediglich vorhanden und die Art muss auf ihr Vorhandensein oder Fehlen angemessen reagieren).

Die ökologische Nische des Kleinen Sonnenröschen-Bläulings umfasst als **biotische Faktoren** verschiedene Futterpflanzen (trophische Beziehung). So ernährt sich der adulte Schmetterling (Imago) von verschiedenen nektarproduzierenden Pflanzen. Die Raupen (Larvenstadium) ernähren sich hauptsächlich vom Gelben Sonnenröschen (Material 1), alternativ immer mehr auch von dem Weichen Storchschnabel (Material 2). Eine weitere Wechselbeziehung besteht zu den Schlupfwespen, die die Raupen parasitieren (Material 3).

Als **abiotischer Faktor** ist vor allem die Temperatur wichtig. Der Kleine Sonnenröschen-Bläuling bevorzugt warme, sonnige und trockene Gebiete (Material 2).

2 *Da bei dieser Aufgabe eine unbekannte Informationsquelle (Diagramm in Abbildung 2) erfasst und beschrieben werden muss, ist diese Aufgabe dem AFB II zuzuordnen. Die Aufgabenstellung bezieht sich eindeutig nur auf die Beschreibung des Diagramms hinsichtlich der Entwicklung der Befallsdichte. Eine Erläuterung des Aufbaus des Diagramms (Achsenbeschriftung, Einheiten etc.) sowie eine tiefergehende Interpretation oder Analyse der Daten sind nicht gefordert.*

Wie das Diagramm zeigt, schwankt die Anzahl der **Raupen auf dem Gelben Sonnenröschen** innerhalb des dokumentierten Zeitraumes stark und unregelmäßig (der größte Ausreißer nach oben findet sich Mitte der 1990er-Jahre). Der Durchschnittswert bleibt jedoch ungefähr gleich und es ist keine klare Tendenz erkennbar. Somit ist von einer annähernd konstanten Anzahl der Raupen im Mittelwert auszugehen.

Im Gegensatz dazu zeigt die im Diagramm dokumentierte Anzahl der **Raupen auf dem Weichen Storchschnabel** eine deutliche Tendenz nach oben, weil über den angegebenen Zeitraum eine Steigung erkennbar ist. Besonders von den 1990er-Jahren bis Mitte der 2000er-Jahre ist ein deutlicher Anstieg der Anzahl der Raupen zu verzeichnen.

3 *Bei dieser Aufgabe sind Informationen aus Material 2 und hier besonders aus Abbildung 3 gezielt auszuwerten und dann in strukturierter Weise mit Bezug zur Aufgabenstellung darzustellen. Wichtig ist, dass Sie aus der Darstellung der Verbreitung der Wirtspflanzen auf die Verbreitung des Kleinen Sonnenröschen-Bläulings schließen, da dieser auf die Pflanzen als Nahrungsquelle angewiesen ist.*

Wie der Abbildung zu entnehmen ist, war das Gelbe Sonnenröschen in den Jahren von 1970 bis 1987 hauptsächlich im Süden, teilweise im Osten und vereinzelt im

Norden zu finden. Im Zeitraum von 1988 bis 2009 nahm die Verbreitung der Pflanze im Norden und Osten jeweils zu. Da es sich hierbei um die bevorzugte Wirtspflanze für die Raupen handelt, ist so die Verbreitung des Kleinen Sonnenröschen-Bläulings zu erklären, der in der Folge der Erwärmung in den Jahren zwischen 1990 und 2009 sein Verbreitungsgebiet vergrößern konnte. Entscheidend für die Verbreitung ist auch die starke Ausdehnung der Population des Weichen Storchschnabels im Osten nach 1988. Durch die vermehrte Nutzung dieser zusätzlichen Wirtspflanze (dies wird besonders in Abbildung 2 deutlich) konnte sich der Kleine Sonnenröschen-Bläuling ebenfalls verbreiten, da er nicht mehr auf die Standorte des Gelben Sonnenröschens beschränkt war, sondern eine gute Alternative gefunden hatte. Die Ausbreitung des Kleinen Sonnenröschen-Bläulings ist somit eng in Beziehung zu setzen zur Verbreitung der beiden Wirtspflanzen sowie dem Anstieg der Temperatur.

4 *Zunächst sollen Sie Datensätze in tabellarischer Form (Material 3) in ein Diagramm umwandeln. Wichtig bei der Erstellung einer graphischen Darstellung sind die saubere Anfertigung mithilfe eines Lineals und die korrekte und gleichmäßige Einteilung der Einheiten sowie die Beschriftung der Achsen. Auch die Wahl des Diagramms ist entscheidend und richtet sich nach den darzustellenden Datensätzen. Da hier Werte eines Befundes (Parasitenbefall) an zwei unterschiedlichen Orten verglichen werden, bietet sich ein Säulen- oder Balkendiagramm an. An der x-Achse lassen sich dann jeweils vier Datensätze (Messung des Parasitierungsgrades in vier Zeiträumen) mit je zwei Säulen für die Orte darstellen. Die y-Achse sollte dann den Parasitierungsgrad in Prozent anzeigen. Mittels des im Unterricht erworbenen Fachwissens können Sie eine Definition für Parasitismus angeben und diese dann konkret auf den vorliegenden Fall anwenden. Abschließend sollen Sie eine Erklärung für den Befund notieren. Da es sich dabei um mögliche Erklärungen handelt, sollten Sie bei der Antwort im Konjunktiv formulieren.*

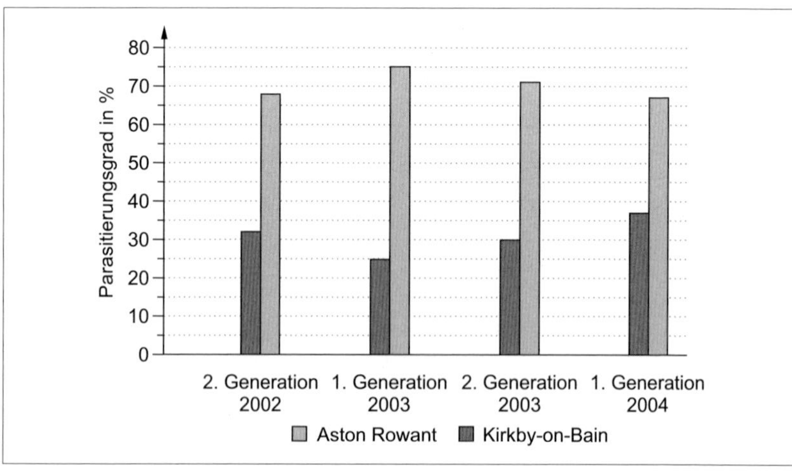

Parasitismus ist definiert als Wechselbeziehung zwischen zwei verschiedenen Arten bei enger Nähe, bei der eine Art die andere schädigt und daraus einen Vorteil (meist Nahrung oder Reproduktion) zieht. Die vom Parasiten befallene Art wird dabei als Wirt bezeichnet. In diesem Fall ist die Schlupfwespe die parasitierende Art, der Schmetterling ist der Wirt. Die Schlupfwespe hat den Vorteil, dass sie durch die Ablage der Eier in die Raupen ihren Reproduktionserfolg maximiert (sie finden sofort Nahrung nach dem Schlupf); der Nachteil für den Schmetterling ist eine Dezimierung der Population durch die parasitierten Raupen.

Wie den Daten zu entnehmen ist, ist der Parasitierungsgrad der Raupen an dem neu besiedelten Standort (Kirkby-on-Bain) deutlich niedriger als am alten Standort (Aston Rowant).
Für den geringeren Befall mit Schlupfwespen in dem neuen Gebiet sind mehrere Erklärungen denkbar: Zum einen wäre es möglich, dass die Schlupfwespen in dem neu besiedelten Gebiet mit anderen Umweltfaktoren (z. B. abiotisch: Temperatur, biotisch: Konkurrenz, Fressfeinde) konfrontiert werden, an die sie schlechter angepasst sind. Somit werden sie in ihrer Population dezimiert und können die Schmetterlinge nicht mehr so häufig parasitieren. Zum anderen ist denkbar, dass sich bestimmte Schlupfwespenarten bereits an dem neuen Standort aufgehalten haben und dort eine ökologische Nische besetzten, in der andere Schmetterlingsarten parasitiert werden. Damit wären sie auf diese Arten hochspezialisiert. Der Kleine Sonnenröschen-Bläuling, der das Gebiet neu besiedelt, ist in dem Wirtsspektrum der Schlupfwespen nicht vertreten und wird somit nur ‚gelegentlich' parasitiert.

5 *Hierfür müssen die Informationen aus Material 4 ausgewertet werden. Der Operator „diskutieren" verlangt eine begründete Darstellung von Pro- und Contra-Argumenten und eine abschließende eigene Stellungnahme in Form eines knappen Fazits, das die Argumente gegeneinander abwägt. Achten Sie bei dieser für den AFB III Bereich typischen Aufgabe besonders auf eine strukturierte und kritische Darstellung Ihrer Überlegungen.*

Pro: Für eine weitere Dokumentation der Bestände in der Roten Liste spricht die negative Beeinträchtigung der Populationen durch Faktoren wie intensive Landwirtschaft, Insektizide, Überdüngung und Luftverschmutzung. Der bevorzugte Lebensraum des Kleinen Sonnenröschen-Bläulings, wie nährstoffarme Brachflächen (ungenutzte Landfläche), wird zudem durch Nutzung des Menschen immer seltener.

Contra: Dagegen spricht jedoch die deutliche Ausdehnung des Verbreitungsgebietes des Kleinen Sonnenröschen-Bläulings sowie die zunehmende Klimaerwärmung, die eine weitere Verbreitung noch fördern könnte. Beide Faktoren könnten für einen Rückgang der Gefährdung sorgen.

Fazit: Auch wenn es Argumente gibt, die für eine Erholung der Population sprechen, bleibt die positive Entwicklung zunächst abzuwarten; daher sollte der Kleine Sonnenröschen-Bläuling weiterhin in der Roten Liste erfasst werden.

Thema: Evolution der Schlangen

Forschungen unter Leitung der Evolutionsbiologin HONGYU YI könnten eine der interessantesten Fragestellungen zur Evolution der Schlangen beantworten: Die Frage, unter welchen Umweltbedingungen der charakteristische Körperbau der Schlangen entstanden ist.

Aufgaben

1 Formulieren Sie eine Definition für rudimentäre Organe und geben Sie drei Beispiele an.
Erklären Sie die Entstehung von rudimentären Organen mithilfe der synthetischen Evolutionstheorie. 17

2 Ordnen Sie die im Material vorgestellten fossilen Schlangen zu einer Regressionsreihe. Belegen Sie die Reihenfolge mithilfe der Materialien. 8

3 Erklären Sie den Begriff Übergangsform.
Belegen Sie die Einordnung von *Tetrapodophis amplectus* als Übergangsform zwischen Echsen und Schlangen anhand von je zwei Merkmalen. 7

4 Stellen Sie den Prozess der Artbildung bei der Blindschleiche mithilfe eines Fließschemas dar. Beurteilen Sie den Wert von molekulargenetischen Untersuchungen für die Einordnung von *A. f. fragilis* und *A. f. colchica* als Unterarten oder als Arten. 13

5 Prüfen Sie die Hypothese, dass der typische Körperbau von Schlangen in Anpassung an eine unterirdische Lebensweise entstanden ist. 5

Material 1: Fossile Schlangen

Fossile Schlangen liefern wichtige Erkenntnisse zur Evolution der Schlangen aus echsenartigen Vorfahren. *Najash rionegrina*, eine landlebende Schlange, die vor ca. 92 Mio. Jahren lebte, besaß ein paar winzige Hinterbeine. Sie bestanden aus Ober- und Unterschenkel, die Füße fehlten. Diese Beine konnten das Gewicht des Körpers nicht tragen, sie dienten vermutlich als Klammerorgane bei der Paarung. *Dinilysia patagonica*, eine etwa 85 Mio. Jahre alte landlebende fossile Schlange, besaß keine Extremitäten und ist damit die älteste Schlange, welche den typischen Körperbau von heutigen Schlangen aufweist. Röntgenaufnahmen vom Schädel zeigen, dass bei dieser Art der Vorhof des Innenohres stark vergrößert ist.
Pachyrhachis, eine marine Schlange, welche vor ca. 100 Mio. Jahren lebte, besaß nahezu vollständige Hinterextremitäten, denen lediglich die Zehen fehlten. Im Jahr 2015 wurde in Brasilien das ca. 120 Mio. Jahre alte Skelett von *Tetrapodophis amplectus* entdeckt, welches vollständige Hinter- und Vordergliedmaßen besaß. Die Wirbelsäule bestand aus über 200 Wirbeln, ca. 100 Wirbel gehörten zum Schwanz. Die Zähne von *Tetrapodophis amplectus* waren hakenförmig.

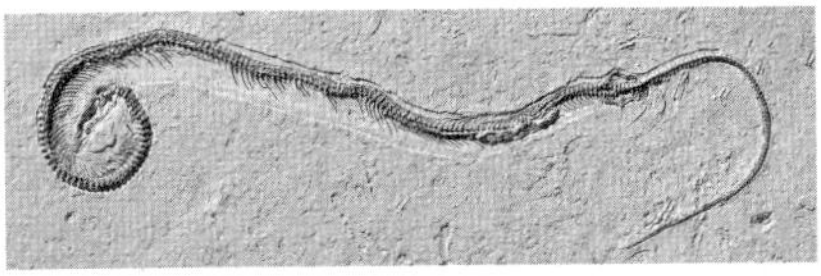

Abb. 1: Skelett von *Tetradophis amplectus*
© Helmut Tischlinger

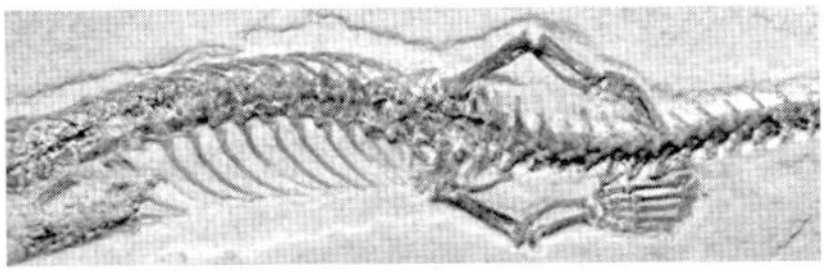

Abb. 2: Skelett von *Tetradophis amplectus*, Hintergliedmaßen
Quelle: https://scitechdaily.com/scientists-discover-four-legged-snake-fossil/

Material 2: Echsen

Die Echsen gehören zur Ordnung der Schuppenkriechtiere. Sie haben meist vier gut entwickelte Gliedmaßen. Bei einigen Arten, wie z. B. der Blindschleiche sind die Gliedmaßen zurückgebildet. Es ist jedoch immer zumindest der Rest eines Becken- und eines Schultergürtels vorhanden. Eine typische Echse besitzt 65 Wirbel. Echsen besitzen einen relativ langen Schwanz, dessen Länge bis zu 50 % der Gesamt-Körperlänge betragen kann. Bei vielen Arten kann der Schwanz an vorgebildeten Stellen abgeworfen und später regeneriert werden. Der Kiefer ist mit geraden spitzen Zähnen bestückt.

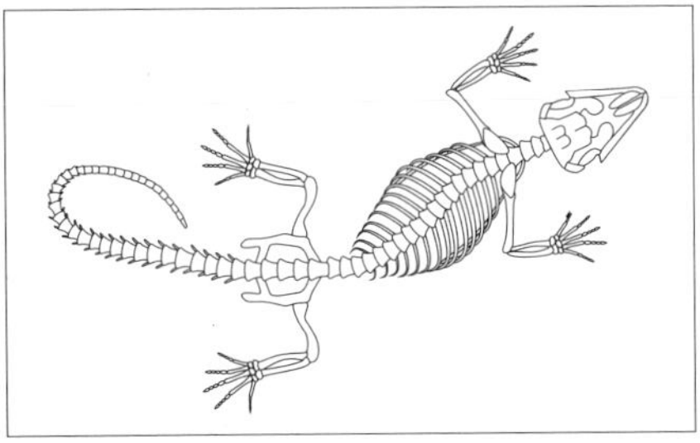

Abb. 3: Skelett einer Zauneidechse

Material 3: Schlangen

Schlangen zählen ebenfalls zur Ordnung der Schuppenkriechtiere. Sie besitzen einen langgestreckten Körper ohne Gliedmaßen. Die Wirbelsäule besteht aus 200 bis 400 Wirbeln, von denen fast alle Wirbel, mit Ausnahme der ersten drei Halswirbel und der Schwanzwirbel, Rippen tragen. Der Schwanz ist relativ kurz. Das Gebiss ist mit spitzen hakenförmigen Zähnen ausgestattet.

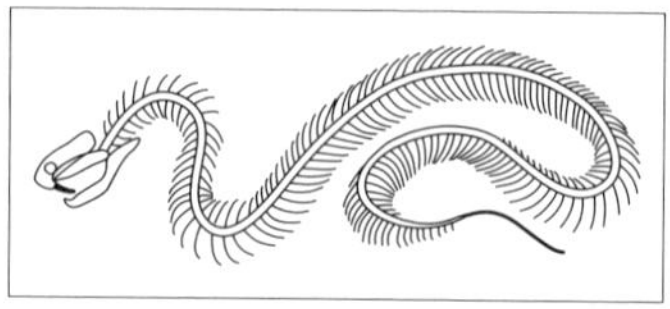

Abb. 4: Skelett einer Kreuzotter

Material 4: Blindschleiche

Die Blindschleiche *Anguis fragilis* ist ein bis zu 50 cm langer Vertreter der Echsen. Der Schwanz kann leicht abbrechen und wächst als kurzer stumpfer Kegel nach. Während der Embryonalentwicklung werden noch Beinansätze ausgebildet. Beim erwachsenen Tier existieren lediglich noch winzige Reste des Becken- und Schultergürtels. Das Verbreitungsgebiet der Blindschleiche erstreckt sich von Spanien bis nach Russland. Infolge der letzten Eiszeit existieren zwei Unterarten: eine östliche Unterart, *Anguis fragilis colchica* und eine westliche Unterart, *Anguis fragilis fragilis*. Zwischen den Verbreitungsgebieten der beiden Unterarten gibt es eine relativ breite Übergangszone, in der beide Unterarten gemeinsam vorkommen. Sie reicht von Finnland im Norden bis nach Mazedonien im Süden. Moderne molekulargenetische Untersuchungen weisen darauf hin, dass es sich bei *Anguis fragilis fragilis* und *Anguis fragilis colchica* um getrennte Arten handeln könnte.

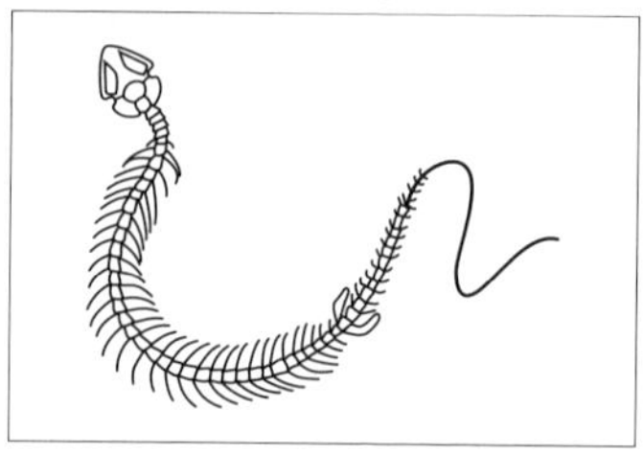

Abb. 5: Skelett einer Blindschleiche

Illustrator: Steffen Jähde, Aus: Erwin Graf, Reptilien – Lernen an Stationen im Biologieunterricht © Auer Verlag – AAP Lehrerwelt GmbH

Material 5: Blindschlangen

Blindschlangen sind eine Familie der Schlangen. Alle Vertreter dieser Familie leben unterirdisch. Sie besitzen einen wurmförmigen Körper mit abgestumpftem Kopf und zurückgebildeten Augen. Viele Arten graben Tunnel in die Erde und schieben dazu ihren mit einem Kopfschild verstärkten Kopf in die weiche Erde. Sie ernähren sich von im Boden lebenden Insekten, wie Ameisen und Termiten. Als Angepasstheit an die unterirdische Lebensweise ist bei allen Blindschlangen der Vorhof des Innenohrs stark vergrößert. Dadurch können unter der Erde tiefe Frequenzen besser wahrgenommen werden. Bei oberirdisch lebenden Schlangen und bei Seeschlangen ist der Vorhof des Innenohres sehr klein.

Abb. 6: Mexikanische Schlankblindschlange

Weitere Materialgrundlage:
Hongyu, Yi: Wie die Schlangen gleiten lernten. In: Spektrum der Wissenschaft, Juni 2018, S. 38–44

Lösungsvorschläge

1 *Da es sich bei dieser Aufgabe um eine reine Reproduktionsaufgabe handelt, bei der Sie auf erworbene Fachkenntnisse zurückgreifen und diese strukturiert darstellen müssen, ist diese Aufgabe dem AFB I zuzuordnen. Ein Bezug zum Material ist nicht notwendig. Die Anwendung der synthetischen Evolutionstheorie zur Erklärung der Entstehung von rudimentären Organen entspricht anteilig dem AFB II.*

Definition:
Unter rudimentären Organen versteht man Organe, die im Laufe der Evolution zurückgebildet wurden und ihre ursprüngliche Funktion verloren haben (bisweilen kann auch ein Funktionswechsel stattfinden). Durch ihr Vorhandensein geben sie immer noch Aufschluss über die stammesgeschichtliche Entwicklung einer Gattung oder Art.

Beispiele:
- Becken im Rumpf des Wals (Rudiment des Ansatzes für die Hinterextremitäten)
- Steißbein des Menschen (Rudiment der Schwanzwirbelsäule)
- Reste der Hinterextremitäten bei Schlangen (hier allerdings vermutlich mit Funktionswechsel: Klammern bei der Paarung)

Erklärung der Entstehung:
Durch den Wechsel der Lebensweise oder des Biotops sowie generelle Veränderungen der Umweltbedingungen kommt es zur Veränderung der Umwelt und damit auch zur Veränderung der Selektionsfaktoren. Mutationen und Rekombination des genetischen Materials führen zu einer erhöhten phänotypischen Variabilität innerhalb der Population. Individuen, die eine reduzierte Form eines bestimmten Organs aufweisen, das in der neuen Umgebung oder aufgrund veränderter Lebensweise nicht mehr von gravierender Bedeutung ist (keinen Selektionsvorteil mit sich bringt), haben einen Selektionsvorteil, da sie sowohl Baustoffe einsparen als auch Energie. Denn reduzierte Organe müssen weniger intensiv mit Nährstoffen versorgt werden. Dadurch erhöht sich der Reproduktionserfolg einer Variante und der Anteil an Individuen mit diesem rudimentären Organ in der Population wächst.

2 *Bei dieser Aufgabe sollen Sie die Informationsquelle in Material 1 auswerten und daraus eine Regressionsreihe für die fossilen Schlangen ableiten. Zur Erinnerung: Der Begriff Regressionsreihe ist ein Fachbegriff der vergleichenden Morphologie und soll die stetige Rückentwicklung homologer Organe innerhalb der stammesgeschichtlichen Entwicklung aufzeigen. Sie sollten daher die schrittweise Rückbildung deutlich machen (hier: in Klammern). Beachten Sie bei der Erstellung der Regressionsreihe, dass die Angaben zum Alter der Schlangen in dem Informationstext (Material 1) ein entscheidender Hinweis für deren zeitliche Abfolge in der stammesgeschichtlichen Entwicklung sind.*

Tetrapodophis amplectus besitzt vollständige Vorder- und Hinterextremitäten.

↓

Bei der Gattung *Pachyrhachis* sind die Hinterextremitäten noch vorhanden; Zehen fehlen jedoch. (Reduktion der Vorderextremitäten)

↓

Najash rionegrina weist enorm reduzierte Hintergliedmaßen auf; Füße fehlen. (Reduktion der Hinterextremitäten)

↓

Die Art *Dinilysia patagonica* weist keine Extremitäten mehr auf.
(Morphologie typischer Schlangenarten)

3 *Zur Lösung der Aufgabe sollen Sie eine von Ihnen gelernte Definition für Übergangsformen (häufig auch als Brückentiere oder Mosaikformen bezeichnet) in der Evolutionsbiologie nennen. Anschließend sollen Sie belegen, welche Merkmale bei der Art Tetrapodophis amplectus aus den jeweiligen systematischen Gruppen (Echsen, Schlangen) stammen und in dieser Art zusammen auftreten. Hierbei ist es wichtig, zunächst Informationen aus den Textquellen (Material 1, 2 und 3) zu gewinnen und diese dann übersichtlich darzustellen (es eignet sich eine Tabelle).*

Als **Übergangsformen** werden rezente oder fossile Lebewesen bezeichnet, die Merkmale zweier unterschiedlicher systematischer Gruppen aufweisen. Man kann Übergangsformen somit als Bindeglieder zwischen zwei stammesgeschichtlich eng verwandten Organismengruppen betrachten. Sie werden als Beleg für die Verwandtschaft der zwei systematischen Gruppen betrachtet und weisen somit auf gemeinsame Vorfahren hin.

Tetrapodophis amplectus kann als Übergangsform zwischen den Echsen und Schlangen angesehen werden. Folgende Merkmale sind dabei wichtig:

Merkmale der Echsen	**Merkmale der Schlangen**
vollständige Vorder- und Hinterextremitäten	200 Wirbel (typisch für Schlangen; typisch für Echsen wären 65 Wirbel)
langer Schwanz mit ca.100 Wirbeln	gebogene, hakenförmige Zähne

4 *Da Sie das im Unterricht erworbene Wissen um Artbildungsprozesse in neuem Kontext anwenden und Aussagen im Text sachgerecht auswerten müssen, gehört diese Aufgabe zum AFB II. Material 4 beinhaltet zur Lösung der Aufgabe jedoch nur wenige Informationen. Sie sollten sich daher auf die im Text erwähnte Eiszeit als Ursache konzentrieren („Infolge der letzten Eiszeit …“) und daraus eine (hypothetische) allopatrische Artbildung der beiden Unterarten von Anguis fragilis ableiten.*

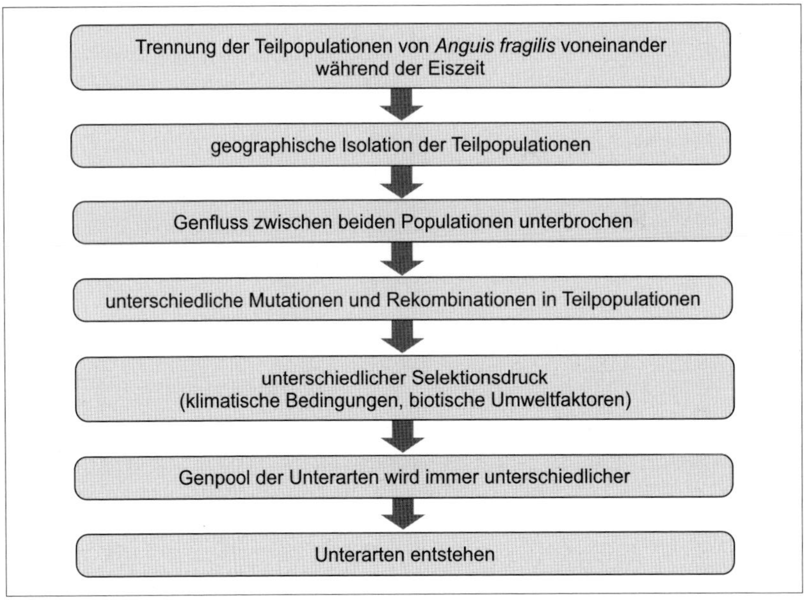

Molekulargenetische Untersuchungen können nicht ausschließlich zur Beantwortung der Frage herangezogen werden, ob es sich bei *Anguis fragilis fragilis* und *Anguis fragilis colchica* um eigene Arten (Spezies) oder Unterarten (Subspezies) handelt. Nach dem biologischen Artkonzept zeichnen sich Arten durch erfolgreiche Reproduktion fertiler (fruchtbarer) Nachkommen aus. Es versteht Unterarten als geographische Vertreter innerhalb einer Art. Diesen Aspekt kann eine molekulargenetische Untersuchung nicht prüfen.

5 *Die Aufgabenstellung fordert hier eine kritische Prüfung der Schlüssigkeit einer vorgegebenen Hypothese. Es könnten aus dem Materialteil Informationen für oder gegen die Hypothese herausgearbeitet werden. Diese sollten Sie dann zur Widerlegung oder Bestätigung der Hypothese nutzbar machen. Damit gehört diese Aufgabe in den AFB III.*

Die Beobachtungen an der fossilen Art *Dinilysia patagonica* scheinen die Hypothese zu stützen. So zeigt diese landlebende Schlange, die als erste den typischen Körperbau für Schlangen aufweist, noch ein Merkmal der unterirdisch lebenden Schlangen: den stark vergrößerten Vorhof des Innenohres. Dies spricht dafür, dass *Dinilysia patagonica* in ihrer Morphologie den Übergang vom unterirdischen (Innenohr) zum oberirdischen Leben markiert (fossiler Fund belegt oberirdisches Leben). Somit wäre die Schlangenform als Angepasstheit an ein ursprünglich unterirdisches Leben zu werten.

Dass die Schlangenform aber auch eine Angepasstheit an das oberirdische Leben darstellt, belegt ein simpler Fakt: Es gibt sie bis heute. Schlangen müssen aufgrund ihrer Form auch oberirdisch einen großen Selektionsvorteil gehabt haben (Verstecke finden, besser tarnen etc.), sonst wäre im Laufe der Evolution diese Körperform beim Wechsel an die Oberfläche der Erde wieder verschwunden.

Leistungskurs Biologie (Berlin): Abituraufgaben 2020
Aufgabe A1: Physiologische Grundlagen ausgewählter Lebensprozesse

Thema: Schmerzmittel

Schmerzmittel sind mit 67 Millionen Verordnungen die am häufigsten verschriebenen Arzneimittel in Deutschland. Sie beeinflussen wichtige Funktionen des Zentralnervensystems. Jedes Schmerzmittel hat deshalb auch Nebenwirkungen, welche bei der Einnahme beachtet werden müssen.

Aufgaben

1 Benennen und beschreiben Sie die Erregungsleitung an einer markhaltigen Nervenfaser. 11

2 Erklären Sie die Umwandlung des Schmerzreizes in eine Erregung bis zur Entstehung der Schmerzempfindung im menschlichen Organismus mithilfe eines Fließschemas. 10

3 Erläutern Sie die schmerzhemmende Wirkung des Medikaments Flupirtin. 11

4 Vergleichen Sie tabellarisch die Wirkungsweise des Schmerzmittels Flupirtin mit der Wirkungsweise von Endorphin auf das Neuron anhand geeigneter Kriterien. 12

5 Begründen Sie anhand von Material 4 den am Neuron B gemessenen Potenzialverlauf. 6

Material 1: Entstehung der Schmerzempfindung

Schmerz ist eines der häufigsten Symptome einer Krankheit. Der Schmerz ist für das Verhalten und Befinden des Menschen von großer Bedeutung. Das „Frühwarnsystem Schmerz" hat eine lebenserhaltende Aufgabe. Schmerzen machen auf schädigende äußere Reize oder körperinnere Prozesse aufmerksam. Reize, die Gewebe schädigen können, führen zur Freisetzung bestimmter Stoffe im Gewebe, die als Liganden bzw. Bindungspartner wirken. Die an der Schmerzsinneszelle entstehenden Rezeptorpotenziale werden in Aktionspotenziale umcodiert und über afferente Neuronen des Rückenmarks in die Schmerzzentren des Gehirns geleitet. Erst dort entsteht die Schmerzempfindung.

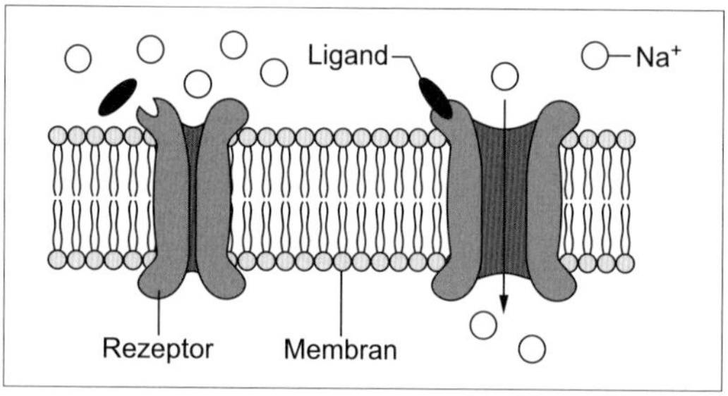

Abb. 1: Membran einer Schmerzsinneszelle

Quelle: Markl Biologie Oberstufe, Ernst Klett Verlag GmbH, Stuttgart 2018, 1. Auflage, S. 489

Material 2: Das Schmerzmittel Flupirtin

Neben den direkt durch Liganden gesteuerten Ionenkanälen gibt es auch solche, die durch die Bindung eines Liganden an einen benachbarten, den sogenannten G-Protein-gekoppelten Rezeptor, gesteuert werden. Solche Rezeptoren befinden sich zum Beispiel an der postsynaptischen Membran. Sie sind mit einem G-Protein verbunden. Das G steht für GTP-bindend (Guanosintriphosphat). GTP ist dem ATP sehr ähnlich und eine energiereiche chemische Verbindung. GTP entsteht aus GDP und einem Phosphatrest. Durch die Bindung des Liganden an den Rezeptor kann das G-Protein GTP binden. Dadurch löst sich das G-Protein vom Rezeptor und kann einen Kalium-Ionenkanal aktivieren.

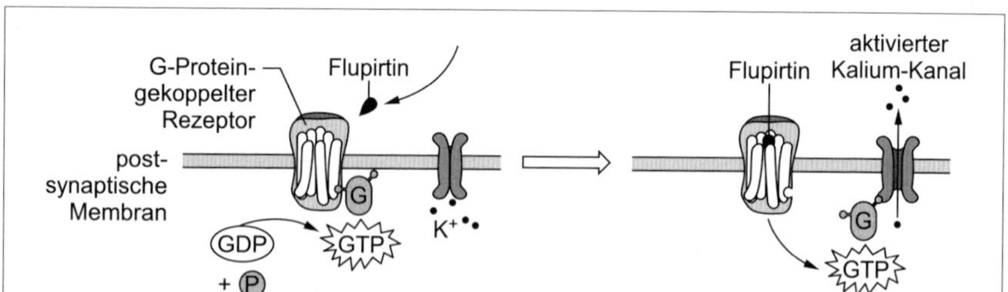

Abb. 2: Wirkungsweise des Schmerzmittels Flupirtin

Quelle: Abbildung verändert nach Markl Biologie Oberstufe, Ernst Klett Verlag GmbH, Stuttgart 2010, 1. Auflage, S. 394

Material 3: Endorphine als körpereigene Schmerzmittel

Berichte von Menschen unter extremen Bedingungen, wie Schock oder Stress, haben schon seit langem den Verdacht erweckt, dass der menschliche Körper in der Lage ist, eine Art Rauschdroge zu erzeugen, die z. B. Schmerzunempfindlichkeit in Notfall-, Flucht- oder Kampfreaktionen bewirkt.

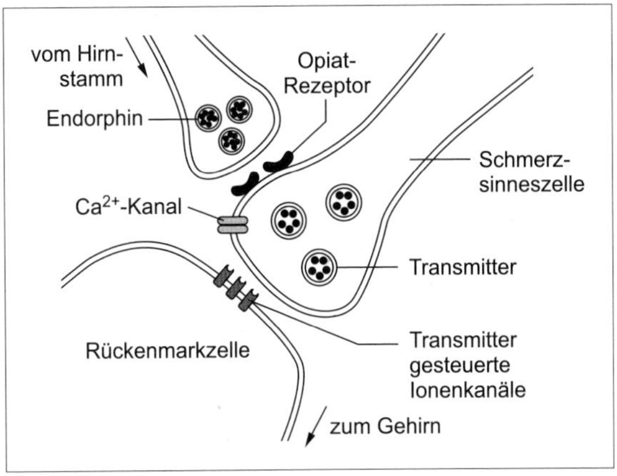

Abb. 3: Schematische Darstellung der Endorphinwirkung

Quelle: Prof. U. Weber, Handreichungen für den Unterricht Biologie Oberstufe Gesamtband, Neubearbeitung, Cornelsen Verlag/Volk und Wissen, Berlin, 2. Auflage, 1. Druck 2009, S. 517

Es fanden sich körpereigene Substanzen, die aufgrund ihrer mit dem Morphium vergleichbaren Wirkung als endogene Morphine, abgekürzt Endorphine, bezeichnet wurden. Endorphine sind Neurotransmitter, die an Opiatrezeptoren in der Zellmembran von Schmerzsinneszellen binden.

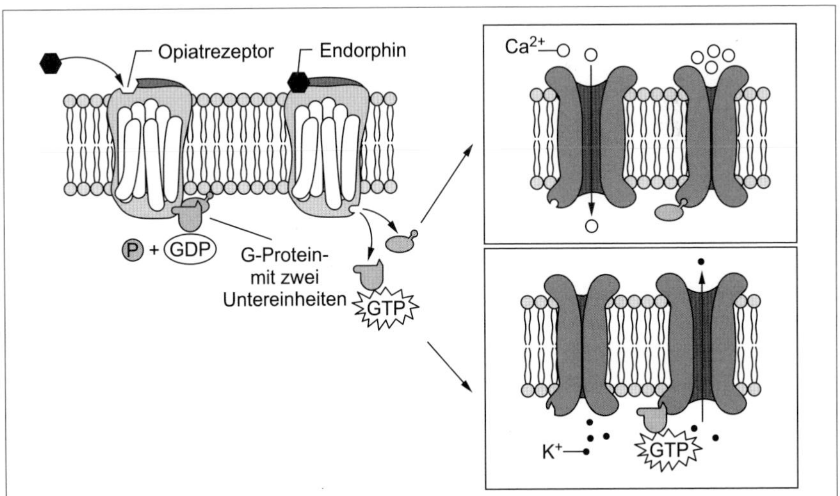

Abb. 4: Wirkung von Endorphin auf Ionenkanäle in der Membran der Schmerzsinneszelle

Quelle: Markl Biologie Oberstufe, Ernst Klett Verlag GmbH, Stuttgart 2018, 1. Auflage, S. 489

Material 4: Neuronale Verschaltung an der Schmerzbahn

Bei der Messung der Potenziale an verschiedenen Neuronen, die die Verschaltung an einer Schmerzbahn darstellen, kam man zu folgenden Ergebnissen. Die postsynaptische Membran der erregenden Synapsen zwischen den Neuronen A/B und D/B sind durch Acetylcholin, die hemmende Synapse C/A durch Endorphin erregbar. Die Pfeile kennzeichnen die Orte an den Neuronen A, B, C und D, an denen die dargestellten Potenzialveränderungen gemessen wurden. Die Verhältnisse sind stark vereinfacht dargestellt.

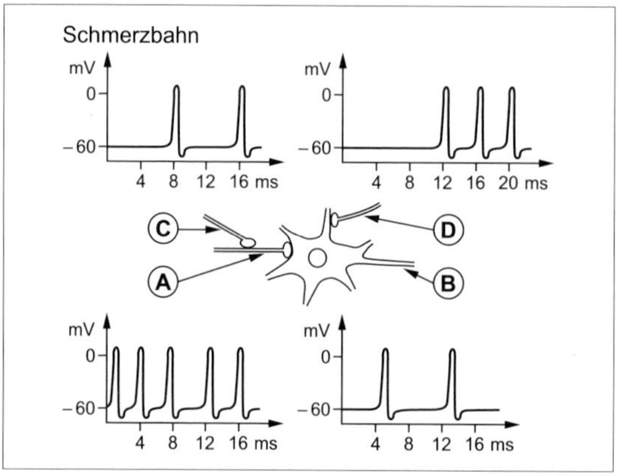

Abb. 5: Darstellung der neuronalen Verschaltung an der Schmerzbahn

Quelle: Linder Biologie Arbeitsbuch, 1998 Schroedel Verlag GmbH, Hannover, S. 54

Weitere Materialgrundlage:
http://www.biologie-schule.de/endorphin.php (19. 01. 2019)

Lösungsvorschläge

1 *Bei dieser Aufgabe aus dem Anforderungsbereich I (AFB I) sollen Sie Ihre Kenntnisse zur Erregungsleitung strukturiert wiedergeben. Laut Aufgabenstellung soll von einer markhaltige Nervenfaser ausgegangen werden, sodass hier die saltatorische Erregungsleitung gemeint ist. Die Aufgabenstellung erfordert keinen Bezug auf die Materialien.*

Die Erregungsleitung bei markhaltigen Nervenfasern nennt man **saltatorische Erregungsleitung**. Die Axone der markhaltigen Nervenfaser sind von einer Myelinscheide (Synonym: Markscheide) umhüllt. Diese dient der Isolierung und trägt somit zur Erhöhung der Geschwindigkeit der Erregungsleitung bei. Die Myelinscheide ist in regelmäßigen Abständen durch sogenannte Ranviersche Schnürringe unterbrochen. Nur an diesen Schnürringen entstehen Aktionspotenziale.

Zu Beginn einer saltatorischen Erregungsleitung wird am Axonhügel der Schwellenwert überschritten, sodass Natriumionen durch spannungsabhängige Kanäle einströmen und ein Aktionspotenzial ausgelöst wird. An dieser Stelle ist das Axoninnere nun positiv geladen. Ionenströme bewirken eine Potenzialänderung am nächsten Ranvierschen Schürring, der vorher durch das Ruhepotenzial negativ geladen war. Diese Potenzialveränderung bewirkt, dass sich die Natriumionenkanäle dort öffnen und ein Aktionspotenzial entsteht. Jedes Aktionspotenzial löst immer ein weiteres Aktionspotenzial beim nächsten Ranvierschen Schnürring aus, wodurch eine schnelle (sprunghafte) Erregungsleitung ermöglicht wird.

Die Erregungsleitung verbreitet sich nur in eine Richtung, weil sich aufgrund der Refraktärzeit am gerade passierten Membranabschnitt für eine gewisse Zeit kein weiteres Aktionspotenzial bilden kann.

Nach einem ausgelösten Aktionspotenzial gibt es eine Zeitspanne, in der das Neuron nicht erregbar ist. Diese Zeitspanne nennt man Refraktärzeit. Diese entsteht dadurch, dass sich die spannungsabhängigen Natriumionenkanäle nach der Öffnung selbstständig schließen und kurzzeitig nicht mehr öffnen können.

2 *Diese Aufgabe verlangt eine Darstellung von Informationen in Form eines Fließschemas. Dazu sollten die Vorgänge schrittweise so dargestellt werden, dass ihre zeitliche Abfolge deutlich wird. Die einzelnen Schritte können Sie sich durch das Material 1 erschließen. Eine allgemeine Beschreibung und Erklärung einzelner Vorgänge wie beispielsweise des Aktionspotenzials ist hierzu nicht gefordert.*

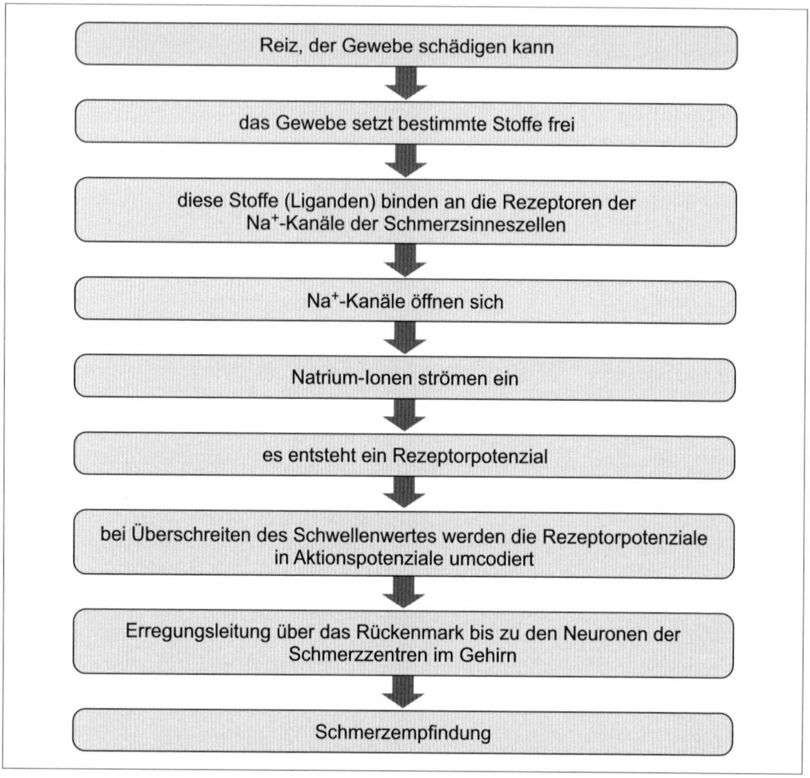

Ein Rezeptorpotenzial erfolgt an einem Rezeptor als Depolarisation des Membranpotenzials durch Einwirken eines Reizes, für den der Rezeptor empfindlich ist. Im Unterschied zu den Aktionspotenzialen entlang eines Axons folgt das Rezeptorpotenzial nicht dem Alles-oder-Nichts-Gesetz. Die Amplitude hängt – je nach Rezeptortyp linear oder logarithmisch – von der Dauer und von der Intensität des Reizes ab. Erst beim Überschreiten eines Schwellenwertes werden Aktionspotenziale generiert, die über Afferenzen das Zentralnervensystem erreichen.

3 *In dieser Aufgabe des AFB II müssen Sie aus Material 2 die relevanten Informationen gewinnen und diese mit Ihrem Wissen verknüpfen. Beachten Sie, dass die im Material 2 beschriebenen Vorgänge mithilfe der dazugehörigen Abbildung viel leichter nachvollziehbar sind. Der Operator „erläutern" impliziert einen zusammenhängenden Text, in dem die logischen Zusammenhänge ausführlich erklärt werden. Es bietet sich an, die Antwort sprachlich so zu gestalten, dass Chronologie und Ursache-Wirkungs-Gefüge möglichst klar werden. Hilfreich sind Wörter und Wendungen wie beispielsweise „wodurch", „somit", „daraufhin", „wiederum", „in Folge", „dies führt zu".*

Ein Molekül des Schmerzmittels Flupirtin bindet an einen G-Protein-gekoppelten Rezeptor der postsynaptischen Membran und fungiert damit für den Rezeptor als Ligand. Infolge der Bindung von Flupirtin an den G-Protein-gekoppelten Rezeptor kann das G-Protein nun ein Molekül GTP (Guanosintriphosphat) binden. GTP entsteht durch die Phosphorylierung von GDP (Guanosindiphosphat). Das mit GTP gebundene G-Protein löst sich daraufhin vom Rezeptor und bindet an einen Kaliumionenkanal, der dadurch aktiviert wird. Daraufhin öffnet sich der Ionenkanal und Kaliumionen strömen nach außen. Dies führt zu einer Hyperpolarisation der Membran, was wiederum zur Folge hat, dass am Axonhügel der für ein Aktionspotenzial notwendige Schwellenwert kaum noch erreicht werden kann. Wenn durch Flupirtin keine Aktionspotenziale mehr ausgelöst werden können, findet auch keine Erregungsleitung statt. Flupirtin verhindert auf diese Weise die Schmerzempfindung in der entsprechenden Region.

4 *Bei dieser Aufgabe des AFB II nutzen Sie Material 2 und 3, um die Wirkungsweise von Flupirtin mit der Wirkungsweise von Endorphin zu vergleichen. Wählen Sie sorgsam geeignete Vergleichskriterien aus, wobei sowohl Gemeinsamkeiten als auch Unterschiede dargestellt werden können. Achten Sie dabei darauf, dass Sie nur Kriterien auswählen, die sich auf die Wirkungsweise der beiden Stoffe beziehen.*

<table>
<tr><th>Kriterium</th><th>Flupirtin</th><th>Endorphin</th></tr>
<tr><td>G-Protein</td><td>einfach</td><td>zwei Untereinheiten</td></tr>
<tr><td>Aktionspotenziale</td><td colspan="2">stark eingeschränkt</td></tr>
<tr><td>Wirkung</td><td colspan="2">schmerzhemmend</td></tr>
<tr><td>Art des Rezeptors</td><td colspan="2">G-Protein-gekoppelter Rezeptor</td></tr>
<tr><td>Vorkommen</td><td colspan="2">an G-Proteine gekoppelt</td></tr>
<tr><td>Bindungsort</td><td colspan="2">Rezeptoren in der Membran von Schmerzsinneszellen</td></tr>
<tr><td rowspan="2">Ionenkanäle</td><td colspan="2">Kaliumionenkanäle an der postsynaptischen Membran der Rückenmarkszelle öffnen sich
⇒ Ausstrom von Kaliumionen</td></tr>
<tr><td></td><td>Calciumionenkanäle an der präsynaptischen Membran
⇒ Einstrom von Calciumionen in die Synapse wird verhindert</td></tr>
</table>

Werden durch Flupirtin oder Endorphin die Kaliumionenkanäle konstant offen gehalten, kann es nicht zum Aktionspotenzial kommen. Dafür müssten für die Depolarisation zuerst nur die Natriumionenkanäle geöffnet und die Kaliumionenkanäle geschlossen und erst dann für die Repolarisation die Natriumionenkanäle geschlossen und die Kaliumionenkanäle geöffnet sein.

Bei Calciumionen verhält es sich mit dem Konzentrationsgefälle entgegengesetzt zu Kaliumionen: Calciumionen haben eine viel höhere Konzentration im extrazellulären Raum und deren Einstrom trägt zur Depolarisation der Membran bei. Sind diese Ionenkanäle geschlossen, wird dieser Vorgang unterbunden. Bei Endorphin hat sowohl die Wirkung auf die Kaliumionenkanäle als auch die Wirkung auf die Calciumionenkanäle zur Folge, dass ein Aktionspotenzial unterbunden wird, wodurch die Schmerzempfindung ausbleibt.

5 *Bei dieser Aufgabe des AFB III zur neuronalen Integration müssen Sie den Potenzialverlauf am Neuron B erläutern, also den Zusammenhang zwischen den zwei Aktionspotenzialen bei 4 ms und 12 ms, die bei B gemessen werden, und der Wirkung der Synapsen A und D auf Neuron B. In der Abbildung erkennt man eine weitere Synapse C, die mit dem Axon von A verschaltet ist. Nehmen Sie sich bei solchen komplexen Darstellungen die Zeit, konzentriert und in Ruhe die Abbildung zu analysieren.*

Das Aktionspotenzial, das bei Neuron B nach 4 ms gemessen wird, resultiert aus der zeitlichen Summation der Aktionspotenziale von Neuron A nach 2 ms und nach 4 ms. Da bei Neuron C und Neuron D erst deutlich nach 4 ms ein Aktionspotenzial auftritt, haben sie keinen Einfluss auf das erste Aktionspotenzial von Neuron B.
Nach 4 ms bis 12 ms sind im Potenzialverlauf von Neuron B keine Aktionspotenziale aufgezeichnet. Im Material 4 wird angegeben, dass die Synapse C/A hemmend und durch Endorphin erregbar ist. Die Ursache für das Ausbleiben von Aktionspotenzialen bei Neuron B zwischen 4 ms und 12 ms ist die hemmende Wirkung von Neuron C auf Neuron A (bei ca. 8 ms), wodurch es zu keiner Erregungsübertragung kommt.
Das Aktionspotenzial von Neuron B bei 12 ms ergibt sich als Ergebnis der räumlichen Summation der Aktionspotenziale von Neuron A und Neuron D bei 12 ms. Nach 12 ms wird kein weiteres Aktionspotenzial an Neuron B mehr ausgelöst, da Neuron C ab 16 ms wieder hemmend auf Neuron A wirkt.

Man unterscheidet zwischen exzitatorischen (oder erregenden) postsynaptischen Potenzialen (EPSP), in diesem Beispiel die Synapsen A/B und D/B, und inhibitorischen (oder hemmenden) postsynaptischen Potenzialen (IPSP), in dieser Aufgabe die Synapse C/A. Mehrere EPSP können sich addieren, womit der Schwellenwert für die Depolarisation und das Auslösen eines Aktionspotenzials erreicht werden kann.

Leistungskurs Biologie (Berlin): Abituraufgaben 2020
Aufgabe A2: Grundlagen und Anwendungsfelder der Genetik

Thema: Sherpas im Hochgebirge

Auf 4 000 m Höhe werden Flachlandbewohner in der Regel höhenkrank. Ursache dafür ist Sauerstoffmangel. Ein Atemzug in dieser Höhe enthält nur noch 60 % der Sauerstoffmoleküle eines Atemzugs auf Meereshöhe. Die Sherpas in Nepal leben dauerhaft in dieser Höhe. Nach neuesten Forschungsergebnissen spielt neben der Gewöhnung auch eine genetische Veränderung eine Rolle bei der Anpassung an diese Extrembedingungen.

Abb. 1: Sherpa in Nepal
Rüdiger Wenzel/Wikipedia, CC BY-SA 3.0 DE

Aufgaben

1 Beschreiben Sie mithilfe der Abbildung 2 die Genregulation am Beispiel des lac-Operons nach JACOB und MONOD. 11

2 Stellen Sie den Zusammenhang zwischen der Höhe des Sauerstoffgehalts der Luft und dem Erythrocytengehalt im Blut in einem Fließschema dar. 14

3 Ermitteln Sie die molekularbiologischen Folgen der Gen-Veränderungen. 8

4 Erklären Sie den Zusammenhang zwischen der Mutation im Gen EPAS1 und dem Schutz der Sherpas vor der chronischen Höhenkrankheit. 6

5 Erklären Sie weitere Angepasstheiten der Sherpas an das Leben in der Höhe. Entwickeln Sie eine Hypothese zur vergleichsweise schnellen Verbreitung der Mutation innerhalb der Population der Sherpas. 11

Material 1: Genregulation am Beispiel des lac-Operon

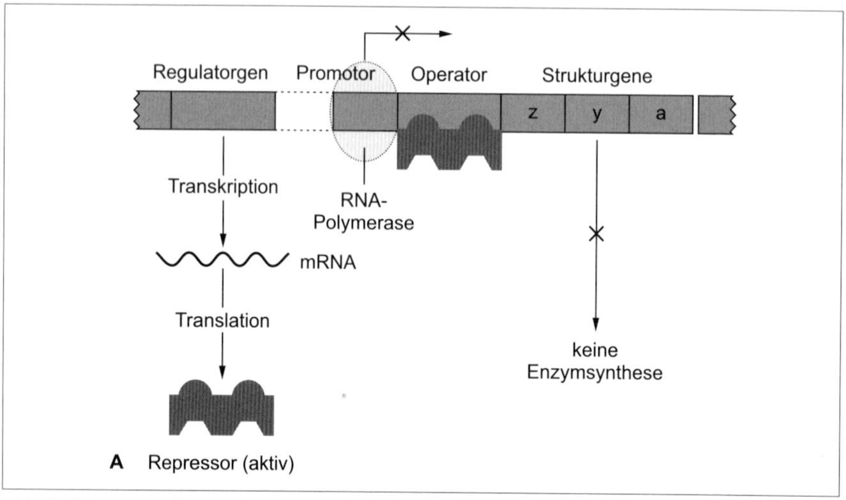

Abb. 2: Schema zur Genregulation, Zustand ohne Laktose (Substrat)

Quelle: Grüne Reihe Genetik, Materialien S II, Schroedel-Verlag 2012, Seite 80, Abb. 80.2 A

Material 2: Höhenanpassung von Flachlandbewohnern

Das Problem beim Aufenthalt in Höhen von über 4 000 m ist der geringe Sauerstoffgehalt, an den die Flachlandbewohner nicht angepasst sind und der zu einer lebensbedrohlichen Unterversorgung der Organe mit Sauerstoff führen kann (Hypoxie). Flachlandbewohner können sich an die Höhe nur langsam gewöhnen. Unter der Beteiligung des Hormons Erythropoetin (EPO) nehmen nach wenigen Tagen die Erythrocytenzahl und damit auch der Hämoglobingehalt zu. Die regulatorischen Vorgänge zur Bildung von EPO sind in Abbildung 3 dargestellt.

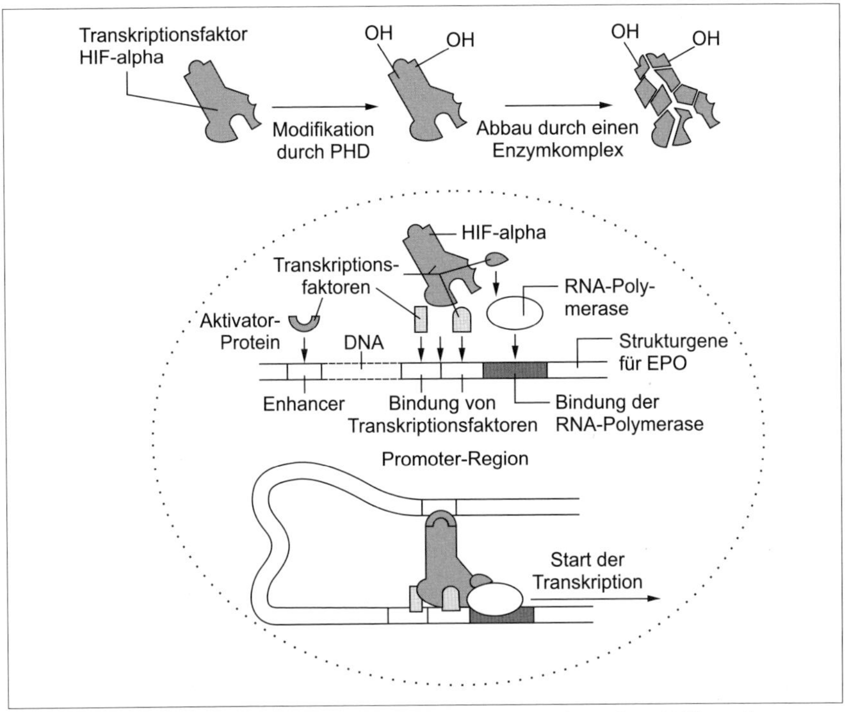

Abb. 3: Sauerstoffabhängige Regulation des EPO-Gehalts im Cytoplasma bzw. Zellkern einer Nierenzelle, oben O_2-Gehalt hoch, unten O_2-Gehalt niedrig

Quelle: Konnemann, T., Ruppert, W.: Warum Sherpas nicht Höhenkrank werden, Unterricht Biologie 399, S. 40–47, 2014

Die Freisetzung von EPO bei Hypoxie wird über Hypoxie-induzierte Faktoren (HIF) reguliert. Der wichtigste Faktor ist HIF-alpha. Er wird in allen Körperzellen kontinuierlich gebildet, aber bei ausreichender Sauerstoffversorgung wieder abgebaut. Dazu muss er zuvor durch das Enzym PHD chemisch verändert werden. Bei Sauerstoffmangel wird das Enzym PHD inaktiviert.

Der erhöhte Hämoglobin-Wert ermöglicht in der Höhe zwar das Atmen, er fordert aber auch seinen Preis: Das Blut wird, je höher man kommt, umso zähflüssiger. Das Herz muss dadurch eine größere Leistung vollbringen, um das Blut im Körper zu verteilen. Nicht selten leiden Menschen deshalb, trotz einer Höhenakklimatisation, an der sog. Höhenkrankheit mit Symptomen wie Schwindel, Kopfschmerz, Schlaf- und Durchblutungsstörungen sowie einer erhöhten Thrombosegefahr.

Material 3: Die Angepasstheiten der Sherpas an das Leben in über 4 000 Meter Höhe

Die Sherpas, eine Volksgruppe, deren Vorfahren vor etwa 3 000 Jahren aus China in den Himalaya eingewandert sind, sind heute in Nepal südlich des Mount Everest beheimatet. Trotz dieser erstaunlich kurzen Zeitspanne sind sie optimal an das Leben über 4 000 Meter angepasst. Viele arbeiten als Bergführer und Lastenträger. Wissenschaftliche Untersuchungen u. a. aus Amerika und China zeigen unabhängig voneinander Gründe für die außerordentliche Leistungsfähigkeit auf. So besitzen im Hochland lebende Sherpas auffallend häufig eine Genvariante, die dafür sorgt, dass die Hämoglobin-Konzentration mit zunehmend höher gelegener Wohnlage nicht steigt, sondern stagniert. Eine Mutation im Gen EPAS1, welches für das Enzym PHD codiert, führt dazu, dass die Erythrocytenzahl in O_2-armer Umgebung kaum zunimmt.

Nach: Sonja Kastilan: Als Highlander geboren, FAZ vom 16. 07. 2010;
https://www.faz.neUaktuell/wissen/leben-gene/hoehenluft-als-highlander-geboren-11011806-p3.html

Mithilfe der Sanger-Sequenzierung wurde das Gen EPAS1 bei Flachlandbewohnern und Sherpas sequenziert. Das Ergebnis zeigt den codogenen Strang:

Flachlandbewohner:	… 3' TGC TCA GGT AGT GAA TTA AGC AGC 5' …
Sherpa:	… 3' TGC TGA GGC AGT GAA TTA AGC AGC 5' …

Ursprüngliche Flachlandbewohner können sich im Hochgebirge zwar bis zu einem gewissen Grad akklimatisieren. Doch Schwangerschaften sind für Frauen, deren Blut dann meist hohe Hämoglobin-Konzentrationen aufweist, ein Problem. Sie erleiden häufiger Fehlgeburten. Manche Paare ziehen während einer Schwangerschaft in tiefer gelegene Gebiete um.

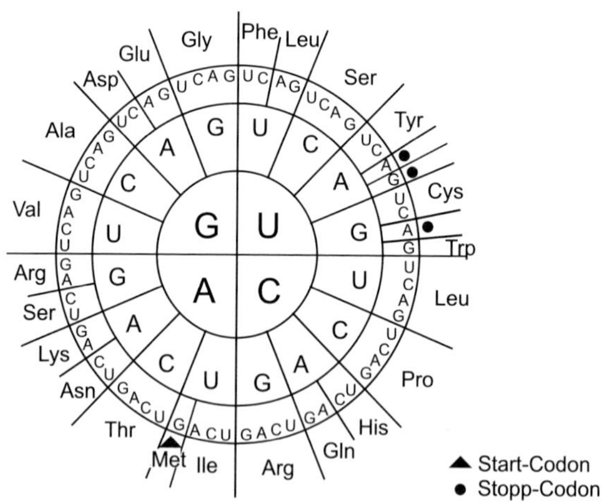

Abb. 4: Codesonne

Material 4: Weitere Angepasstheiten der Sherpas

Der Schutz vor der chronischen Höhenkrankheit allein reicht noch nicht aus, um die Leistungsfähigkeit der Sherpas auf den höchsten Gipfeln der Erde zu erklären. Neben einer genetisch bedingten höheren Atemfrequenz weisen sie weitere Angepasstheiten an das Leben in der Höhe auf. Ihr Anteil an Kapillaren im Muskelgewebe ist 25 % höher als bei Flachlandbewohnern. Das Blut der Sherpas weist im Vergleich zu Flachlandbewohnern einen zehnfach höheren Wert an Stickstoffmonooxid auf. Dieses im Körper gebildete Gas sorgt für eine Weitung der Blutgefäße. Auch ein generell höheres Geburtsgewicht zeichnet die Sherpas aus.

Nach: Sonja Kastilan: Als Highlander geboren, FAZ vom 16. 07. 2010; https://www.faz.neUaktuell/wissen/leben-gene/hoehenluft-als-highlander-geboren-11011806-p3.html

---

Lösungsvorschläge

1 *Bei dieser Aufgabe des AFB I sollen Sie Ihre im Unterricht erworbenen Kenntnisse zur Genregulation am Beispiel des lac-Operons nach JACOB und MONOD wiedergeben. Abbildung 2 stellt dafür eine große Hilfe dar: Sie müssen für den Fall „Lactose ist nicht vorhanden" lediglich die Abbildung in einen beschreibenden Text übersetzen. Die Vorgänge bei Anwesenheit von Lactose lassen sich im Anschluss ableiten.*

Um Ressourcen zu schonen, werden Enzyme für die Verwertung von Lactose nicht kontinuierlich, sondern nur bei Bedarf, also in Anwesenheit von Lactose, produziert. Dafür ist eine Regulation der Genexpression notwendig, bei der man zwei Fälle unterscheiden kann.

1. Wenn **Lactose nicht vorhanden** ist, ist der durch das Regulatorgen codierte Repressor aktiv. Er bindet in diesem Zustand an den Operator, sodass die RNA-Polymerase beeinträchtigt wird und dadurch die Transkription und dann auch die Translation der Strukturgene gehemmt werden. Die Enzymsynthese unterbleibt in diesem Fall.
2. Wenn **Lactose vorhanden ist**, bindet diese an den Repressor und bewirkt an diesem eine Konformationsänderung. Der Repressor wird dadurch inaktiviert und bindet nicht mehr an den Operator. Die Proteinbiosynthese der Strukturgene kann stattfinden und es werden die Enzyme produziert, die für den Abbau von Lactose notwendig sind. Lactose sorgt somit regulatorisch für ihren eigenen Abbau.

Die oben beschriebenen Vorgänge sind etwas vereinfacht dargestellt. So inaktiviert eigentlich der Zucker Allolactose und nicht Lactose den Repressor. Allolactose ist ein Isomer der Lactose, das sich in kleinen Mengen aus Lactose bildet, wenn dieses Disaccharid von der Zelle aufgenommen wird.

2 *Bei dieser Aufgabe sollen Sie die Informationen bezüglich des Zusammenhangs zwischen Luftsauerstoffgehalt und Erythrozytengehalt im Blut aus Material 2 entnehmen, verknüpfen und als Fließdiagramm neu strukturieren. Bei der Erstellung eines Fließschemas sollten die Vorgänge schrittweise so dargestellt werden, dass ihre zeitliche Abfolge sowie die kausalen Zusammenhänge deutlich werden. Für die Erschließung der Quelle benötigen Sie sowohl den Text als auch die Abbildung. Es empfiehlt sich hier, zwei Ursachen-Wirkungs-Ketten zu skizzieren: (I) für den Fall, dass der Sauerstoffgehalt ausreichend ist, und (II) bei Hypoxie (wenig Luftsauerstoff aufgrund der Höhe).*

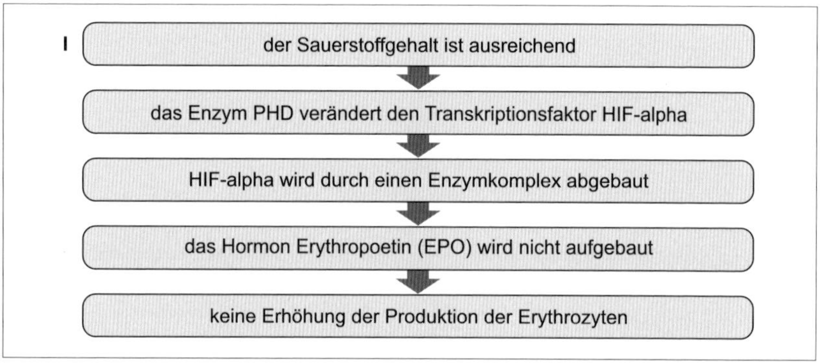

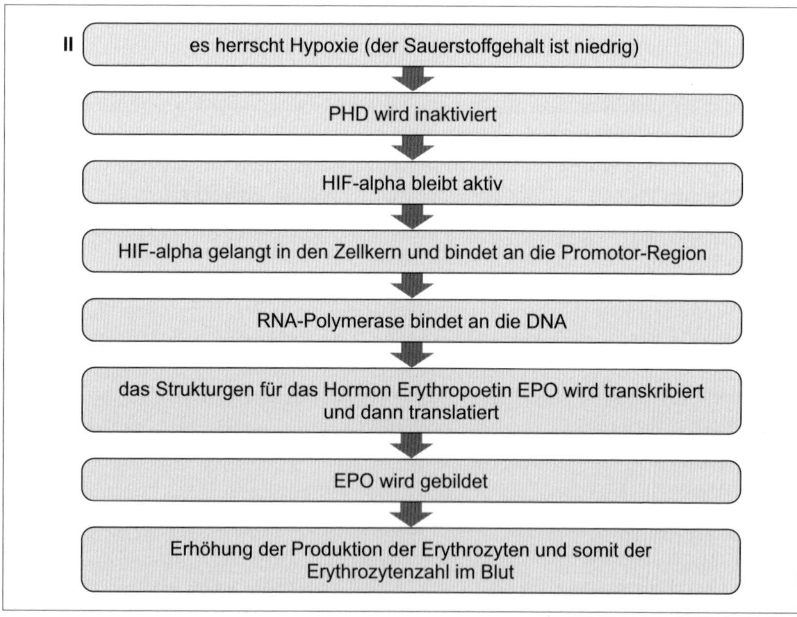

3 *Auch diese Aufgabe des AFB II prüft Ihre Kompetenz darin, aus den gegebenen Quellen (Material 3) relevante Informationen zu erschließen und diese mit Ihrem Wissen bezüglich Transkription und Mutationen zu verknüpfen. Dabei ist zu beachten, dass sich das Ergebnis der Sequenzierung auf den codogenen Strang (DNA) bezieht, die Codesonne auf die mRNA-Codone.*

Bei dem Vergleich der Basensequenzen von „Flachlandbewohnern" und Sherpas fällt auf, dass sie sich beim 2. und 3. Triplett des im Material gezeigten codogenen Stranges unterscheiden. Beim 2. Triplett befindet sich bei „Flachlandbewohnern" an der zweiten Position die Base Cytosin, bei Sherpas liegt an dieser Stelle Guanin vor. Beim 3. Triplett besitzen Sherpas an dritter Position Cytosin, die „Flachlandbewohner" hingegen Thymin.

Wirkung dieser Unterschiede auf die Transkription:

	„Flachlandbewohner"	**Sherpas**
2. Triplett (DNA)	TCA	TGA
Codon (mRNA)	AGU	ACU
Aminosäure	Serin	Threonin

3. Triplett (DNA)	GGT	GGC
Codon (mRNA)	CCA	CCG
Aminosäure	Prolin	Prolin

Es handelt sich folglich um zwei Punktmutationen. Die Mutation im 2. Triplett führt bei den Sherpas zum Einbau einer anderen Aminosäure in die Aminosäuresequenz des Enzyms PHD: Threonin anstelle von Serin. Diese Art von Punktmutation nennt man Missense-Mutation, da hier ein verändertes Genprodukt entsteht.

Die Punktmutation im 3. Triplett ist eine sogenannte stille Mutation: Aufgrund der Redundanz des genetischen Codes bleibt sie ohne Folgen. Beide Tripletts führen zum Einbau der gleichen Aminosäure (Prolin).

Es ist nicht notwendig, die Namen der Aminosäuren auszuschreiben. Sie können die gängigen Abkürzungen aus drei Buchstaben aus der Codesonne übernehmen.

4 *Bei dieser Aufgabe des AFB II entnehmen Sie Informationen aus verschiedenen Quellen (Material 2 und 3) und verknüpfen diese sachlogisch miteinander. Hilfreich zur Lösung dieser Aufgabe sind die Erkenntnisse, die Sie bei Aufgabe 2 und 3 gewonnen haben, greifen Sie auf diese zurück.*

Wie in Aufgabe 3 gezeigt, führt eine Punktmutation im Gen EPAS1 bei den Sherpas zu einer strukturellen Veränderung des Enzyms PHD. Bei Enzymen bedingt die Struktur sehr spezifisch die Funktion. Diese Mutation hat für das Leben in Höhenlagen einen adaptiven Vorteil: Das veränderte Enzym weist eine gesteigerte Aktivität auf und bleibt auch bei Hypoxie aktiv. Ist PHD aktiv, kann HIF weiterhin, also selbst bei Hypoxie, abgebaut werden. Dadurch wird das EPO-Gen nicht exprimiert und die Erythrozytenkonzentration im Blut bleibt beinahe konstant. Da keine Zunahme der Erythrozytenanzahl stattfindet, leiden die Sherpas nicht an chronischer Höhenkrankheit.

5 *Diese Aufgabe ist zweigeteilt. Die dem AFB I zugeordnete Leistung besteht darin, die Angepasstheiten der Sherpas aus Material 4 zu ermitteln. Die Transferleistung (AFB III) ist die selbstständige Aufstellung einer Hypothese zur schnellen Ausbreitung der Mutation innerhalb der Population der Sherpas. Beachten Sie, dass eine Hypothese immer eine sachliche Begründung verlangt. Für die Hypothese kann die Information aus Material 3, dass die „Flachlandbewohnerinnen" in den Höhenlagen häufiger Fehlgeburten erleiden, einen guten Ausgangspunkt darstellen. Da es sich bei Hypothesen um Vermutungen handelt, bietet es sich an, im Konjunktiv zu formulieren.*

Nur durch einige Angepasstheiten zusätzlich zu den Gen-Veränderungen können die Sherpas ohne größere Einschränkungen in der Höhe leben. Ihre Atemfrequenz ist erhöht, sodass das Blut besser als bei einer normalen Atemfrequenz mit Sauerstoff versorgt wird. Die Kapillardichte im Muskelgewebe liegt um 25 % höher als bei „Flachlandbewohnern". So sind die Wege für die Sauerstoffabgabe an die Zellen kürzer und die Sauerstoffversorgung ist effizienter. Eine dritte, besondere Angepasstheit besteht darin, dass das Blut der Sherpas einen zehnfach höheren Stickstoffmonoxid-Wert als das der „Flachlandbewohner" hat. Stickstoffmonoxid (NO) sorgt für eine Weitung der Blutgefäße, wodurch wiederum der Gasaustausch mit den Geweben schneller erfolgt, weil die Oberfläche für die Diffusion der Gase größer ist.

Eine **Hypothese** könnte sein, dass die Mutation im Gen EPAS1 sich schnell verbreitete, weil in diesen extremen Höhen die Frauen, die diese Genmutation besaßen, weniger Fehlgeburten erlitten. Die Folge wäre eine höhere Geburtenrate, sodass die Mutation schnell von Generation zu Generation weitervererbt worden sein könnte.

Leistungskurs Biologie (Berlin): Abituraufgaben 2020
Aufgabe B: Ökologie und Nachhaltigkeit

Thema: Schädlingsabwehr der Tabakpflanze

Die Tabakpflanze, eine wärmeliebende Pflanze aus der Familie der Nachtschattengewächse, hat ihr ursprüngliches Verbreitungsgebiet in Südamerika. Im 16. Jahrhundert gelangte sie durch JEAN NICOT an den französischen Hof und wurde dort zunächst als Arzneipflanze verwendet, später kam sie als Genussmittel in Mode. Aufgrund ihrer raffinierten Mechanismen zur Schädlingsabwehr ist die Tabakflanze heute auch ein begehrtes Forschungsobjekt.

Abb. 1: Wilder Tabak
Quelle: USDA-NRCS PLANTS Database

Aufgaben

1 Erklären Sie drei Formen interspezifischer Beziehungen anhand von Beispielen aus Material 1. 15

2 Erläutern Sie die Vor- und Nachteile der Freisetzung von trans-α-Bergamoten für den Tabakschwärmer. 6

3 Beschreiben und interpretieren Sie Abbildung 3. 13

4 Erläutern Sie jeweils die Vor- und Nachteile der unterschiedlichen Blütezeiten von Tabakpflanzen. 11

5 Beurteilen Sie, ob es sich bei den tag- und nachtblühenden Tabakpflanzen um unterschiedliche Arten handelt. 5

Material 1: Der amerikanische Tabakschwärmer

Abb. 2: Tabakschwärmer an einer Tabakblüte

© *Anna Schroll*

Der amerikanische Tabakschwärmer ist ein nachtaktiver Schmetterling, welcher sich ausschließlich vom Nektar der Tabakblüten ernährt. Die Blüten öffnen sich nur nachts und produzieren auch nur in dieser Zeit den flüchtigen Duftstoff trans-α-Bergamoten. Er wird noch in weiter Entfernung vom Tabakschwärmer wahrgenommen. Dadurch fliegt er zielgerichtet die Blüten der Tabakpflanzen an. Neben den Blüten interessieren ihn jedoch auch die Blätter der Tabakpflanze. Hier legt er seine Eier ab. Die Raupen des Tabakschwärmers sind resistent gegen Nicotin. Sie ernähren sich von den Tabakblättern und können das darin enthaltene Nicotin in ihrem Körper anreichern. Die zwei natürlichen Feinde des Tabakschwärmers sind ebenfalls gegen Nicotin resistent. Die Schlupfwespe *Cotesia* legt ihre Eier in die Raupen des Tabakschwärmers ab, die Raubwanze *Geocoris* ernährt sich von den frischgeschlüpften Raupen.

Material 2: Nicotin

Nicotin ist eine stickstoffhaltige Verbindung, welche in den Blättern der Tabakpflanze vorkommt. Es ist ein starkes Nervengift, welches schon in geringen Dosen zum Tod durch Atemlähmung führt. Nicotin wirkt sowohl für Insekten, wie z. B. Blattläuse, als auch für pflanzenfressende Säugetiere giftig. Als Ausgangsstoffe für die Nicotinproduktion in der Tabakpflanze dienen die Aminosäuren Tryptophan und L-Ornithin. Wissenschaftler haben die Nicotinkonzentration in unbeschädigten Tabakblättern (Kontrolle), nach Schädigung durch Pflanzenfresser und nach einer mechanischen Verwundung gemessen. Die Ergebnisse sind in Abbildung 3 dargestellt.

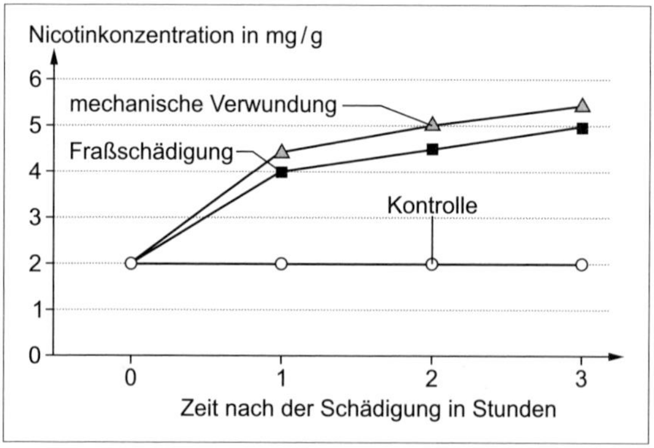

Abb. 3: Nicotinkonzentration in Tabakblättern

Quelle: Beck, C.: BioMax – Neugierig auf Wissenschaft, Ausgabe 17 (2005), Max-Planck-Gesellschaft, https://www.ice.mpg.de/ext/fileadmin/extranet/common/documents/Biomax_17.pdf

Material 3: Die indirekte Schädlingsabwehr der Tabakpflanze

Die indirekte Schädlingsabwehr der Tabakpflanze richtet sich speziell gegen die Raupen des amerikanischen Tabakschwärmers. Der in der Nacht von den Blüten freigesetzte Duftstoff trans-α-Bergamoten wird tagsüber von den Blättern der Tabakpflanze produziert. Dadurch werden die tagaktiven Raubwanzen der Gattung *Geocoris* angelockt, welche die frisch geschlüpften Raupen des Tabakschwärmers fressen.

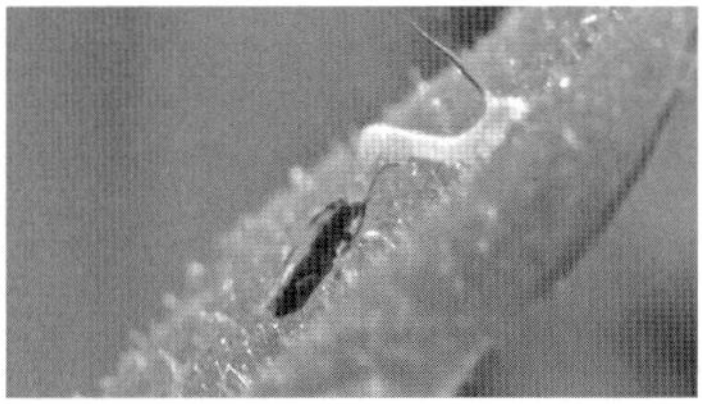

Abb. 4: Raubwanze nähert sich einer Raupe des Tabakschwärmers
Quelle: Matthey Film

Material 4: Tagblühende Tabakpflanzen

Bei starkem Befall durch die Raupen des Tabakschwärmers löst eine Substanz im Speichel der Raupen die Bildung bestimmter Signalstoffe aus, welche verschiedene Veränderungen bei der Tabakpflanze bewirken.
Diese zeigen sich etwa drei Tage nach dem Raupenfraß. Die Blüten öffnen sich nun nicht mehr in der Nacht, sondern am Tag. Sie produzieren keine Duftstoffe und der Nektar weist einen geringeren Zuckergehalt auf. Diese Blüten werden von Kolibris bestäubt, die von den hellen weißen Blüten angelockt werden. Kolibris sind jedoch nicht auf Tabakblüten spezialisiert, sondern fliegen auch die Blüten anderer Pflanzenarten an. Die Pflanzen, die sich aus den Samen der tagblühenden Pflanzen entwickeln, öffnen ihre Blüten wieder in der Nacht.

Abb. 5: Kolibri an einer Tabakblüte
© *Danny Kessler*

Weitere Materialgrundlagen:
https://www.max-wissen.de/public/downloads/Bio17_Begleitinfo1 (18. 08. 2018)
https://de.wikipedia.org/wiki/Nicotinsäure (18. 08. 2018)
https://www.pflanzenforschung.de/de/journal/journalbeitrage/wenn-bestaeuber-schaedlinge-sind-wilder-tabak-loest-ges-10793 (18. 08. 2018)

Lösungsvorschläge

1 *Diese Aufgabe verlangt zunächst einmal, dass Sie Material 1 sachgerecht auswerten (AFB II) und dann Ihre gewonnenen Erkenntnisse in verständlicher und übersichtlicher Form darstellen und dabei Ihr Fachwissen einbeziehen. Der Operator „erklären" verlangt eine tiefergehende Darstellung der einzelnen interspezifischen Wechselbeziehungen. Es sollten daher zunächst die im Text auszumachenden Wechselbeziehungen genannt, dann aber am besten in Form einer kurzen Definition genauer erklärt werden. Hierbei müssen Sie auf im Unterricht erlangtes Fachwissen zurückgreifen (AFB I). Eine bloße Nennung von einzelnen Wechselbeziehungen ist nicht ausreichend. Da es für diese Aufgabe verhältnismäßig viele Punkte gibt, sollten Ihre Antworten ruhig etwas umfangreicher ausfallen. Im Folgenden ist ein Beispiel mehr als in der Aufgabe verlangt aufgeführt.*

1. **Symbiose:**
   Diese interspezifische Wechselwirkung ist definiert als das Zusammenleben verschiedener Arten zum gegenseitigen Vorteil bei enger räumlicher Beziehung. Eine Symbiose liegt beim Tabakschwärmer und der Tabakpflanze vor. Der Vorteil für den Tabakschwärmer ist, dass er den Nektar der Pflanze als Nahrung nutzen kann. Hinzu kommt, dass die Raupen des Tabakschwärmers die Blätter als Nahrung nutzen können. Gleichzeitig gibt die Tabakpflanze ihren Pollen an den Tabakschwärmer ab und hat dadurch den Vorteil, dass der Tabakschwärmer zielgerichtet Tabakpflanzen aufsucht und so die Bestäubung gewährleistet ist.

   Bei der Wechselbeziehung zwischen Tabakschwärmer und Tabakpflanze könnte man zunächst fälschlicherweise auch an Parasitismus denken, da der Tabakschwärmer seine Eier auf der Pflanze ablegt und diese so schädigt. Jedoch spricht dagegen, dass die Pflanze erstens so zielgerichtet vom Tabakschwärmer bestäubt wird, was einen enormen Vorteil darstellt, und dass die Pflanze zweitens, sollte der Schaden durch die Raupen groß sein, dauerhaft auf die Blütezeit am Tag umstellen könnte, was aber nicht der Fall ist. Und noch ein dritter Punkt, der allerdings nicht dem Text zu entnehmen ist, spricht für die Symbiose: Beim Befall durch die Raupen des Tabakschwärmers erhöhen die Tabakpflanzen nicht (!) die Nicotin-Konzentration in ihren Blättern. Dies deutet darauf hin, dass diese Pflanzen die Tabakschwärmer-Raupen erkennen und eben nicht versuchen, sie abzuwehren, was letztlich für eine starke Symbiose spricht.

2. **Räuber-Beute-Beziehung:**
   Bei dieser Beziehung handelt es sich um eine trophische Beziehung zwischen zwei Organismen verschiedener Arten, wobei sich der Räuber von der Beute ernährt. Wie dem Material 1 zu entnehmen ist, nutzt die Raubwanze der Gattung *Geocoris* die Raupen des Tabakschwärmers als Nahrung, sodass hier eine typische Räuber-Beute-Beziehung vorliegt.

3. Interspezifische Konkurrenz:
Diese liegt dann vor, wenn eine begrenzt vorhandene Ressource von zwei oder mehr Arten genutzt wird. Wie Material 1 zu entnehmen ist, liegt eine Konkurrenz um Ressourcen zwischen mehreren verschiedenen Arten vor. Die Raubwanzen und die Schlupfwespen konkurrieren gegenseitig um die Raupen des Tabakschwärmers, wobei diese als Nahrung dienen oder für den Reproduktionserfolg nötig sind.

4. Parasitismus:
Dieser ist definiert als Wechselbeziehung zwischen zwei verschiedenen Arten, bei der eine Art die andere schädigt und daraus einen Vorteil (meist Nahrung oder Reproduktion) zieht. Dieser Fall liegt zwischen den Schlupfwespen der Gattung *Cotesia* und den Raupen des Tabakschwärmers vor, da diese durch die Eiablage geschädigt werden und die Schlupfwespen so ihre Reproduktion sichern. Da sich der Parasit im Inneren des Wirtes aufhält, ließe sich in diesem Fall auch von **Endoparasitismus** sprechen.

2 *Beachten Sie bei dieser Aufgabe des AFB II Material 1 und 3. Die Aufgabenstellung bezieht sich eindeutig nur auf die Vor- bzw. Nachteile für den Tabakschwärmer, daher sollten die anderen genannten Arten ausgeklammert werden.*

Die Freisetzung von trans-α-Bergamoten hat je nach Zeitpunkt Vor- oder Nachteile für den Tabakschwärmer.

Vorteile:
Durch die Freisetzung des Stoffes trans-α-Bergamoten ist es dem Tabakschwärmer möglich, die Blüte auch in der Nacht sicher auszumachen. Dies hat zur Folge, dass für das Auffinden der Nahrungsquelle eine geringe Flugstrecke benötigt wird (im Gegensatz zu „ziellosem" Umherfliegen). Im Endeffekt führt dies dazu, dass der Tabakschwärmer Energie spart, da er direkt an sein Ziel gelockt wird.

Nachteile:
Durch die Freisetzung des Stoffes trans-α-Bergamoten werden tagsüber Raubwanzen angelockt. Diese fressen die frisch geschlüpften Raupen des Tabakschwärmers und mindern somit seinen Reproduktionserfolg.

3 *Diese Aufgabe erfordert eine angemessene Beschreibung und Auswertung von Versuchsergebnissen. Bei der Bearbeitung der Aufgabe sollte zunächst der Aufbau des Diagramms knapp dargestellt werden und dieses erst dann genauer erklärt werden. Es gilt bei der Auswertung von Diagrammen immer, die Beschreibung und die Interpretation voneinander zu trennen.*

Beschreibung:
Das Diagramm stellt die Nicotin-Konzentration in den Tabakblättern in Abhängigkeit von der Zeit (0 bis 3 Stunden nach der Schädigung) dar. Insgesamt lassen sich drei Datensätze finden, die in Form von Kurven dargestellt sind.

- Bei der Kontrolle, einem Tabakblatt ohne Schädigung, liegt die Nicotin-Konzentration konstant bei 2 mg/g.
- Im zweiten Fall wurde die Nicotin-Konzentration nach Fraßschädigung gemessen. In der ersten Stunde nach der Schädigung steigt diese deutlich auf 4 mg/g. In den darauffolgenden zwei Stunden nimmt die Nicotin-Konzentration weiter (wenn auch etwas langsamer) um 1 mg/g auf insgesamt 5 mg/g zu.
- Die dritte Kurve, die die Nicotin-Konzentration nach mechanischer Verwundung darstellt, ähnelt der Kurve aus Fall zwei. Es wird ersichtlich, dass die Nicotin-Konzentration in der ersten Stunde nach der Schädigung auf circa 4,5 mg/g ansteigt und der Anstieg in den folgenden zwei Stunden schwächer ausfällt und die Nicotin-Konzentration in dieser Zeit um 1 mg/g auf insgesamt 5,5 mg/g steigt.

Interpretation:
Der Stoff Nicotin ist ein wirksames Nervengift, das die Tabakpflanze zur Schädlingsbekämpfung einsetzt. Das Blatt der Tabakpflanze weist als Ausgangskonzentration einen Wert von 2 mg/g auf (Stunde 0). Eine Gewebeschädigung bewirkt eine erhöhte Nicotinproduktion in den Blättern, unabhängig davon, ob diese mechanisch oder durch einen Fressfeind hervorgerufen wird. Durch die Fraßschäden von Schädlingen wird die Abwehr somit in kurzer Zeit aktiviert und der Schädlingsbefall reduziert. Man spricht in diesem Fall von induziertem Fraßschutz.
Ohne Schädlingsbefall ist die Nicotin-Konzentration auf vergleichsweise niedrigem Niveau. Dies ist damit zu erklären, dass eine unnötige Produktion von größeren Mengen an Nicotin vermieden werden muss, da dies sonst eine Verschwendung von Ressourcen darstellen würde (besonders mit Blick auf die Bildung von Nicotin aus den beiden Aminosäuren Tryptophan und L-Ornithin).

4 *Bei dieser Aufgabe sind Informationen aus Material 3 und 4 gezielt auszuwerten und dann in einer Gegenüberstellung von Vor- und Nachteilen der verschiedenen Blütezeiten zu präsentieren, was diese Aufgabe dem AFB II zuordnet. Dabei ist es wichtig, die Darstellung gut zu strukturieren. Neben den Vor- und Nachteilen liegt noch eine weitere Differenzierung vor (Tag und Nacht). Es bietet sich daher an, die Blütezeit im Vergleich Tag/Nacht mit ihren jeweiligen Vor- und Nachteilen für die Tabakpflanze in einem Fließtext zu behandeln.*

Blütezeit tagsüber:
Die Blütezeit tagsüber und die damit einhergehende Bestäubung durch Kolibris bringt mehrere Vorteile mit sich: Zunächst werden durch die Kolibris im Gegensatz zum Tabakschwärmer keine Fraßschäden an den Blättern verursacht. Zudem spart die Tabakpflanze wichtige Ressourcen, da weder Duftstoffe noch ein hoher Zuckergehalt im Nektar produziert werden müssen. Dies bedeutet eine deutliche Energieeinsparung für die Pflanze.

Jedoch liegen auch Nachteile vor: Kolibris besuchen, wie dem Text zu entnehmen ist, auch andere Pflanzenarten. Damit kann der Pollen nicht gezielt nur auf Tabakpflanzen übertragen werden, sondern gelangt „fälschlicherweise“ auch auf andere

Arten. Damit kommt es zu einer geringeren Bestäubungsrate und damit zu einem geringeren Reproduktionserfolg.

Blütezeit nachts:
Blüht die Pflanze in der Nacht, ist ein wesentlicher Vorteil auszumachen: Die Bestäubung durch den Tabakschwärmer in der Nacht sichert optimal die Reproduktion, da dieser ausschließlich Tabakpflanzen anfliegt. Es kommt somit nicht zur Verteilung des Pollens auf andere Pflanzen. Der Nachteil ist darin zu sehen, dass Fraßschäden durch die Raupen des Tabakschwärmers auftreten und somit eine Schädigung der Pflanze vorliegt.

Mögliches abschließendes Fazit: Die zielgerichtete Bestäubung durch den Tabakschwärmer scheint die direkte Fitness der Tabakpflanze so zu erhöhen, dass der durch die Raupen entstehende Fraßschaden kompensiert wird.

5 *Zur Lösung dieser Aufgabe müssen die Informationen aus Material 4 ausgewertet werden. Der Operator „beurteilen" verlangt eine begründete Darstellung von Argumenten und eine abschließende eigene Stellungnahme. Achten Sie bei dieser für den AFB III typischen Aufgabe besonders auf eine strukturierte und kritische Darstellung Ihrer Überlegungen.*

Damit sich neue Arten bilden können, müssen in der Stammart signifikante Unterschiede auftreten (in der Morphologie, im Verhalten etc.), die aus Mutationen in den Gameten resultieren, die dann auch weitervererbt werden. Erst dann kann sich eine neue Art bilden. Von diesen Mutationen kann im vorliegenden Beispiel nicht ausgegangen werden, da laut Material 4 die veränderte Blütezeit durch eine Substanz im Speichel der Tabakschwärmerraupen und darin enthaltene Signalstoffe ausgelöst wird. Bereits drei Tage nach einem starken Fraßschaden ändert sich die Blütezeit der geschädigten Pflanze von nachts auf tagsüber. Zudem wird diese Veränderung nicht an die Nachkommen vererbt, sodass eine Mutation in den Gameten ausgeschlossen werden kann und nicht davon auszugehen ist, dass es sich um zwei Arten handelt.

Fazit:
Die Veränderung der Blütezeit ist als Reaktion auf den Fraßschaden zu bewerten, keinesfalls als die Ausbildung einer neuen Art.

Bei Arten handelt es sich um Individuen, die durch eine Abstammungslinie zwischen Elterngeneration und den Nachkommen gekennzeichnet sind. Alle Vertreter einer Art stimmen dauerhaft in Gestalt, Physiologie und Verhalten überein. Aufgrund dieser Bedingungen kann die tagblühende Planze keine neue Art sein (Merkmal nicht dauerhaft, sondern induziert; nicht vererbt).

Leistungskurs Biologie (Berlin): Abituraufgaben 2020
Aufgabe C: Evolution und Zukunftsfragen

Thema: Schnurrvögel im Amazonas

Im Regenwald des Amazonas leben unter anderem auch viele Schnurrvögel, deren Männchen zum Teil ungewöhnliches Balzverhalten zeigen.
Die Schnurrvogel-Art *Lepidothrix vilasboasi* wurde im Jahr 2002 wiederentdeckt, genetische Untersuchungen belegen eine besondere Form der Artentstehung.

Abb. 1: Männlicher Schnurrvogel *Lepidothrix vilasboasi*
© *Fabio Olmos*

Aufgaben

1 Erklären Sie drei verschiedene Vorgänge, die zu einer Veränderung der genetischen Variabilität in einer Population führen können. 12

2 Stellen Sie die Bedeutung einer hohen genetischen Variabilität für den Vorgang der natürlichen Selektion dar. 8

3 Begründen Sie die unterschiedlichen Angepasstheiten bei weiblichen und männlichen Säbelpipras. 12

4 Geben Sie die Definition für ethologische Isolation an.
Erläutern Sie am Beispiel der Schnurrvögel das Wirken der ethologischen Isolation. 10

5 Erörtern Sie die Hypothese, *Lepidothrix vilasboasi* sei eine Arthybride. 8

Material 1: Besonderheiten von Schnurrvögeln

Die Schnurrvögel, auch Pipras genannt, sind Vögel, die in kleinen oder größeren Gruppen die Regenwälder nach Beeren und Insekten durchstreifen. Der Name Schnurrvogel geht auf die Geräusche zurück, die bei der Balz mit umgebildeten Federn erzeugt werden. Bei den meisten der etwa 60 Arten unterscheiden sich die Geschlechter in ihrer Gefiederfärbung. Besonders am Kopf zeichnen sich die Männchen durch leuchtend gefärbte Gefiederpartien aus, die in starkem Kontrast zum grünlichbraunen oder samtschwarzen Körpergefieder stehen. Bei einigen Arten haben sie lebhaft gefärbte Schenkel, die bei der Balz zur Schau gestellt werden. Dagegen sind die olivgrünen

Weibchen recht unscheinbar. Die Geschlechtspartner treffen meist nur in der Balzzeit zusammen.

Abb. 2: Weiblicher Säbelpipra im Nest
Quelle: Dario Sanches/Wikipedia, CC BY-SA 2.0

Abb. 3: Männlicher Säbelpipra
Quelle: Mike & Chris/Wikipedia, CC BY-SA 2.0

Bei den Schnurrvögeln locken die Männchen die Weibchen durch ein ausgeprägtes Balzverhalten an. Die Männchen zeigen während der Balz zum Teil spektakuläre Tänze, außerdem produzieren bei mehr als der Hälfte aller Arten die Männchen auffallende Klick- und Schnurrlaute. Dabei nutzen sie nur wenig ihren Stimmapparat sondern ungewöhnlicher Weise ihre Federn.
Die Schnurrvogel-Weibchen können in einer Saison von verschiedenen Männchen begattet werden. Wie bei allen Vogelarten ohne feste Paarbindung kümmert sich allein das Weibchen um den Nestbau und die Aufzucht der Jungen. Das Nest ist ein sehr dünnwandiges Körbchen, das aus Gras, Pflanzenfasern und Tierhaaren in der Gabelung eines waagerechten Astes, oft hoch über dem Boden, gebaut wird.

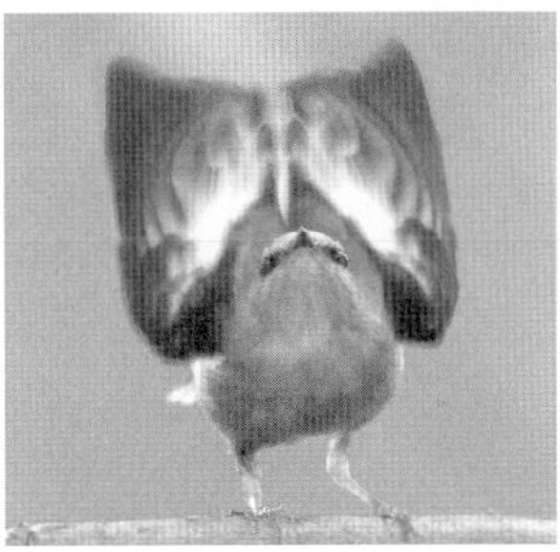

Abb. 4: Balzendes Keulenschwingenpipra-Männchen
Quelle: National Geographic Image Collection/Alamy Stock Photo

Abb. 5: Männlicher Fadenpipra
Quelle: Joao Quental/Wikipedia, CC BY 2.0

Der Keulenschwingenpipra ist der einzige Vogel, der zuerst ein Klicken und dann eine Art Geigenton mithilfe seiner Federn erzeugen kann. Die schwarz-rot-gelb gefärbten Männchen der Fadenpipras bewegen sich während der Balz mit sehr schnellen Fußbewegungen über einen Ast, diese Art der Bewegung erinnert an den berühmten Moon-Walk.

Material 2: Verbreitung dreier Schnurrvogel-Arten

Jeder schwarze Punkt auf der vergrößerten Karte steht für ein untersuchtes Exemplar (genomic sample) der jeweiligen Art.

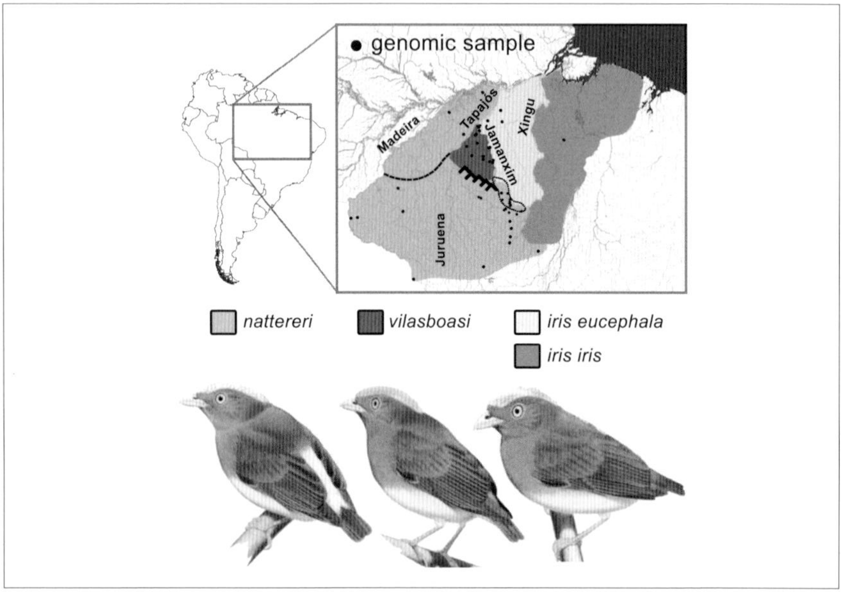

Abb. 6: Aussehen und Verbreitung dreier Schnurrvogel-Arten

Quelle: Alfredo O. Barrera-Guzmán et al. Hybrid speciation leads to novel male secondary sexual ornamentation of an Amazonian bird. PNAS January 9, 2018 115 (2) E218-E225 (Karte), Illustrations reproduces by permissionof Lynx Edicions (Vögel)

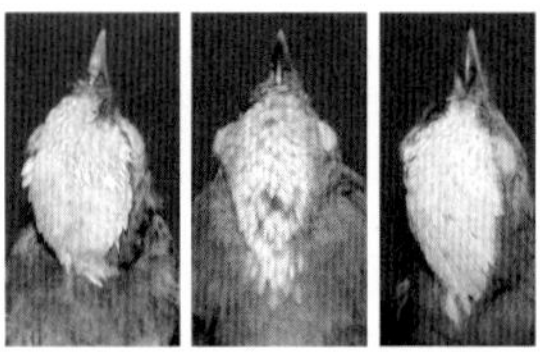

Abb. 7: Kopffedern von: *L. iris* (links), *L. vilasboasi* (Mitte), *L. nattereri* (rechts)

Quelle: Weir Lab, University of Toronto, all rights reserved

In einem Gebiet des brasilianischen Bundesstaates Pará wurde das Genmaterial von drei Schnurrvogel-Arten untersucht. Dabei stellte man fest, dass das Erbgut von *Lepidothrix vilasboasi* zu 20 % auf das der Art *Lepidothrix nattereri* zurückgeht und zu 80 % auf das der Art *Lepidothrix iris*. In der Biologie werden Individuen, die durch geschlechtliche Fortpflanzung zwischen verschiedenen Arten hervorgegangen sind, als Arthybride bezeichnet.

Die drei Schnurrvogel-Arten unterscheiden sich besonders in den Kopffedern der Männchen: *L. iris*-Männchen besitzen opal-schillernde Kopffedern, *L. vilasboasi*-Männchen goldgelbe und *L. natteri*-Männchen weiße. Eine genaue Untersuchung der

Federn des goldköpfigen Vogels *L. vilasboasi* zeigte, dass auch deren Merkmale, insbesondere die Keratinstruktur, eine Mischung der beiden anderen Arten darstellt. Die Federn dieser Art reflektieren das Licht allerdings erheblich schwächer, was beim Werben um ein Weibchen einen erheblichen Nachteil darstellt. Die Art *L. vilasboasi* wurde 1957 erstmals beschrieben und galt kurz darauf als ausgestorben. Erst 2002 wurden erneut Tiere dieser Art gesichtet.

Lösungsvorschläge

1 *Da es sich bei dieser Aufgabe um eine reine Reproduktionsaufgabe handelt, bei der Sie auf erworbene Fachkenntnisse zurückgreifen und diese strukturiert darstellen müssen, ist sie dem AFB I zuzuordnen. Achten Sie darauf, dass Sie sich auf die genetische Variabilität innerhalb einer Population (nicht eines Individuums) beziehen.*

Mutationen:
Mutationen können die genetische Variabilität innerhalb einer Population verändern. Dabei führen zufällige Veränderungen des genetischen Materials bei einem Individuum dazu, dass neue Allele im Genpool (Gesamtheit aller Gene einer Population) auftauchen. Stellen diese Mutationen einen signifikanten Vorteil (Erhöhung der relativen Fitness) dar, werden diese Allele stetig innerhalb der Population weitervererbt, reichern sich an und verändern so den Genpool. Auch neutrale Mutationen können im Genpool erhalten bleiben und ggf. bei veränderten Umweltbedingungen vorteilhaft sein.

Zu- und Abwanderung:
Die Abwanderung von Individuen kann die genetische Variabilität innerhalb einer Population ebenso verändern. Wandern Arten ab, ändert sich der Genpool, da es diesen Individuen nicht mehr möglich ist, Gene in den Genpool einzubringen. Ihre Allele verschwinden dann aus dem Genpool. Eine mögliche Zuwanderung verändert den Genpool, indem neue Allele hinzukommen. Auch geographische Isolation kann den Genpool verändern. Werden durch Naturereignisse Regionen so verändert, dass Teilpopulationen (oder auch einzelne Individuen) getrennt werden, hat dies dieselben Folgen wie Abwanderung. Der Genpool wird nachhaltig verändert.

Gendrift:
Ein weiterer Faktor, der zur Veränderung der genetischen Variabilität einer Population führen kann, ist die Gendrift. Als Gendrift bezeichnet man in der Populationsgenetik eine zufällige, meist drastische Veränderung der Allelfrequenz innerhalb des Genpools einer Population. Unter „zufällig" ist dabei zu verstehen, dass das Auftreten der Allele (häufiger oder auch seltener) nicht unmittelbar mit deren Wirkung auf die Angepasstheiten der jeweiligen Individuen zusammenhängt. Das bedeutet, durch Umweltkatastrophen oder andere Ereignisse überleben nur zufällig bestimmte Individuen. Der Genpool wird dadurch ebenfalls verändert.

2 *Bei dieser Aufgabe sollen Sie Ihre Kenntnisse über die genetische Variabilität in Beziehung zum Prozess der natürlichen Selektion setzen. Solche Anwendungsaufgaben, die bestimmte Kenntnisse in anderem Zusammenhang einfordern, decken den AFB II ab. Das Material muss dafür nicht ausgewertet oder einbezogen werden. Achten Sie bei den Ausführungen auf eine strukturierte Darstellung und verknüpfen Sie logisch die Aspekte der genetischen Variabilität mit denen der Selektion.*

Eine hohe genetische Variabilität ist die Voraussetzung für die natürliche Selektion. Ist eine hohe genetische Variabilität gegeben, sind viele unterschiedliche genetische und somit auch phänotypische Varianten in einer Population vorhanden. Durch diese große Zahl verschiedener Phänotypen ist die Wahrscheinlichkeit für Angepasstheiten an bestehende oder auch sich verändernde Umweltbedingungen sehr hoch.
Erweist sich eine Angepasstheit in Bezug auf die vorliegenden Umweltbedingungen als vorteilhaft (Erhöhung der relativen Fitness), greift die natürliche Selektion und die Individuen mit dieser Angepasstheit weisen einen höheren Reproduktionserfolg auf als die Individuen der Population ohne diese Angepasstheit.

Es gilt immer: Selektion kann nur wirksam werden, wenn es Varianten gibt, die zu selektieren sind, positiv (erhöhte Reproduktion) wie negativ (Aussterben oder Verdrängung). Die genetische Variabilität einer Population ist daher Voraussetzung für Selektion und damit für Evolution.

3 *Der Operator „begründen“ weist auf den AFB II hin. Hierbei ist es wichtig, zunächst Informationen aus dem Text (Material 1) bezüglich der unterschiedlichen Angepasstheiten zu sammeln und dann unter Verweis auf Konzepte der Evolutionsbiologie begründet deren Auftreten zu erklären. Dabei sollten Sie strukturiert vorgehen und zwischen der Darstellung der Angepasstheiten der Männchen und der der Weibchen trennen. Laut Aufgabenstellung soll auf die Säbelpipras (eigene Art aus der Familie der Schnurrvögel) eingegangen werden. Nutzen Sie in diesem Fall auch die allgemeinen Informationen im Text zu den Schnurrvögeln, um die Aufgabe zu lösen.*

Angepasstheiten der weiblichen Säbelpipras:
Die weiblichen Vögel weisen eine unauffällige Gefiederfarbe auf. Diese verbessert in der natürlichen Umgebung deren Überlebenschance, da die Vögel besser getarnt und somit von Räubern nur schwer auszumachen sind. Auch die Brutpflege der Weibchen erhöht deren Reproduktionserfolg, da die Überlebenschance der Nachkommen durch die Brutpflege erhöht wird.

Angepasstheiten der männlichen Säbelpipras:
Im Gegensatz zu den Weibchen zeichnen sich die Männchen der Säbelpipras durch ein farben- und kontrastreiches Gefieder aus, wie beispielsweise das Männchen der Fadenpipras mit seinem schwarz-rot-gelb gefärbten Gefieder (vgl. Abb. 5). Dazu zeigen sie ein auffallendes Balzverhalten (Bewegungen, Lauterzeugung), wie der

Keulenschwingenpipra, der mit seinen Federn ein Klicken und eine Art Geigenton erklingen lassen kann (vgl. Abb. 4).

Somit erhöhen sie durch diese beiden Faktoren (Gefiederfarbe, Balzverhalten) ihre Chancen auf Reproduktion (dabei wirkt die sexuelle Selektion unter den Männchen). Dies ist damit zu erklären, dass auffällige Farben immer ein Zeichen für eine hohe adaptive Fitness darstellen, da es sich die Träger dieser Merkmale „leisten" können, so aufzufallen (das heißt, Energie in Werbung zu investieren).

Die Männchen beteiligen sich nicht an der Aufzucht der Jungvögel, leisten also keine Brutpflege. Dies ist bei Tieren, deren Weibchen sich in einer Saison mit mehreren Männchen paaren, nicht unüblich, da die Männchen hinsichtlich der genetischen Ausstattung der Nachkommen nicht sicher sein können, ob es sich um „ihre" Gene handelt.

4 *Um den ersten Teil der Aufgabe zu lösen, greifen Sie auf Ihr im Unterricht erworbenes Wissen zurück. Geben Sie dabei auch korrekte Definitionen an. Erläutern Sie diese anschließend unter Berücksichtigung von Material 1.*

Definition:
Die **ethologische Isolation** ist durch gravierende Unterschiede im Verhalten der jeweiligen Arten begründet. Die unterschiedlichen Verhaltensweisen (zum Beispiel abweichendes Balzverhalten, unterschiedliche Paarungszeiten, verschiedene Orte der Paarung) verhindern dabei den Genaustausch zwischen den Arten.

Erläuterung:
Im Falle der **Schnurrvögel** wird die ethologische Isolation anhand mehrerer Aspekte deutlich: So unterscheidet sich das Balzverhalten der Männchen darin, dass manche Arten Klick- oder Schnurrlaute produzieren, andere nicht. Auch die Art der Balztänze unterscheidet sich von Art zu Art. Daneben kann die Färbung (eigentlich ein morphologisches Merkmal) der Männchen bei der Paarung dazu beitragen, dass Weibchen sich nur mit Männchen fortpflanzen, die hinsichtlich ihrer Farbgebung der Kopf- und Schenkelzeichnung die Bereitschaft zur Paarung auslösen. Damit stellt auch die Präferenz des Weibchens für eine bestimmte Farbgebung ein Beispiel für ethologische Isolation dar.

5 *Der Operator „erörtern" fordert hier eine kritische Prüfung der Schlüssigkeit einer vorgebrachten Hypothese. Diese Aufgabe ist somit dem AFB III zuzuordnen. Da man im Material 2 nur Argumente für die Hypothese findet, sollten Sie in diesem Fall diese möglichst strukturiert und fachlich begründet herausarbeiten.*

Alle Informationen aus Material 2 sprechen dafür, dass es sich bei *Lepidothrix vilasboasi* um einen Arthybriden handelt. Zunächst besteht das Genom vollständig aus Genen zweier anderer Arten (zu 20 % aus den Genen der Art *Lepidothrix nattereri*, zu 80 % aus denen der Art *Lepidothrix iris*). Dies weist auf eine Hybridisierung beider Arten hin. Auch die Keratinstruktur der Federn erweist sich als Mischform zwischen dem Keratin der beiden oben genannten Arten.

Ein weiteres Argument liegt in dem Auftreten von *Lepidothrix vilasboasi* im Jahr 1957 und dem darauffolgenden Verschwinden. Die Tatsache, dass die Vögel erst 2002 erneut gesichtet wurden, könnte als Hinweis darauf gedeutet werden, dass die Individuen, die ursprünglich als Art *Lepidothrix vilasboasi* beschrieben wurden, sich nicht reproduzieren können und das Auftreten durch vereinzelte Hybridisierungen der beiden anderen Arten begründet ist. Damit würde es sich nach dem reproduktiven Artkonzept nicht um eine eigenständige Art handeln.

Lepidothrix vilasboasi wurde im Jahr 1959 als gültige Art beschrieben. Eine wissenschaftliche Studie aus dem Jahr 2017 wies jedoch nach, dass diese vermeintliche Art tatsächlich ein Hybride ist.

Grund- und Leistungskurs Biologie (Berlin)
Abituraufgaben 2021

Das Corona-Virus hat auch im vergangenen Schuljahr die Prüfungsabläufe beeinflusst. Um Ihnen die Prüfung 2021 schnellstmöglich zur Verfügung stellen zu können, bringen wir sie in digitaler Form heraus.

Sobald die Original-Prüfungsaufgaben 2021 zur Veröffentlichung freigegeben sind, können sie als PDF auf der Plattform **MyStark** heruntergeladen werden (Zugangscode vgl. Farbseiten vorne im Buch).

Prüfung 2021

www.stark-verlag.de/mystark

Erhöhtes Anforderungsniveau Biologie (Brandenburg): Abituraufgaben 2018
Aufgabe A: Zellbiologie, Ökologie

Thema: Leben im Toten Meer

Das Tote Meer ist ein abflussloser See, der 428 m unter dem Meeresspiegel liegt, eine Tiefe von 328 m hat und vom Fluss Jordan gespeist wird. Der Salzgehalt des Toten Meeres liegt bei bis zu 33 %. Darin sind 28,2 % Natriumchlorid und 4,4 % Kaliumchlorid enthalten. Zum Vergleich: Der Salzgehalt des Mittelmeeres liegt bei durchschnittlich 3,8 %. Darin sind 3,2 % Natriumchlorid und 0,2 % Kaliumchlorid enthalten. Seit 1940 weiß man, dass im Toten Meer für einige wenige Spezialisten Überlebensmöglichkeiten bestehen. Dazu zählen eine Reihe von Halobakterien, die zu den Archaea gehören.

Aufgaben

1 Skizzieren und beschriften Sie den Aufbau einer Biomembran nach aktuellen Modellvorstellungen.
Stellen Sie tabellarisch Unterschiede zwischen aktiven und passiven Transportvorgängen an Membranen anhand von drei selbst gewählten Kriterien dar. 12

2 Führen Sie das im Material 1 beschriebene Experiment durch.
Beschreiben und erklären Sie Ihr Beobachtungsergebnis. 16

3 Entwickeln Sie eine Hypothese zur Überlebensfähigkeit der Halobakterien im Toten Meer trotz des extrem hohen Salzgehaltes. 6

4 Beschreiben Sie den Kurvenverlauf im Material 2.
Erklären Sie mithilfe des Materials 3 die Energiegewinnung bei Halobakterien unter Lichteinfluss. 10

5 Mitteleuropäische Seen sind von Bakterien besiedelt.
Erläutern Sie unterschiedliche Bedeutungen von Bakterien im Ökosystem See. 6

Material 1: Mikroskopie der Epidermis der Roten Küchenzwiebel *(Allium cepa)*

Geräte und Chemikalien: Mikroskop und Zubehör, gesättigte Lösungen von NaCl, Glukose, KCl, destilliertes Wasser, Rote Zwiebel *(Allium cepa)*

Teil A
Fertigen Sie ein Abzugspräparat der gefärbten Epidermis einer Roten Küchenzwiebel *(Allium cepa)* an.
Mikroskopieren und skizzieren Sie eine Zelle und beschriften Sie diese.

Teil B
Lösen Sie in den Zellen des hergestellten Frischpräparates Plasmolyse aus.
Wählen Sie dazu aus den bereitgestellten Lösungen eine geeignete aus.
Zeigen Sie das Präparat unter dem Mikroskop der Aufsicht führenden Lehrkraft.

Material 2: ATP-Konzentration in Halobakterien bei unterschiedlichen Lichtverhältnissen (im Laborversuch)

ATP (Adenosintriphosphat) ist ein universeller Energieträger in Lebewesen.

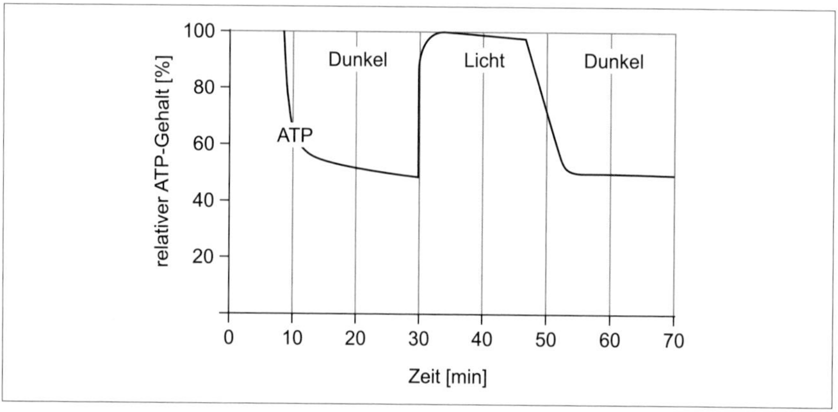

Abb. 1

Material 3: Energiegewinnung eines Halobakteriums bei unterschiedlichen Lichtverhältnissen

Die intensive rote Färbung einiger Halobakterien beruht auf dem Membranprotein Bakterio-Rhodopsin in der Cytoplasmamembran. Bei Licht können sie mithilfe des Bakterio-Rhodopsins Wasserstoffionen durch die Cytoplasmamembran nach außen transportieren.

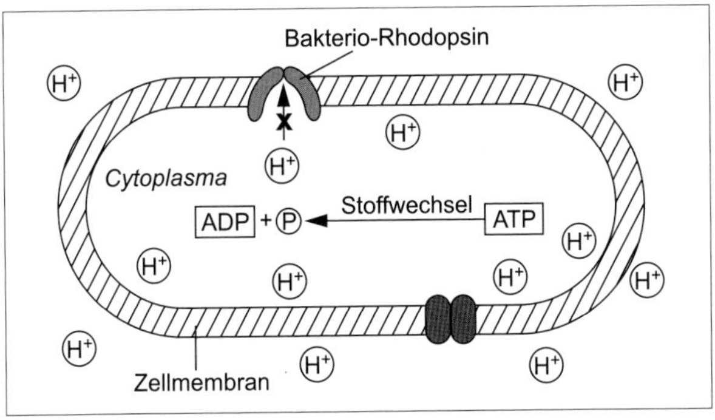

Abb. 2: Energiegewinnung ohne Licht (Pfeilstärke entspricht der Intensität der dargestellten Prozesse)

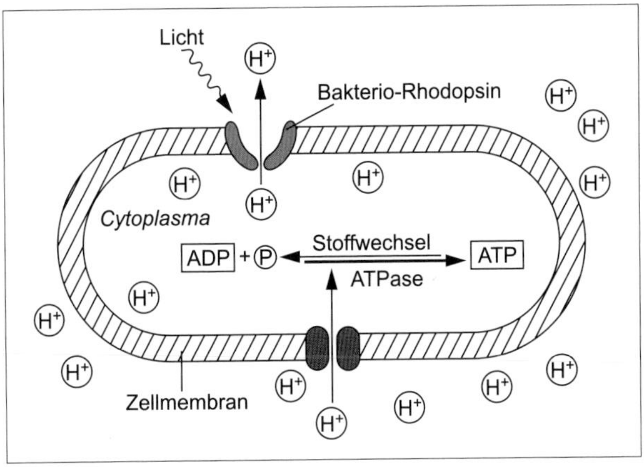

Abb. 3: Energiegewinnung mit Licht (Pfeilstärke entspricht der Intensität der dargestellten Prozesse)

Weitere Materialgrundlagen:
Neil A. Campbell, Biologie, Spektrum Akademischer Verlag Heidelberg, Berlin, Oxford, 1997, 2. korrigierter Nachdruck.
Neil A. Campbell, Jane B. Reece: Campbell Biologie, Gymnasiale Oberstufe, Pearson Deutschland GmbH, 2011.
Hrs. Prof. Ulrich Weber: Biologie Oberstufe, Gesamtband, 2. neu bearbeitete Auflage, Cornelsen Verlag 2009.
http://www.ag-bickel.hhu.de/....pdf, letzter Zugriff September 2017.
Abi-Aufgabensammlung Paetec 1997, Sachsen.

Lösungsvorschläge

1 **Beschriftete Skizze einer Biomembran:**

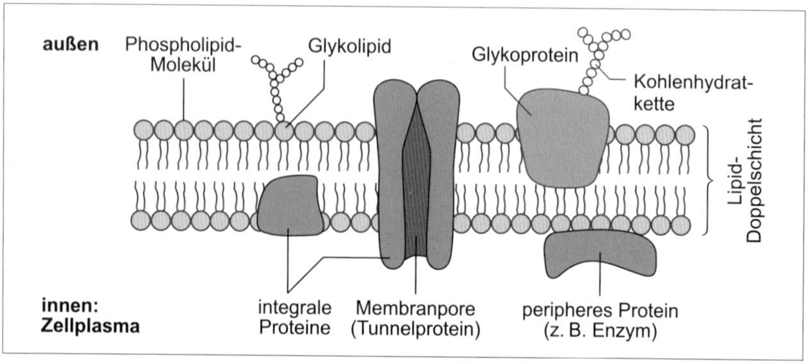

Unterschiede der Transportvorgänge an Membranen:

Vergleichskriterien	aktive Transportvorgänge	passive Transportvorgänge
Energieverbrauch (in Form von ATP)	ja	nein
Transportrichtung	entgegen des Konzentrationsgradienten	mit dem Konzentrationsgradienten
Art der Transportvorgänge	primär aktiver Transport, sekundär aktiver Transport	einfache Diffusion, kanalvermittelte Diffusion, Carrier-vermittelte Diffusion
Spezifität für transportierte Stoffe	Spezifität der Transportproteine (z. B. Ionenpumpe oder Protonenpumpe)	unspezifisch für kleine polare Moleküle (Diffusion), spezifisch bei kanalvermittelter und Carrier-vermittelter Diffusion (große Moleküle)

Es sind nur drei Kriterien verlangt.

2 *Diese Aufgabe ist sehr vielschichtig und es kann leicht passieren, eine Teilaufgabe zu vergessen. Aus diesem Grund kann es hilfreich sein, sich die einzelnen Arbeitsschritte vorher stichpunktartig zu notieren und anschließend zu prüfen, ob alle Teilaufgaben erfüllt worden sind. Planen Sie für Ihr Experiment genügend Zeit ein. Sie haben etwa 40 Minuten Zeit für ein Experiment in diesem Umfang. Sollten Sie mit Ihrem Ergebnis unzufrieden sein, steht es Ihnen frei, das Experiment zu wiederholen. Beachten Sie dabei jedoch den zusätzlichen Zeitaufwand.*

Teil A: Herstellung des Abzugspräparates und Erstellung einer mikroskopischen Skizze

*Um ein **Abzugspräparat der Zwiebelepidermis** zu erstellen, viertelt man zunächst die Zwiebel und löst eine einzelne Schuppe ab. Diese schneidet man anschließend auf der Innenseite mit der Rasierklinge gitterförmig ein, sodass kleine Quadrate entstehen. Mit der Pinzette wird von der Einschnittstelle die violett gefärbte Epidermis vorsichtig abgezogen. Dabei ist darauf zu achten, dass kein darunter liegendes Speichergewebe abgezogen wird. Anschließend wird mithilfe einer Pipette ein Tropfen Wasser auf den Objektträger gegeben und die Zwiebelepidermis darauf platziert. Das Deckgläschen wird nun auf einer Kante aufgelegt und langsam abgesenkt, sodass keine Lufteinschlüsse entstehen können.*

*Bei der Herstellung des Präparates und der **Durchführung der Mikroskopie** sollte im Allgemeinen auf eine saubere Arbeitsweise, die korrekte Auswahl von Präparationszubehör und die Qualität des Präparates geachtet werden (z. B. ist die Bildung von Luftbläschen unter dem Deckglas unbedingt zu vermeiden). Der Umgang mit dem Mikroskop sollte der Reihenfolge nach erfolgen (kleinstes Objektiv ⇒ Scharfstellung mit Grob- und Feintrieb ⇒ nächst größeres Objektiv ⇒ Scharfstellung mit Feintrieb und so weiter), bis die optimale Vergrößerung zur Erfüllung der Aufgabe vorliegt. Hier bietet sich aufgrund der geforderten Betrachtung einer einzelnen Zelle die 400-fache Vergrößerung an. In Einzelfällen können die Zellen zu groß sein und mit der 400-fachen Vergrößerung nicht mehr als Ganzes zu sehen sein, sodass in diesem Fall auf die nächst kleinere Vergrößerung zurückgegriffen werden sollte. Auf eine angemessene Ausleuchtung ist zu achten.*

*Bei der **Erstellung der mikroskopischen Skizze** ist zu beachten, dass die relevanten Strukturen, die in der Aufgabenstellung vorgegeben sind, ausgewählt und in einer angemessenen Größe mit Bleistift sauber dargestellt werden. Hierbei handelt es sich um eine einzelne Zelle. In der Skizze sollen die Kenntnisse über das Objekt zum Ausdruck kommen und wesentliche Merkmale enthalten sein. Das bedeutet, dass die typische Zellform sowie die im Objekt vorhandenen Größenverhältnisse dargestellt werden müssen. Weiterhin ist auf eine korrekte Beschriftung der wichtigsten Strukturen zu achten. Da es sich nicht um eine mikroskopische Zeichnung handelt, sollten Sie nicht so viel Zeit für die Skizze aufwenden. Konzentrieren Sie sich stattdessen auf den Umgang mit dem Mikroskop, die Durchführung des Experiments sowie dessen Beschreibung und Erklärung.*

Mikroskopische Skizze einer Zelle der Zwiebelepidermis mit Beschriftung:

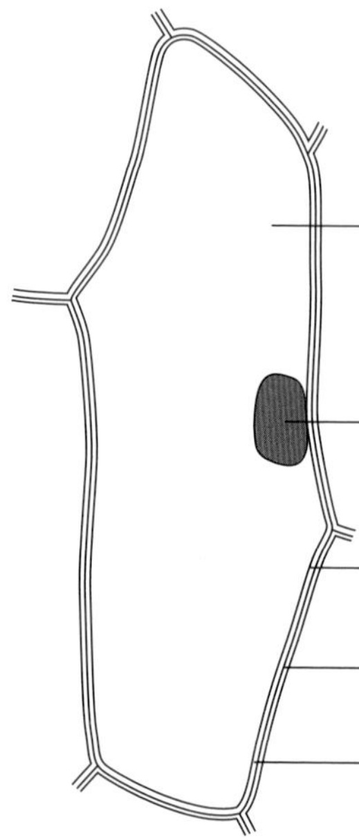

Teil B: Auslösung der Plasmolyse in den Zwiebelzellen durch Auswahl und Zugabe einer hypertonischen Lösung sowie Beschreibung und Erklärung des Versuchsergebnisses

Unter den zur Verfügung stehenden gesättigten Lösungen kann zwischen Glukose-Lösung, Kalium-Chlorid-Lösung und Natrium-Chlorid-Lösung frei gewählt werden, um eine Plasmolyse hervorzurufen. Alle drei Lösungen enthalten eine größere Konzentration gelöster Stoffe als die Zwiebelzelle selbst, sodass sie im Vergleich zum Zellinneren hypertonisch sind.

Die Zugabe von destilliertem Wasser ruft hingegen keine Plasmolyse hervor, sondern führt dazu, dass das Lösungsmittel Wasser entlang dem Konzentrationsgefälle in den Protoplasten der Zwiebelzelle hineinströmt, weil das Außenmedium im Vergleich zum Zellinneren hypotonisch ist.

Die gewählte Lösung sollte zunächst mit einer Pipette an den Rand des Deckgläschens gesetzt und anschließend mithilfe eines Filterpapierstreifens von der anderen Seite des Deckgläschens durchgesaugt werden. Gegebenenfalls kann ein weiterer Tropfen der Lösung nachgesetzt werden. Bereits nach kurzer Zeit, spätestens jedoch nach etwa fünf Minuten, sollte die Plasmolyse einsetzen und an einer prototypischen Zelle der Aufsicht führenden Lehrkraft präsentiert werden.

Beschreibung der Beobachtung:
Nach Zugabe der gesättigten Lösung nimmt die Intensität der Färbung im Zellinneren stark zu und erscheint rot bis pink-violett. Es entstehen farblose Freiräume zwischen Zellwand und Protoplast, der Protoplast löst sich von der Zellwand. Vereinzelt sind zwischen Tonoplast und Zellwand fadenartige Verbindungen zu erkennen (Hechtsche Fäden).

Erklärung der Beobachtung:
Unter **Plasmolyse** versteht man die aufgrund einer erhöhten Wasserabgabe ins Außenmedium auftretende starke Komprimierung und Ablösung des Protoplasten von der Zellwand. Dieser Zustand kann hervorgerufen werden, wenn die Umgebung der Zelle im Vergleich zum Zellinneren aus einer **hypertonischen Lösung** (mehr gelöste Teilchen im umgebenden Lösungsmittel als in der Zelle selbst) besteht. Das hat zur Folge, dass ein **Konzentrationsgradient** entsteht. Bei **osmotischen Prozessen** können aufgrund des Vorhandenseins der semipermeablen Zellmembran gelöste Stoffe nicht ungehindert passieren. Um einen Konzentrationsausgleich herzustellen, diffundiert das Lösungsmittel (Wasser), das die Biomembran hingegen ungehindert passieren kann, entlang dem Konzentrationsgradienten und verlässt die Zelle. Damit löst sich der Protoplast von der Zellwand ab und komprimiert sehr stark. Die in der Vakuole vorliegende Konzentration roter Farbstoffe nimmt zu, sodass die Färbung intensiver rot bis pink-violett erscheint. Es entstehen farblose Räume zwischen Zellwand und Protoplast. Es ist wahrscheinlich, dass diese von der zugegebenen gesättigten Lösung gefüllt sind, die durch Öffnungen in der Zellwand einströmt.

3 *In einer kurzen Vorbetrachtung sollten die Bedingungen dargestellt werden, denen die Bakterien ausgesetzt sind. Beachten Sie bei der Formulierung der Hypothese, dass es sich hier um eine begründete Vermutung zur Lösung eines Sachverhaltes handelt. Zur Lösung der Aufgabe sind auch die Inhalte der vorangegangenen beiden Aufgaben hilfreich.*

Der Begriff **Halobakterien** bezeichnet Bakterien, die eine salzige Umgebung tolerieren.
Das bedeutet, dass ihnen Mechanismen zu eigen sein müssen, um in der stark hypertonischen Umgebung des Toten Meeres aufgrund einer erhöhten Wasserabgabe an die Umgebung nicht zu vertrocknen.

Hypothese:
Es könnte ein in der Membran der Bakterienzelle verorteter aktiver Transportmechanismus vorhanden sein, der den Salzgehalt in der Zelle durch Aufnahme von Ionen erhöht, sodass Außen- und Innenmedium zueinander isotonisch sind und weder eine zu starke Wasseraufnahme noch -abgabe stattfinden.

Alternative Hypothese: Es könnte aktiv immer wieder Wasser entgegen dem Konzentrationsgefälle aus der Umgebung aufgenommen werden, um den Wassergehalt in der Zelle konstant zu halten.

4 **Beschreibung des Kurvenverlaufes im Material 2:**
Im Diagramm ist der relative ATP-Gehalt im Inneren von Halobakterien bei wechselnden Lichtverhältnissen über einen Zeitraum von 70 Minuten aufgetragen. Dabei wechseln sich Belichtungs- und Dunkelphasen in einem 20-minütigen Takt ab. Es ist zu erkennen, dass der zu Beginn des Experiments bei 100 % festgesetzte ATP-Gehalt mit Einsetzen der Dunkelphase in kurzer Zeit exponentiell fällt und sich etwa bei einem Wert um 50 % des Ausgangs-ATP-Gehaltes einpegelt.
Sobald die Belichtungsphase beginnt, steigt der ATP-Gehalt schlagartig auf 100 % an und wird nahezu konstant gehalten. Bei erneut einsetzender Dunkelphase fällt der ATP-Gehalt vergleichbar wie beim ersten Mal ab und nähert sich wieder einem Wert von etwa 50 % an.

Erklärung der Energiegewinnung bei Halobakterien unter Lichteinfluss:
Halobakterien besitzen in ihrer Cytoplasmamembran ein spezielles Membranprotein, das **Bakterio-Rhodopsin**. Mithilfe dieses lichtsensitiven Proteins werden unter Lichteinwirkung entgegen dem Konzentrationsgefälle Wasserstoffionen durch die Cytoplasmamembran nach außen transportiert. Dadurch wird ein Konzentrationsgradient geschaffen, denn im Inneren befinden sich nun im Vergleich zum Außenmedium sehr viel weniger Wasserstoffionen. Der nun entlang dem Konzentrationsgefälle verlaufende Einstrom von Wasserstoffionen durch spezielle Wasserstoffionenkanäle setzt einen Prozess in Gang, bei dem ein spezielles Enzym, die ATPase, aus ADP und Phosphat ATP synthetisiert. Dieser Vorgang ist so effektiv, dass mehr ATP aufgebaut wird, als von der Zelle während des Stoffwechsels verbraucht werden kann.

5 *In der Aufgabenstellung wird auf eine unterschiedliche Bedeutung von Bakterien im Ökosystem See hingewiesen. Das bedeutet, dass in der Lösung auf unterschiedliche Funktionen von Bakterien einzugehen ist. Bakterien stehen in verschiedenen biotischen Beziehungen zu anderen Lebewesen.*

Bakterien besitzen einen hohen Stellenwert im Ökosystem See und sind in vielfältiger Weise an komplexen Stoffkreisläufen beteiligt und über biotische Beziehungen in dieses Ökosystem integriert.

- Im Nährstoffkreislauf des Sees zählen Bakterien beispielsweise zur Gruppe der **Destruenten**, die totes organisches Material zu energiearmen anorganischen Stoffen, sogenannten Mineralstoffen, abbauen. Diese stehen anschließend der Gruppe der Produzenten als Ausgangsstoff für den Aufbau von Biomasse zur Verfügung.
- Einige fotosensitive Bakterien, wie zum Beispiel Cyanobakterien, können auch als **Produzenten** im Ökosystem See auftreten und so die Nahrungsgrundlage für bestimmte Konsumenten bilden.
- Darüber hinaus können Bakterien als **Krankheitserreger** (parasitischer Charakter) fungieren, können aber auch wichtige **Symbiosepartner** für im Wasser lebende Organismen sein.

Erhöhtes Anforderungsniveau Biologie (Brandenburg): Abituraufgaben 2018
Aufgabe B: Genetik, Zellbiologie, Neurobiologie

Thema: RNA-Forschung auf dem Vormarsch

RNA, kurz für Ribonukleinsäure, rückt nach jahrzehntelangem Schattendasein immer mehr in den Fokus der Wissenschaft. Früher hielt man RNAs für eine Art uninteressanter, weicher Spaghettifäden, die zwischen den wichtigen Molekülen DNA und Proteinen Informationen transportieren. Mittlerweile wissen Biologen, dass RNAs vielen anderen grundlegenden Funktionen dienen: Sie helfen bei der Proteinbiosynthese, kontrollieren die Genaktivität und modifizieren andere RNAs. Mindestens 85 % des menschlichen Genoms werden in RNA umgeschrieben – was diese dann genau bewirkt, ist Gegenstand aktueller Forschung.

Aufgaben

1 Beschreiben Sie den Aufbau der RNA und nennen Sie vier Baumerkmale, in denen sich die DNA von der RNA unterscheidet. 10

2 Stellen Sie die Bedeutung der RNA-Arten in den beiden Phasen der Proteinbiosynthese bei Eukaryoten dar. 6

3 In pro- und eukaryotischen Zellen gibt es mehrere verschiedene Mechanismen zur Regulation der Transkriptionsrate eines Gens.
Erläutern Sie anhand von Skizzen eine Form der Genregulation mithilfe des Modells von Jacob und Monod. 8

4 Beschreiben Sie unter Verwendung von Material 1 die Bildung der miRNA und begründen Sie die regulierenden Funktionen von miRNA bei der Proteinbiosynthese. 10

5 Stellen Sie den Ablauf eines Aktionspotenzials an einer Axonmembran bis zur Wiederherstellung des Ruhepotenzials in einem Fließschema dar.
Entwickeln Sie eine Hypothese für die sehr lange Plateauphase beim Aktionspotenzial an Herzmuskelzellen auf Basis der Ionenströme. 12

6 Begründen Sie die Möglichkeit, das Vorhofflimmern als Herzkrankheit mit miRNA zu therapieren. 4

Material 1: Kleine Schnipsel mit großer Wirkung

1993 stellte die Entdeckung winziger Stückchen von Ribonukleinsäuren, heute als microRNAs (miRNA) bekannt, die Wissenschaftler vor ein Rätsel.
Was die Wissenschaftler verwirrte, war die Tatsache, dass diese miRNAs ganz offensichtlich nicht für Proteine kodierten. Welche Funktion haben sie dann? Inzwischen weiß man, dass sie eine wichtige Rolle bei der Genregulation spielen.
Im Menschen sind mehr als 1 500 miRNAs beschrieben, und man geht davon aus, dass mindestens 30 % der Gene direkt durch miRNAs reguliert werden.
Eukaryotische Zellen sind in der Lage, durch RNA-Interferenz (Wechselwirkung kurzer Stücke von z. B. miRNA mit der mRNA) die Expression von Genen gezielt unter Beteiligung der Enzyme Dicer und RISC zu verlangsamen oder sogar komplett auszuschalten (Gen-Silencing). Da die Regulation nach der Transkription stattfindet, spricht man hier von posttranskriptionellem Gen-Silencing.
Die folgende Abbildung zeigt die Bildung von miRNA und ihre regulierende Funktion.

verändert nach: Boon, R. & Dimmeler, S.: Kleine Schnipsel mit großer Wirkung. Forschung Frankfurt, 1/2012.

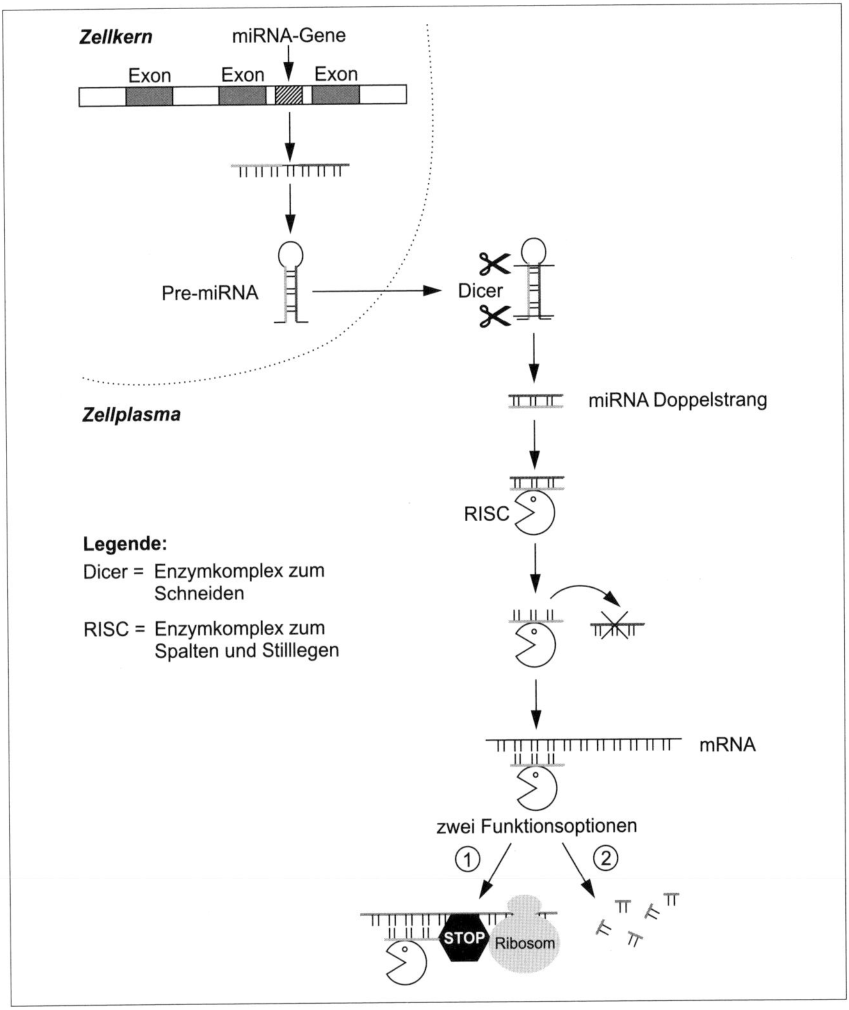

Abb. 1

Material 2: Typische Phasen des Aktionspotenzials von Herzmuskelzellen

Grundlage für die regelmäßige Erregung der Herzmuskelzellen ist ein Aktionspotenzial, das eine Besonderheit gegenüber den Aktionspotenzialen von Nervenzellen zeigt: Es ist mit durchschnittlich 300 ms Dauer extrem lang.
Das ungewöhnliche Signal kommt durch ein komplexes Zusammenspiel von Ionenströmen (Na^+, Ca^{2+} und K^+) zustande. Die beteiligten Ionenkanäle (je ein Na^+- und Ca^{2+}-Kanal, drei verschiedene K^+-Kanäle) werden von verschiedenen Genen gebildet

und in die Membranen der Herzmuskelzellen eingebaut. Diese Kanäle müssen in einer bestimmten Anzahl vorliegen.

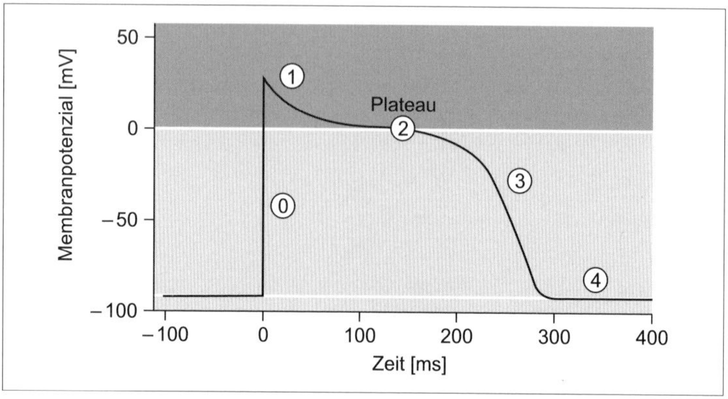

Abb. 2

Verteilung der am Herz-Aktionspotenzial beteiligten Ionen:

Extrazellulär:	
Na^+	145 mmol · L^{-1}
K^+	4 mmol · L^{-1}
Ca^{2+}	2 mmol · L^{-1}

Intrazellulär:	
Na^+	12 mmol · L^{-1}
K^+	150 mmol · L^{-1}
Ca^{2+}	0,0001 mmol · L^{-1}

Material 3: Therapie von Herzerkrankungen

Bei Vorhofflimmern, der häufigsten Form von Arhythmie des Herzens, breiten sich die Aktionspotenziale nicht geordnet aus. Ursache dafür ist die Verkürzung der Phase 3 des Herzmuskelaktionspotenzials. Dadurch werden neue Aktionspotenziale zu früh ausgelöst.

Die Verkürzung der Phase 3 wird durch eine zu hohe Anzahl von Kalium-Ionenkanälen verursacht. Die gesteigerte Genexpression, die dem zugrunde liegt, beruht auf einer verminderten Bildung von miRNA. Die miRNA sorgt dafür, dass dieser Kanal in genau der richtigen Menge vorliegt.

Weitere Materialgrundlagen:
http://www.spektrum.de/news/die-raffinierte-bauweise-der-rna. Letzter Zugriff 07. 06. 2017.
http://theses.ulaval.ca/archimede/fichiers/21404/ch03.html. Letzter Zugriff 13. 06. 2017.
Illustration adapted from (Jen and Gewirtz, 2000; Kurreck, 2003).
Ruppert, W.: mRNA-Degradation In: Unterricht Biologie 40. Jg. (2016), Heft 414, S. 30–33.
Klinke, R. & Silbernagl, S.: Lehrbuch der Physiologie. 4. korr. Aufl., Stuttgart: Thieme, 2003, S. 115–116.

Lösungsvorschläge

1 *Die RNA soll sowohl hinsichtlich ihrer Einzelbausteine als auch in ihrer Raumstruktur beschrieben werden. Auf dieser Grundlage können dann vier bauliche Kriterien herausgestellt werden, die bei der DNA anders ausgeprägt sind.*

Aufbau der RNA:
Die RNA ist ein **einzelsträngiges Makromolekül**, welches sich aus verschiedenen Bausteinen zusammensetzt. Diese Grundbausteine werden als **Nukleotide** bezeichnet, die sich wiederum aus einem **Phosphorsäurerest**, dem **Zucker Ribose** und einer von vier möglichen **organischen Stickstoffbasen** (Adenin, Guanin, Cytosin, Uracil) zusammensetzen.

Unterschiede der Baumerkmale:
- Die DNA hingegen ist ein **doppelsträngiges** Makromolekül, bei der die Einzelstränge schraubig umeinander gewunden sind und über komplementäre Basenpaarungen zusammenhalten.
- Da die RNA in Form von mRNA häufig nur die Informationen eines bestimmten DNA-Abschnitts enthält oder in Form der tRNA Aminosäuren im Zellplasma zu den Ribosomen transportiert, umfasst sie deutlich weniger Basenpaare als die DNA. Die DNA ist also **länger**.
- Die DNA enthält anstatt der Ribose den Zucker **Desoxyribose**.
- Die DNA weist anstelle der Base Uracil die **Base Thymin** auf.

2 *Die hier angesprochenen verschiedenen RNA-Arten müssen in einen größeren Prozess eingeordnet werden. Die RNA-Arten müssen benannt und anschließend hinsichtlich ihrer Funktionen für die Proteinbiosynthese beschrieben werden.*

Bei der Proteinbiosynthese wird ein Gen der DNA in eine Aminosäuresequenz und letztlich in ein Protein überführt. Verschiedene **RNA-Arten** spielen bei den beiden Phasen (Transkription und Translation) eine große Rolle:
- **mRNA:** Ein proteincodierender DNA Abschnitt wird bei der Transkription in die mRNA übersetzt und ins Cytoplasma transportiert. Sie wird auch als Boten-RNA bezeichnet. Die zwei Untereinheiten des Ribosoms setzen an der mRNA an, diese bildet die Andockstelle für die tRNAs.
- **tRNA:** Diese transportieren die Aminosäuren. Das Andocken funktioniert über komplementäre Basenpaarung und stellt sicher, dass die Aminosäuren über die Kopplung mit der Basensequenz der mRNA in die von der DNA vorgesehene Reihenfolge gebracht werden.
- **rRNA:** Die ribosomale RNA ist für die Ribosomstruktur und -funktion unablässig. Die Ribosomen sind für die Translation von großer Bedeutung, da sie die RNA-Nukleotidsequenz in eine Aminosäurenkette übersetzen.

3 *Diese Aufgabe erfordert es, eine Form der Genregulation zu skizzieren und die in der Skizze erkennbaren Prozesse zu beschriften und anschließend zu erläutern. Da in der Aufgabe von „Skizzen" gesprochen wird, sollen zwei oder sogar mehr Situationen dargestellt werden. Entsprechend dem Sachverhalt „Genregulation" sollte dies eine Situation, bei der das Ablesen der Gene gewährleistet ist, und eine weitere, bei der dies durch bestimmte Einflüsse blockiert wird, umfassen.*

Skizze 1:

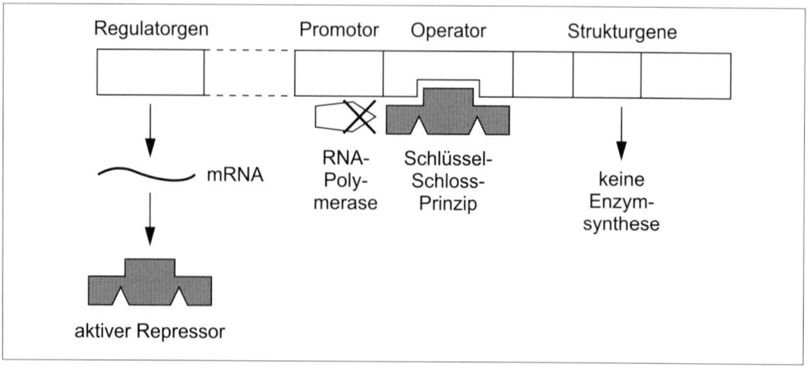

Es gibt Abschnitte auf der DNA, die aufgrund ihrer molekularbiologischen Struktur spezifische Anheftungsstellen der RNA-Polymerase zu Beginn der Transkription bilden. Diese Stellen werden als **Promotoren** bezeichnet. Die DNA-Sequenz nach dem Promoter bildet **Strukturgene** und codiert für verschiedene Proteine, wie z. B. Enzyme. Ein Mechanismus der Genregulation, also die Steuerung der Aktivität bestimmter Gene, basiert auf einer **substratinduzierten Transkription** von Strukturgenen. Wie in Skizze 1 dargestellt, wird die Transkription von Strukturgenen durch einen **aktiven Repressor** unterdrückt, welcher ebenfalls durch ein **Regulatorgen** codiert ist. Dieser Repressor passt strukturell – gemäß Schlüssel-Schloss-Prinzip – an eine DNA-Sequenz hinter dem Promoter. Dieser sogenannte Operator verhindert bei Bindung durch den Repressor ein Ablesen der Strukturgene durch die RNA-Polymerase. Demnach werden die dort codierten Enzyme nicht synthetisiert. Eine Synthese erfolgt nämlich erst bei entsprechendem Bedarf, also bei Vorhandensein eines Substrates. Dieses kann durch die auf den Strukturgenen codierten Enzyme abgebaut werden.

Skizze 2:

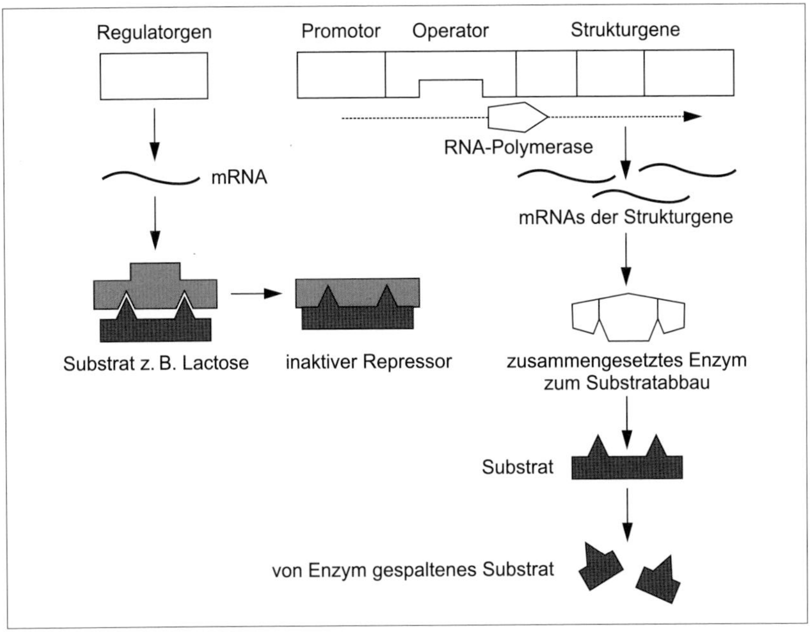

In Skizze 2 ist zu sehen, dass das Substrat gemäß Schlüssel-Schloss-Prinzip an den Repressor binden kann und diesen strukturell so verändert, dass dieser nicht mehr in den Operator passt und so inaktiv ist. Demnach ist die RNA-Polymerase nicht blockiert und kann die Strukturgene ablesen, welche letztlich über die Transkription und Translation in einem Enzym resultieren, welches das Ausgangssubstrat abbauen kann. So erfolgt hier eine Regulation der Proteinbiosynthese über das Vorhandensein oder Nichtvorhandensein eines Substrates.

Alternativ kann hier auch die Endproduktrepression skizziert und erläutert werden.

4 *Hier soll die im Material 1 aufgezeigte Wirkungskette in einen beschreibenden Fließtext umformuliert werden. Wichtig ist hierbei, die Legende zu beachten und die verschiedenen Funktionen der zwei Enzymkomplexe zu berücksichtigen. Abschließend soll verallgemeinert werden, inwieweit hier eine Beeinflussung der Proteinbiosynthese erfolgt, was erfordert, die Bedeutung der mRNA für diesen Prozess zu berücksichtigen.*

Die miRNA wird gebildet, indem nicht codierende Bereiche, sogenannte Introns, der DNA transkribiert werden. Die daraus gebildete Pre-miRNA wandert anschließend in das Cytoplasma und wird hier von einem Dicer-Enzymkomplex so beschnitten und verändert, dass eine doppelsträngige miRNA ohne Schleifenkomplexe oder ähnliche räumliche Verwindungen entsteht. Dieser miRNA Doppelstrang wird nun von einem weiteren Enzymkomplex, dem spaltenden und stilllegenden RISC-Komplex, gebunden. Dieser Komplex bindet an einem Einzelstrang der miRNA und spaltet diesen vom komplementären Strang ab, sodass ein RISC-miRNA-Einzelstrang-Komplex entsteht. Dieser Komplex wiederum kann nun an komplementäre mRNAs binden, die eigentlich zur Translation in eine Aminosäuresequenz vorgesehen sind. Demnach führt eine Bindung eines RISC-miRNA-Einzelstrang-Komplexes an eine mRNA zum Abbruch der Translation, da das Ribosom auf der mRNA nicht mehr weiterwandern kann. Eine zweite Funktion des RISC-miRNA-Einzelstrang-Komplexes ist sogar der Abbau der mRNA und dementsprechend die Verhinderung der Umsetzung von Geninformationen in eine Aminosäuresequenz. Die Proteinbiosynthese wird dahingehend reguliert, dass die Genexpression posttranskriptionell verlangsamt oder ausgeschaltet werden kann.

5 *Das Fließschema erfordert es, die einzelnen Phasen des Membranpotenzialverlaufs in ihrer richtigen Abfolge darzustellen. Dieses Fließschema bildet dann zusammen mit dem Material 2 die Grundlage für die aufzustellende Hypothese. Im Material 2 sind dann insbesondere die hier aufgezeigten Calciumionenkanäle zu beachten, da diese in den in Schullehrbüchern dargestellten modellhaften Ionenvorgängen am Axon im Regelfall nicht beteiligt sind. Folglich müsste ein Zusammenhang zwischen Plateauphase und Calciumionenkanälen hergestellt werden.*

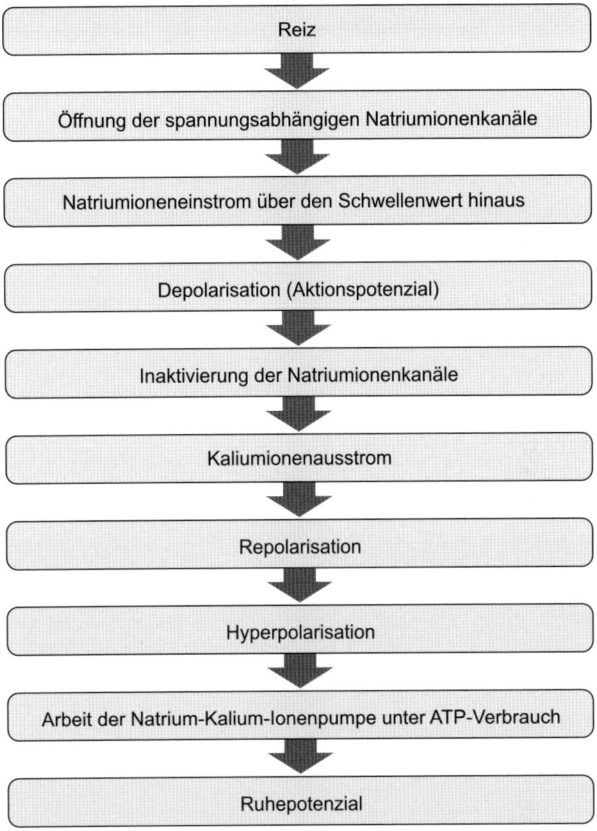

Hypothese: Bei einem standardmäßig verlaufenden Aktionspotenzial sind die Natriumionenkanäle, nachdem sie kurzzeitig geöffnet waren, auch eine kurze Zeit geschlossen. Diese Zeit wird als Refraktärzeit bezeichnet, hier kann kein Aktionspotenzial ausgelöst werden. Wie im Material 2 zu erkennen ist, ist die Repolarisationsphase durch ein sehr langsames Abfallen der Membranspannung (Plateauphase) gekennzeichnet. Im Normalfall ist dieser Abfall durch den Kaliumionenausstrom bedingt, da hier positive Ladungsträger das Cytoplasma verlassen. Es ist anzunehmen, dass die hier abgebildete Plateauphase durch eine Ladungskompensation hergestellt wird. Es kann demnach vermutet werden, dass die in der Tabelle aufgeführten Calciumionen während der Repolarisierungsphase aufgrund des Konzentrationsgradienten in das Axoninnere strömen, wobei das Axoninnere positiver wird. Folglich gibt es hier eine Art Aufhebungseffekt, da positive Kaliumionen das Axonplasma verlassen, aber gleichzeitig positive Calciumionen in das Axonplasma strömen. Dieser Aufhebungseffekt spiegelt sich im verlangsamten Abfall der Membranspannung während der Refraktärzeit wider.

6 *An dieser Stelle erfolgt eine inhaltliche Zusammenführung der zuvor bearbeiteten Einzelaufgaben. Zunächst muss aus Material 3 geschlossen werden, welche Ursachen und Erscheinungsform das Vorhofflimmern hat. Anschließend muss bedacht werden, dass Ionenkanäle in der Membran als Proteinstrukturen vorliegen, welche durch miRNA in ihrer Synthese behindert werden können. Der Operator „begründen" erfordert es, in eben diesen kausalen Zusammenhängen zu argumentieren.*

Ursache des Vorhofflimmerns ist eine zu kurze Repolarisierungsphase durch zu viele Kaliumionenkanäle. Diese entstehen, weil die Bildung von miRNA reduziert ist und die Genexpression nicht ausreichend reguliert wird. Demnach kommt es aufgrund des stark erhöhten Ladungsausstroms von Kaliumionen zu einem rapiden Abfall der Membranspannung. Da die Kaliumionenkanäle aus Proteinstrukturen zusammengesetzt sind, die als Gene transkribiert und translatiert werden müssen, ist es möglich, diese Genexpression durch eine künstliche Hinzugabe von miRNA einzuschränken. So kann miRNA synthetisiert werden, die komplementär zur mRNA für die Kaliumionenkanäle ist. Durch komplementäre Bindung wird diese unablesbar für die Ribosomen und kann entsprechend nicht translatiert werden. Die Proteinstrukturen, die die Kaliumionenkanäle bilden, werden somit weniger synthetisiert und die Membran ist für die Kaliumionen weniger permeabel.

Erhöhtes Anforderungsniveau Biologie (Brandenburg): Abituraufgaben 2018
Aufgabe C: Evolution, Ökologie, Zellbiologie, Genetik

Thema: ***Macrauchenia*** **– Kamelelefant oder Rüsselpferd?**

CHARLES DARWIN grübelte 1834 über Knochen, die er selbst in Patagonien ausgegraben hatte. Seine jüngste südamerikanische Entdeckung war das seltsamste Tier, das ihm je unter die Augen gekommen war. Er wusste einfach nicht, wie er das offenbar schon ausgestorbene Wesen einordnen sollte. Er nannte es *Macrauchenia patachonica*. 2017 ist es Forschern der Universität Potsdam gelungen, die ausgestorbenen Tiere in den Stammbaum der Säugetiere einzuordnen.

Hypothetische Rekonstruktion des *Macrauchenia* in seinem Lebensraum

Aufgaben

1 Definieren Sie den Begriff ökologische Nische. Erläutern Sie die Anpassung des *Macrauchenia* an seine ökologische Nische. 5

2 Stellen Sie die Evolutionsfaktoren, die zur Bildung des Rüssels von *Macrauchenia* geführt haben, und ihre Wirkung in einer tabellarischen Übersicht zusammen. 10

3 Für den Nachweis von Verwandtschaft werden anatomische Vergleiche unter Verwendung der Homologiekriterien genutzt.
Beurteilen Sie auf dieser Basis die Verwandtschaft von *Macrauchenia* und Elefant anhand der Schädel. 7

4 Erläutern Sie anhand geeigneter Skizzen den Bau und die Struktur der Proteine. 10

5 Begründen Sie die Eignung der Strukturproteine wie Kollagen zur Verwandtschaftsanalyse.
Vergleichen Sie die Aminosäuresequenzen von *Macrauchenia* mit anderen Tieren und leiten Sie Schlussfolgerungen in Bezug auf deren Verwandtschaft ab. 8

6 Analysieren Sie die Ergebnisse des DNA-Sequenzvergleiches der Gene ND2, COX1 und der Kontrollregion von *Macrauchenia* mit anderen Säugetieren.
Formulieren Sie je eine Hypothese zur Erklärung der Ergebnisse des DNA-Sequenzvergleiches dieser Gene. 10

Material 1: *Macrauchenia* – ungewöhnliche Tiere mit erstaunlichem Körperbau

Südamerika war Jahrmillionen lang vom Rest der Welt abgetrennt.
Bis vor 11 000 Jahren wurde dieser Kontinent von vielen ungewöhnlichen Tieren, wie Riesenbibern, Riesenfaultieren, Riesen-Gürteltieren und Säbelzahntigern, besiedelt. Daneben gab es seltsam aussehende Tiere mit langen Hälsen und Beinen, die bis auf den Rüssel an Kamele erinnerten. Sie konnten bei einer Schulterhöhe von 1,8 m bis 500 kg wiegen. Paläontologen nennen sie *Macrauchenia*.
Die langen Beine und der lange Hals deuten auf ein Leben in weiten Grasländern mit lockerem Baumbestand hin. Auch die Zähne zeigen eindeutig, dass *Macrauchenia* sich vegetarisch ernährten.
Vor etwa 11 000 Jahren verschwanden viele Arten. Von *Macrauchenia* und allen anderen Großtieren blieben nur Fossilien übrig.

Material 2: Anatomische Belege für Verwandtschaft

Um die Verwandtschaftsverhältnisse von *Macrauchenia* und anderen Säugetieren zu klären, wurden unter anderem Schädel untersucht. Besonders interessant waren aber die Teile des Schädels, in denen die Öffnungen für die Nase nicht wie bei den meisten Säugetieren direkt über den Schneidezähnen, sondern viel weiter oben zwischen den Augenhöhlen liegen. Ähnlich weit oben liegen die Nasenöffnungen auch bei heutigen Rüsseltieren, wie Elefanten.

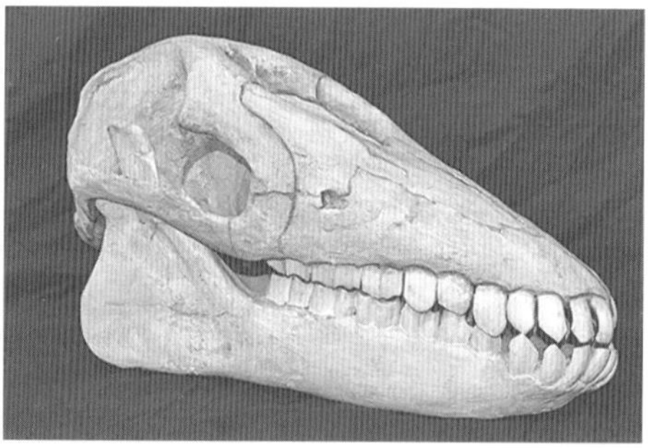

Abb. 1: Schädel des *Macrauchenia patachonica* mit Nasenöffnung

Quelle: © Catawiki

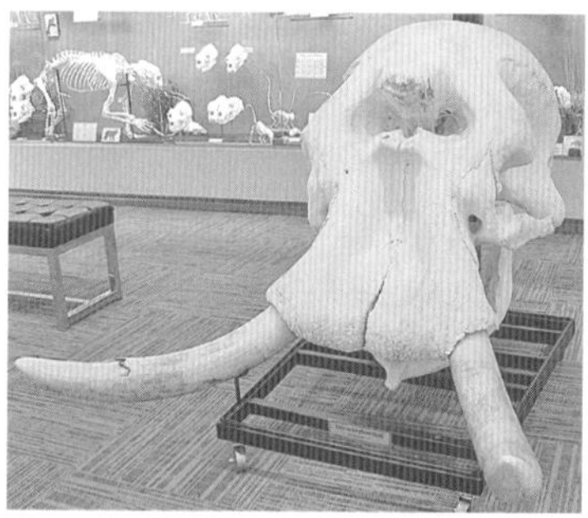

Abb. 2: Schädel des Afrikanischen Elefanten mit Nasenöffnung

Quelle: JimJones1971, lizenziert unter cc-by-sa-3.0

Material 3: Verwandtschaftsnachweis durch Proteine

Die Untersuchung der Proteine sollte die Verwandtschaftsverhältnisse der *Macrauchenia* innerhalb der Säugetiere genauer klären.
Deshalb untersuchte eine Forschergruppe der Universität Potsdam Kollagen, ein Strukturprotein, das in unterschiedlichen Geweben des Körpers, wie Knochen oder Bindegewebe, vorkommt. Kollagen zerfällt viel langsamer als DNA und auch als andere Proteine der fossilen Knochen.

Die Analyse des Kollagens von *Macrauchenia* und anderer Tiere ergab folgende Aminosäure-Sequenzen:

Nummer der Aminosäure	... 21	... 22	... 23	... 24	... 25	... 26	... 27	... 28	... 29	... 30	... 31	... 32	... 33
Macrauchenia	G	P	M	G	P	S	G	X	G	P	P	G	E
Haus-Huhn	G	P	M	A	G	D	C	Q	G	P	P	G	S
Pferd	G	P	M	G	P	S	G	A	G	P	P	G	E
Afrik. Elefant	G	P	M	D	P	S	G	A	G	P	P	G	E
Haus-Schwein	G	P	M	D	P	S	G	A	G	P	P	G	E
Mensch	G	P	M	C	P	S	G	S	G	P	P	G	E

Nummer der Aminosäure	... 34	... 35	... 36	... 37	... 38	... 39	... 40	... 41	... 42	... 43	... 44	... 45
Macrauchenia	R	K	G	D	A	G	P	A	G	P	K	P
Haus-Huhn	R	C	D	P	A	A	P	G	G	P	P	P
Pferd	R	K	G	D	A	G	P	D	G	P	K	P
Afrik. Elefant	R	K	G	D	A	G	P	D	G	P	K	P
Haus-Schwein	R	K	G	D	A	E	P	E	G	P	K	P
Mensch	R	A	C	G	A	G	P	E	G	P	K	P

Für die Beschreibung der Aminosäure-Sequenz von Proteinen wird von der internationalen Nomenklatur-Kommission ein einheitlicher Ein-Buchstaben-Code empfohlen.
Im oben angegebenen Protein-Ausschnitt bezeichnen folgende Buchstaben die Aminosäuren:

A – Alanin
K – Lysin
C – Cystein
S – Serin
R – Arginin
M – Methionin
E – Glutaminsäure
G – Glycin
D – Asparaginsäure
P – Prolin
X – unbekannte Aminosäure

Material 4: Verwandtschaftsnachweis durch DNA-Sequenzvergleich

Im Jahr 2017 gelang es Potsdamer Wissenschaftlern, mitochondriale DNA aus einem Zehenknochen eines *Macrauchenia*-Fossils zu gewinnen. Die Basenfolge dieser DNA wurde bestimmt. Mitochondriale DNA eignet sich aufgrund ihrer Häufigkeit in den Zellen und ihrer geringen Mutationsrate sehr gut für die Verwandtschaftsanalyse.

Ergebnisse des DNA-Sequenzvergleiches verschiedener Gene von *Macrauchenia* mit anderen Säugetieren:

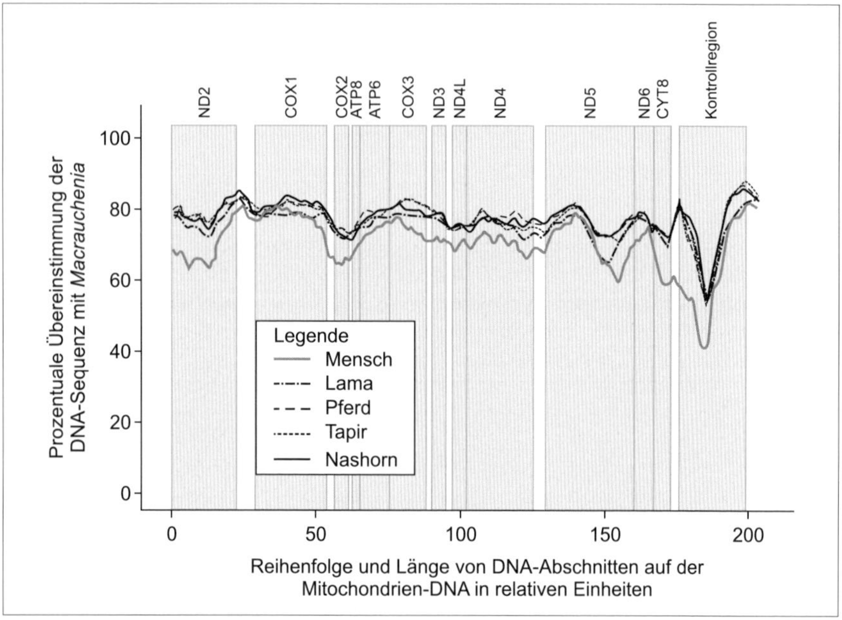

Abb. 3:

Quelle: eigene Darstellung nach Macphee, R. D. E. & Hofreiter, M. et al.: A mitogenomic timetree for Darwin's enigmatic South American mammal Macrauchenia patachonica. Nature Communications 8, Article number: 15951, 2017.

Funktion ausgewählter DNA-Abschnitte:

Abschnitt	Funktion
ND2	codiert typische Eigenschaften der Hirnstruktur
COX1	codiert Enzyme für die Entzündungsreaktion
Kontrollregion	codiert Gene zur Kontrolle der Proteinbiosynthese

Weitere Materialgrundlagen:
Welker, F. et al.: Ancient proteins resolve the evolutionary history of Darwin's South American ungulates. Nature 522, 81–84, 04 June 2015.
www.spektrum.de/news/kamelefanten-haben-verwandte/1471239, letzter Zugriff: 14. 10. 2017.
https://www.mpg.de/9035423/huftiere-toxodon-macrauchenia, letzter Zugriff: 14. 10. 2017.
https://www.welt.de/wissenschaft/article138565830/Das-Macrauchenia-war-doch-eher-Pferd-als-Elefant.html, veröffentlicht: 19.03.2015, letzter Zugriff: 14. 10. 2017.
Braun, R.: Potsdam löst Rätsel um ausgestorbenes Tier. http://www.maz-online.de/Brandenburg/Potsdam-loest-Raetsel-um-ausgestorbenes-Tier, 07.07.2017, letzter Zugriff: 14. 10. 2017.

Lösungsvorschläge

1 *Die Definition der ökologischen Nische impliziert die Aussage, dass der Organismus an verschiedene Umweltfaktoren angepasst ist. Material 1 stellt dahingehend verstärkt biotische Faktoren vor (Pflanzen als Nahrungsgrundlage, Räuber-Beute-Beziehung zum Säbelzahntiger, zwischenartliche Konkurrenz zu anderen Pflanzenfressern). Der Operator „erläutern" zielt darauf ab, dass die Angepasstheiten – also anatomischen Besonderheiten des Macrauchenia – an die jeweiligen Faktoren auch beispielhaft erklärt werden sollen.*

Definition:
Die ökologische Nische umfasst das Zusammenspiel von Beziehungen, in denen eine Art mit ihrer biotischen und abiotischen Umwelt steht. Diese Nische repräsentiert also das Präferendum einer Art in einem multidimensionalen Umweltfaktorenraum.

Erläuterung:
Das *Macrauchenia* ist ein Pflanzenfresser, der in weiten Grasländern mit lockerem Baumbestand lebt. Dafür hat das Tier ein entsprechendes Gebiss ausgeprägt, um die Pflanzen zu zerkleinern. Als weitere Angepasstheit besitzt es lange Beine, einen langen Hals und einen Rüssel, sodass es auch Blätter von erhöhten Baumkronen pflücken kann. Zudem kann das Tier durch die erhöhte Position das Grasland gut überblicken und so potenzielle Räuber wie den Säbelzahntiger frühzeitig erkennen.

2 *Eine tabellarische Übersicht sollte in Form von zwei Spalten gewählt werden, wobei ein Evolutionsfaktor und dessen Wirkung in einer Zeile stehen. Da die Aufgabe sich auf die Ausprägung des Rüssels bezieht, sollte bei der Umschreibung der Wirkung des Evolutionsfaktors auch auf den positiven Einfluss zur Ausprägung des Rüssels verwiesen werden.*

Evolutionsfaktor	Wirkung
Mutation	führt zu zufälligen Variationen der Nasenform bis hin zur Rüsselbildung
Rekombination	führt zur Neukombination von Merkmalen, z. B. langer und muskulöser Rüssel
Selektion	führt zur Auswahl der bestangepassten Individuen (Fitness) mit langem Rüssel, z. B. durch zunehmende Konkurrenz um die Gräser, setzen sich Individuen mit langem Rüssel durch, die als zusätzliche Nahrungsquelle auch Blätter von Baumkronen fressen können
Isolation	verstärkt andere Evolutionsfaktoren, da Begrenzung der Artverbreitung auf Südamerika und somit Einschränkung der Variationsbreite durch relativ konstante Umweltbedingungen
Migration	Auswanderung einer benachteiligten Teilpopulation aufgrund von Konkurrenz (Gendrift und Konzentrierung von Allelen zur Ausprägung des Rüssels) bzw. Einwanderung einer konkurrierenden Art oder Population führt zu Selektionsdruck

3 *Wenden Sie die Homologiekriterien auf die Informationen vom Material 2 an. Vergessen Sie nicht, am Ende ein zusammenfassendes Urteil zu fällen.*

Bei einer engen Verwandtschaft der hier verglichenen Tiere müsste der anatomische Grundbauplan der Individuen entsprechend ähnlich sein. Um eine Verwandtschaft zu bestätigen, müssen jedoch Homologiekriterien erfüllt sein. Das **Kriterium der Lage** kann man am Beispiel der Nasenöffnung nachvollziehen. So befindet sich diese beim Afrikanischen Elefant und beim *Macrauchenia patachonica* zwischen den Augenhöhlen, was für eine Verwandtschaft der beiden Arten spricht. Das **Kriterium der Kontinuität** kann hier nicht nachvollzogen werden, da keinerlei Informationen über mögliche Zwischenformen von Organen oder Knochen bzw. zu auftretenden Rudimenten gegeben sind. Auch über das **Kriterium der spezifischen Qualität** wird keine Aussage gemacht, sodass nicht abschätzbar ist, inwieweit es Übereinstimmungen bei komplexen anatomischen Strukturen gibt.
Zusammenfassend kann auf Grundlage des anatomischen Vergleichs und eines zutreffenden Homologiekriteriums keine eindeutige Aussage über ein mögliches Verwandtschaftsverhältnis der beiden Arten getroffen werden. Das zutreffende Kriterium der Lage kann jedoch als Indiz für eine Verwandtschaft interpretiert werden.

4 *Arbeiten Sie beim Skizzieren sauber und überlegen Sie sich eine sinnvolle Anordnung Ihrer Darstellungen, sodass die Zuordnung der Erläuterungen übersichtlich erfolgen kann. Informationen, die sich grafisch weniger gut darstellen lassen, können Sie in der Erläuterung aufgreifen.*

Proteine sind Polymere aus Aminosäuren, die über Peptidbindungen miteinander verknüpft sind. Ihre Struktur lässt sich in mehrere Ebenen untergliedern:

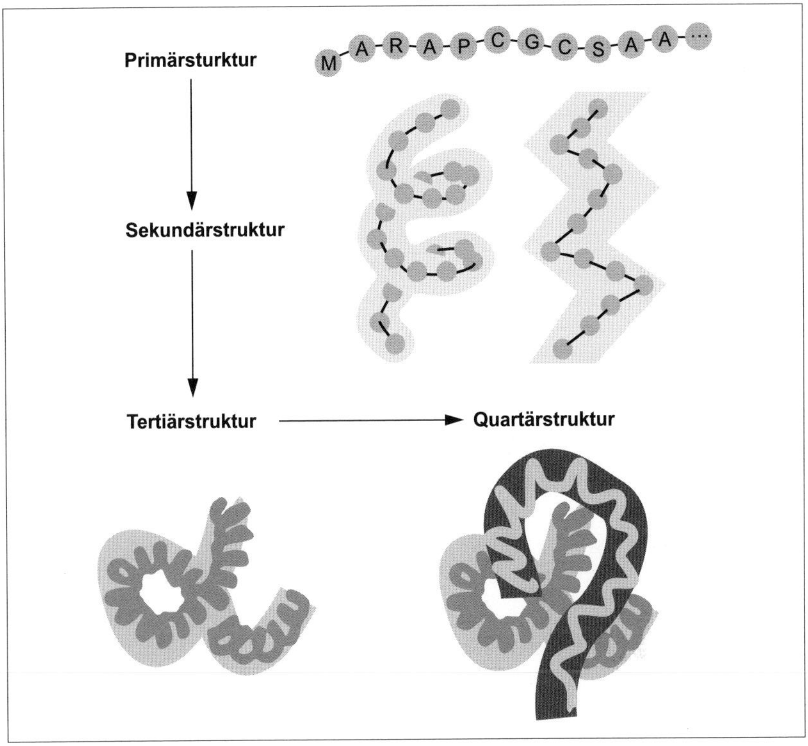

Erläuterung:
Die erste Ebene ist die sogenannte **Primärstruktur**. In dieser werden die Aminosäuremonomere in einer bestimmten Abfolge anhand von Peptidbindungen verknüpft und bilden damit Polypeptidketten.
Die Polypeptidkette bildet typische Strukturelemente, wie eine α-Helix und eine β-Faltblattstruktur. Diese Strukturen nennt man **Sekundärstrukturen**, sie werden gebildet, indem sich an spezifischen Stellen des Peptidrückgrats Wasserstoffbrückenbindungen herausbilden.
Durch erneute Knäulung und Faltung der in der Sekundärstruktur befindlichen Polypeptide bildet sich die sogenannte **Tertiärstruktur**, eine je nach Art des Proteins spezifische Konformation, heraus, die anhand von Wasserstoffbrücken- und Disulfidbrückenbindungen stabilisiert wird.

Die so entstandenen Polypeptide lagern sich schließlich zusammen und bilden ein großes zusammengesetztes Proteinmolekül in der sogenannten **Quartärstruktur**.

5 *Der Operator „begründen" erfordert hier eine Argumentation für die besondere Eignung des Kollagens. Diese Teilaufgabe setzt sich aus den Informationen zum Kollagen aus Material 3, ebenso aber auch aus der besonderen Bedeutung von Aminosäuresequenzen hinsichtlich einer Übereinstimmung beim Erbgut zusammen. Der Vergleich basiert auf Material 3, wobei insbesondere Gemeinsamkeiten und Unterschiede bei den Aminosäuresequenzen angeführt werden müssen. Letztlich muss zusammenfassend geschlussfolgert werden, welche Art am ehesten mit Macrauchenia verwandt ist.*

Begründung:
Kollagen, ein Strukturprotein, ist chemisch stabiler und damit länger haltbar als DNA. Dadurch ist es bei fossilen Funden in größerer Menge erhalten geblieben, was für eine Analyse vorteilhaft ist. Da Proteine aus Aminosäuren bestehen, deren Abfolge durch den genetischen Code festgelegt ist, können sie zur Verwandtschaftsanalyse herangezogen werden. Änderungen der Aminosäuresequenz lassen sich direkt auf Veränderungen in der DNA-Sequenz und damit auf vorliegende Mutationen zurückführen. Je mehr Unterschiede in der Aminosäuresequenz zweier Arten vorliegen, desto geringer ist deren Verwandtschaftsgrad.

Vergleich:
Insgesamt bestehen zwischen den untersuchten Arten 13 Gemeinsamkeiten in der Aminosäuresequenz an folgenden Stellen:
Nummer 21 bis 23
Nummer 29 bis 32
Nummer 34, 38, 40, 42, 43 und 45.

Im direkten Vergleich zwischen den einzelnen Arten und *Macrauchenia* treten
- beim Haus-Huhn zwölf,
- beim Menschen sechs,
- beim Haus-Schwein vier,
- beim Afrikanischen Elefanten drei und
- beim Pferd zwei Abweichungen auf.

Das bedeutet, dass das verwandtschaftliche Verhältnis zwischen *Macrauchenia* und Pferd aufgrund der geringsten Unterschiede in der Aminosäuresequenz des Kollagens am größten ist. Der Afrikanische Elefant und *Macrauchenia* zeigen auch eine ähnliche Sequenz mit nur drei Abweichungen. *Macrauchenia* und Haus-Huhn sind am wenigsten verwandt, gefolgt von Mensch und Haus-Schwein.

Bei Macrauchenia ist bei Nummer 28 ein X für unbekannte Aminosäure angegeben. Diese wurde beim Vergleich immer als Abweichung gezählt. Natürlich wäre es hier auch denkbar, diese Nummer nicht in die Berechnung einzubeziehen.

6 *Die Analyse soll anhand vom Material 4 gemacht werden. Zu beachten ist das Anführen von Prozentangaben, um den Vergleich der Sequenzübereinstimmungen deutlich zu machen. Beim Aufstellen der Hypothesen sollte die Art der Gene betrachtet werden, um die Hypothesen für die engeren oder weiteren Verwandtschaftsbeziehungen zu begründen.*

Analyse:
Wie im Diagramm erkennbar ist, besteht im Abschnitt **ND2**, der für die Codierung typischer Eigenschaften der Hirnstruktur verantwortlich ist, zwischen Mensch und *Macrauchenia* nur eine ca. 65 %ige Übereinstimmung der DNA-Sequenz. Zwischen *Macrauchenia* und den anderen aufgeführten Säugetieren besteht im Vergleich dazu jedoch eine etwa 80 %ige Übereinstimmung.
Im Bereich **COX1**, der Enzyme für die Entzündungsreaktion codiert, besteht zu allen fünf Spezies eine etwa gleiche Übereinstimmung von circa 80 %.
Der Abschnitt der mitochondrialen DNA, der Gene zur **Kontrolle der Proteinbiosynthese** codiert, schwankt in der Übereinstimmung sehr stark. Zwischen Mensch und *Macrauchenia* schwankt die Übereinstimmung in diesem Abschnitt zwischen 40–80 %. Zwischen den anderen vier Säugetieren und *Macrauchenia* pendelt die Übereinstimmung zwischen etwa 50–80 %.

Hypothesen:

- **Abschnitt ND2:** Da der Mensch als hoch entwickeltes Säugetier ein komplexeres Gehirn mit einer dementsprechend komplexeren Struktur aufweist, sind die Unterschiede in der DNA-Sequenz im Vergleich zu *Macrauchenia* relativ groß. Es müssen in der Evolution des Menschen in diesem Bereich erhebliche Mutationen stattgefunden haben.
- **Abschnitt COX1:** Da Entzündungsreaktionen für alle Säugetierarten ähnlich ablaufen und Mutationen in diesem Bereich häufig letal verlaufen, sind die Unterschiede in der DNA-Sequenz zwischen den Säugetierarten relativ gering.
- **Abschnitt Kontrollregion:** Die Übereinstimmung der Gene zwischen den anderen Säugetieren und *Macrauchenia* ist sehr gering. Weil diese Kontrollregionen sämtliche Proteinsyntheseprozesse der jeweiligen Art steuern, weisen sie auch stark artspezifische Gensequenzen auf.

Erhöhtes Anforderungsniveau Biologie (Brandenburg): Abituraufgaben 2019
Aufgabe A: Zellbiologie, Genetik

Thema: „Peel it, boil it, cook it – or forget it!" („schälen, kochen, braten oder vergessen")

Diese Empfehlung richtet sich an Tropenreisende, von denen jedes Jahr 20 bis 80 % an Durchfall erkranken. Meist ist diese lästige Erkrankung nach 3–7 Tagen überstanden, manchmal dauert die Genesung aber auch bis zu vier Wochen. Einer der bakteriellen Durchfallerreger, dessen Vermehrung durch warme Temperaturen und mangelnde Hygiene gefördert wird, ist *Vibrio cholerae.*

Aufgaben

1 Untersuchen Sie die drei Proben A, B und C auf das Vorhandensein von Glucose. Wählen Sie die richtigen Geräte und Chemikalien aus Material 1 aus.
Protokollieren Sie Ihre Durchführungen und Beobachtungen und werten Sie diese aus. 11

2 Vergleichen Sie aktive und passive Transportvorgänge tabellarisch mithilfe selbstgewählter Kriterien.
Beschreiben und erklären Sie die Untersuchungsergebnisse zum Glucosetransport durch Membranen. 12

3 Erläutern Sie die krankmachende Wirkung des Bakteriums mithilfe des Materials 4.
Begründen Sie die Entstehung der Durchfälle. 8

4 Entwickeln Sie ein Fließschema für die Umsetzung der genetischen Information von der DNA zum Bakterieneiweiß.
Begründen Sie den Einsatz von Tetracyclinen bei der Bekämpfung von Cholerabakterien. 10

5 Das Gen für Choleratoxin wird erst bei hoher Keimdichte und sinkender Glucosekonzentration im Darm aktiviert.
Beurteilen Sie diesen Vorgang als Überlebensstrategie des Endoparasiten *Vibrio cholerae.*
Begründen Sie die im Eingangstext erwähnten Empfehlungen an Tropenreisende. 9

Material 1: Nachweis von Glucose

Für den Nachweis stehen Ihnen folgende Geräte und Chemikalien zur Verfügung: Reagenzgläser, Wasserbad, Schutzbrille, drei Lösungen A, B, C, Fehling I und Fehling II, 3 %ige Natronlauge, Iod-Kaliumiodid-Lösung (Lugolsche Lösung)

Material 2: Informationen zum Choleraerreger

Das Cholerabakterium ist ein kommaförmiges, salzliebendes Bakterium, das fakultativ anaerob leben kann. Einfache Kohlenhydrate wie Glucose und andere einfache Kohlenhydrate, die im Darm des Menschen bei der Verdauung entstehen und in das Blut transportiert werden, sind seine Energiequellen. Mithilfe seiner langen Geißel kann es sich sehr schnell fortbewegen.
Es kommt normalerweise in salzhaltigem Brackwasser vor. Die Übertragung auf den Menschen erfolgt oft durch ungenügend aufbereitetes Trinkwasser oder Lebensmittel, die mit verunreinigtem Trinkwasser in Berührung gekommen sind.
Cholerabakterien sind säureempfindlich. Das heißt, wenn nicht eine sehr hohe Zahl von Krankheitserregern aufgenommen wird, überleben nicht genügend Bakterien das Magenmilieu eines gesunden Menschen.
Bei den meisten Menschen verläuft die Infektion ohne Symptome oder mit leichten Durchfällen.
Bei hoher Keimbelastung kommt es aber auch zu heftigen Durchfällen, bei denen bis zu einem Liter Flüssigkeit pro Stunde ausgeschieden wird. Wenn nicht genügend Wasser und Mineralsalze zugeführt werden, kommt es zur Austrocknung des Körpers.
Eine Behandlung mit Antibiotika verkürzt die Dauer der Krankheit und senkt die Ausscheidung von Krankheitserregern.
Als Antibiotika werden zum Beispiel Tetracycline eingesetzt, die die Anlagerung der tRNA verhindern.

Material 3: Glucosetransport durch Membranen

In einem Experiment wurde der Glucosetransport durch Membranen untersucht. Bei A wurde eine biologische Membran verwendet, bei B eine künstliche Lipiddoppelschicht eingesetzt.
Die Ergebnisse zeigt das nebenstehende Diagramm.

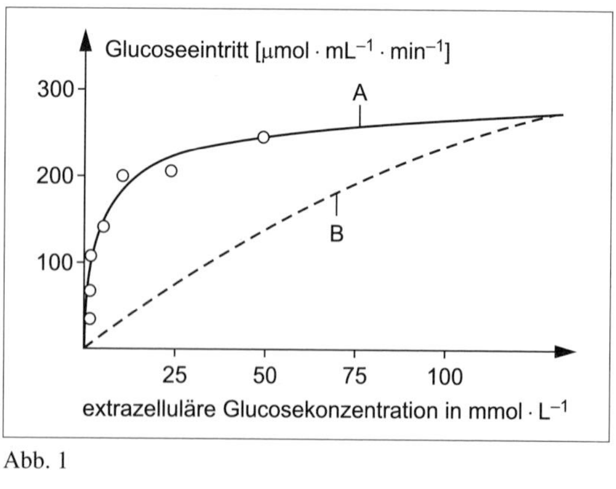

Abb. 1

Material 4: Die krankmachende Wirkung des Bakteriums *Vibrio cholerae*

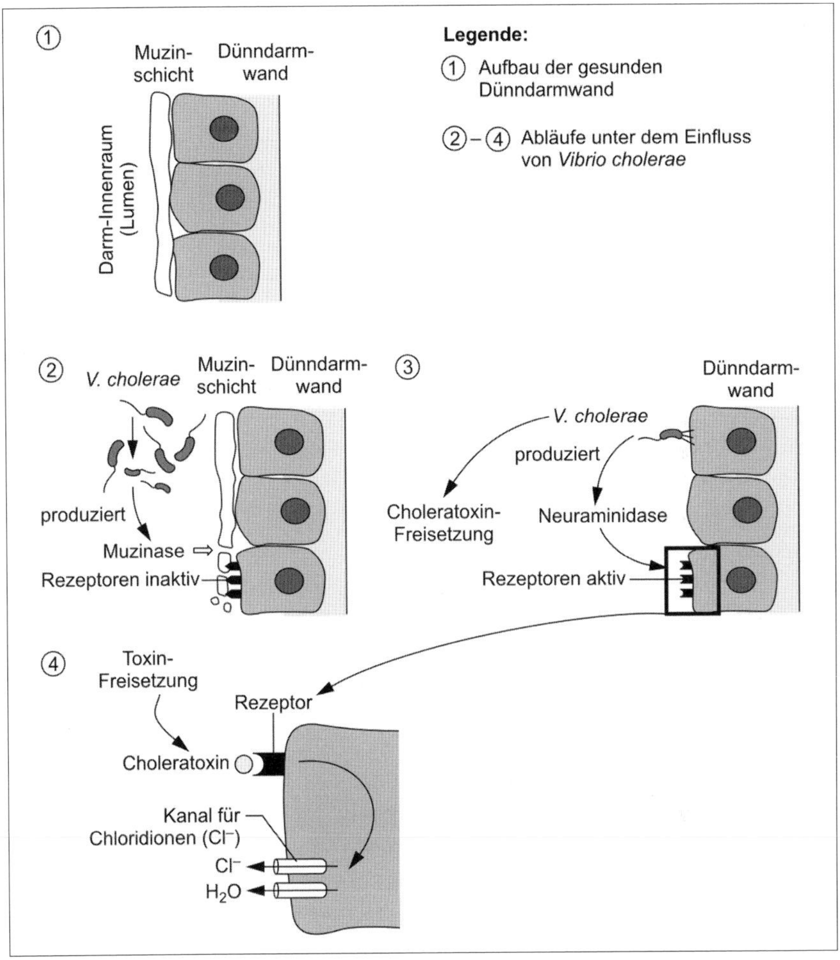

Abb. 2

Material basiert auf:
Unterricht Biologie, Friedrich Verlag GmbH Seelze, Heft 408, 2015, S. 13.
Unterricht Biologie, Friedrich Verlag GmbH Seelze, Heft 233, 2018.
Schroedel Verlag GmbH, Hannover, Lehrermaterialien Biologie, Teil 1–3, 1999, S. 34.

Lösungsvorschläge

1 *Bei dieser praktischen Aufgabe kommt es darauf an, die richtigen Chemikalien aus Material 1 für den Nachweis von Glucose auszuwählen und drei Reagenzgläser mit den Proben A, B und C mit den gleichen Chemikalien im gleichen Mischungsverhältnis zu versehen. Die Durchführung muss bei jeder Probe auf dieselbe Art und Weise erfolgen. Beim Experimentieren sollte sauber und gemäß den Sicherheitsvorschriften mit Schutzbrille, Kittel, Pipetten und Reagenzglasklammer gearbeitet werden. Die ausgewählten Chemikalien sowie die dazugehörigen Mengenangaben sind für die Nachweisreaktion und folglich für die Beobachtung von entscheidender Bedeutung.*

Durchführung:
Um Glucose nachzuweisen, wird die Fehling-Probe angewendet. Dazu werden in drei Reagenzgläser jeweils 8–10 Tropfen Fehling I und 8–10 Tropfen Fehling II gegeben. Anschließend werden die Reagenzgläser mit etwa 2 mL der Proben A, B und C versehen, sodass in jedem Reagenzglas das Fehling-Gemisch und eine der drei Proben sind. Die Lösungen in den drei Reagenzgläsern werden nun durch Schwenken etwas vermischt und nacheinander für etwa zwei Minuten in ein heißes Wasserbad gestellt. Nach den zwei Minuten erfolgt die Beobachtung.

Beobachtung:
Die Reagenzgläser mit den Proben A und B erscheinen nach dem Wasserbad tiefblau. Das Reagenzglas mit Probe C verfärbt sich orange bis rötlich.

Auswertung:
In Probe C ist Glucose enthalten, da die Fehling-Probe bei Vorhandensein von Glucose eine orange bis rötliche Färbung verursacht. Demzufolge ist in den Proben A und B keine Glucose enthalten, da die Fehling-Probe hier negativ ist.

Die freie Aldehydgruppe der Glucose wird zu einer Carboxylgruppe oxidiert und die in der Fehling-Lösung enthaltenen Kupferionen reduziert. Dies ist am roten Niederschlag zu erkennen.

2 *Die Schwierigkeit dieser Aufgabe besteht darin, dass hier drei verschiedene Teilaufgaben aufgeführt sind, die drei unterschiedliche Operatoren beinhalten. Da 12 BE vergeben werden, sollten Sie auf eine ausführliche Beantwortung achten. Der Operator „vergleiche […] tabellarisch" erfordert eine Tabelle. Wichtig hierbei ist eine eindeutige Ausformulierung der Kriterien sowie eine Auflistung von Gemeinsamkeiten und Unterschieden. Zur Beschreibung und Erklärung der Untersuchungsergebnisse muss hier Material 3 herangezogen werden. Die Beschreibung der Untersuchungsergebnisse verlangt eine genaue Analyse der beiden Kurven, wobei insbesondere die Anstiege und das Erreichen der Extremwerte ins Verhältnis mit unterschiedlichen Glucosekonzentrationen gesetzt werden müssen. Der Operator „erklären" verlangt schließlich eine Begründung der jeweiligen Kurvenverläufe unter Einbezug der Informationen zu den verschiedenen Membranen.*

Tabellarischer Vergleich der Transportvorgänge:

Vergleichs-kriterien	aktive Transport-vorgänge	passive Transportvorgänge
Energieverbrauch (in Form von ATP)	ja	nein (über Diffusion)
Transportrichtung	entgegen des Konzentrationsgradienten	mit dem Konzentrationsgradienten
Art der Transportvorgänge	primär aktiver Transport, sekundär aktiver Transport	einfache Diffusion, kanalvermittelte Diffusion, Carrier-vermittelte Diffusion
Spezifität für die transportierten Stoffe	Spezifität der Transportproteine (z. B. Ionenpumpe oder Protonenpumpe)	unspezifisch bei Diffusion (kleine polare Moleküle), spezifisch bei kanalvermittelter und Carrier-vermittelter Diffusion (große Moleküle)
Teilchengröße	abhängig von der Transportart (häufig Ionen und große Moleküle)	kleine polare Moleküle (bei Diffusion), Ionen bis hin zu großen Molekülen
Hemmbarkeit	ja	ja (bei kanal- und Carrier-vermittelter Diffusion)
zu überwindende Barriere	Membranen	Membranen

Beschreibung:

Material 3 zeigt ein Diagramm zum Glucoseeintritt bei verschiedenen Membranen bei unterschiedlichen Glucosekonzentrationen in einem extrazellulären Medium. Die **Kurve A** veranschaulicht hierbei den Glucoseeintritt durch eine biologische Membran. Die Kurve ist durch einen steilen – fast logistischen – Anstieg gekennzeichnet. Ab einer Glucosekonzentration im Außenmedium von etwa 20 $mmol \cdot L^{-1}$ flacht die Kurve ab und nimmt die Form einer Sättigungskurve an. Bei dieser Konzentration ist bereits ein Glucoseeintritt von 200 $\mu mol \cdot mL^{-1} \cdot min^{-1}$ zu erkennen, der bei einer Erhöhung der Außenkonzentration auf 100 $mmol \cdot L^{-1}$ lediglich auf etwa 250 $\mu mol \cdot mL^{-1} \cdot min^{-1}$ steigt. Die **Kurve B** zeigt den Glucoseeintritt einer künstlichen Lipiddoppelschicht. Sie hat einen deutlich flacheren Anstieg und verläuft konstant linear. Ein Glucoseeintritt von 200 $\mu mol \cdot mL^{-1} \cdot min^{-1}$ wird hier erst bei einer Außenkonzentration von etwa 80 $mmol \cdot L^{-1}$ erreicht.

Erklärung:

Zu erklären sind diese Unterschiede bei den Glucoseeintritten durch den Bau der hier untersuchten Membranen. Da in einer **biologischen Membran** Carrierproteine vorhanden sind, kann Glucose sowohl Carrier-vermittelt als auch über einfache Diffusion durch die Membran gelangen. Mithilfe dieser Transportproteine (Carrier) kann Glucose bereits bei sehr geringen Konzentrationen im Außenmedium in großen Mengen durch die Biomembran transportiert werden. Allerdings ist deren Transportkapazität begrenzt. Wenn alle Transportproteine besetzt sind, kann auch durch eine Steigerung der Konzentration im Außenmedium der Glucoseeintritt nicht mehr erhöht werden. In **künstlichen Lipiddoppelschichten** fehlen diese Carrier, sodass eine erleichterte Diffusion von Glucose hier nicht möglich ist, was eine geringere Diffusionsrate bedeutet und den flacheren und linearen Anstieg der Kurve erklärt.

3 *Diese Aufgabe ist zweigeteilt und enthält zwei Operatoren. Die Erläuterung soll sich dabei auf die Abbildungen in Material 4 beziehen und erfordert eine verdeutlichende Ausformulierung der hier abgebildeten Teilschritte. Die Entstehung des Durchfalls muss anhand der Abbildung 4 hergeleitet werden. Greifen Sie dabei auf Ihre Kenntnisse zu Osmose und Diffusion aus dem Unterricht zurück.*

Im gesunden Zustand sind die Dünndarmwand und die sich dort befindenden Zellen durch eine Muzinschicht bedeckt. Befindet sich *Vibrio cholerae* im Dünndarm, sondert dieses Bakterium das Enzym Muzinase ab, welches die schützende Muzinschicht abbaut. Dadurch werden die Dünndarmwandzellen für das Bakterium direkt erreichbar. Das Bakterium setzt sich anschließend auf die Zellen der Dünndarmwand und produziert ein weiteres Enzym, die Neuraminidase. Dieses Enzym aktiviert auf den Dünndarmwandzellen befindliche Rezeptoren, die ursprünglich in einem inaktiven Zustand waren. Eine Aktivierung jener Rezeptoren hat zur Folge, dass sich das von den Bakterien freigesetzte Choleratoxin nun an diese Rezeptoren binden kann. Das Besetzen dieser Rezeptoren bewirkt eine Öffnung von Chloridionenkanälen in den Darmwandzellen. Folglich strömen Chloridionen entlang des Konzentrationsgradienten in das Darmlumen. Der durch die Chloridionen entstehende elektrochemische Gradient zwischen Darmlumen und Darmwandzellen bewirkt eine zusätzliche Diffusion von Wassermolekülen ins Darmlumen. Dies bedingt dann den massiven Durchfall. Je mehr Chloridionenkanäle durch das Choleratoxin geöffnet werden, desto mehr Wasser strömt passiv in das Darmlumen nach und desto stärker ist der Durchfall.

4 *Die Herausforderung dieser Aufgabe besteht insbesondere darin, die üblicherweise intensiv behandelte Proteinbiosynthese übersichtlich zusammengefasst und unter Verwendung von Fachsprache in einem Fließschema darzustellen. Dafür sind 5 BE vorgesehen. Die Begründung zum Einsatz von Tetracyclinen basiert auf der Aussage in Material 2: „Als Antibiotika werden zum Beispiel Tetracycline eingesetzt, die die Anlagerung der tRNA verhindern.“ Es muss daher im zweiten Teil der Aufgabe eine kausale Verknüpfung zwischen dieser Aussage und einem möglichen Absterben der Bakterien hergeleitet werden.*

Fließschema:

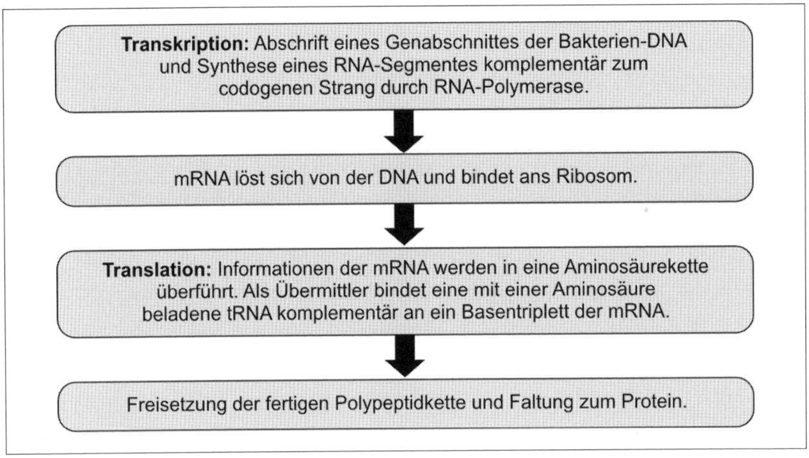

Begründung:
Tetracycline verhindern die Anlagerung der tRNA an die Ribosomen und damit auch an die mRNA. Folglich können keine Aminosäuren zu einer Polypeptidkette am Ribosom verbunden werden. Letztlich ist dadurch die Proteinbiosynthese gestört und die Bakterien können ihre lebenswichtigen Enzyme nicht mehr produzieren. Dieser Umstand führt folglich zum Tod der Bakterien.

5 *Beachten Sie zur Lösung der Aufgabe die Begriffe Endoparasit und Überlebensstrategie. Es soll die Aussage zur glucose- und populationsabhängigen Genexpression von Choleratoxin als eine mögliche Überlebensstrategie des Parasiten betrachtet werden. Dazu muss auch die Durchfallerscheinung als zu beurteilende Variable mit herangezogen werden, ebenso wie der Umstand einer zu großen Parasitenpopulation in einem Wirt. Diese Teilaufgabe entspricht dem AFB III. Abschließend sollen die im Eingangstext aufgestellten Empfehlungen mithilfe der Übersetzung als mögliche Schutzmaßnahmen für Tropenreisende begründet werden. Wichtig ist hierbei, dass Sie die Empfehlungen einzeln betrachten.*

Beurteilung:
Parasiten nutzen ihre Wirte als Nahrungsquelle und als Ort der Vermehrung. Bei *Vibrio cholerae* ist zu beobachten, dass das durchfallauslösende Choleratoxin erst bei einer hohen Keimdichte und bei sinkenden Glucosekonzentrationen aktiviert wird. Dieser Umstand deutet darauf hin, dass innerartliche Konkurrenzerscheinungen, in diesem Fall um den Nährstoff Glucose, den Wassereinstrom aus der Darmschleimhaut in den Darm über die Genexpression von Choleratoxin stimulieren. Durch die eintretenden Durchfallerscheinungen wird ein Teil der Keime aus dem Ursprungswirt herausgeführt, um die Konkurrenz zu vermindern. Potenziell können diese Bakterien nun neue Wirte befallen. Die Vermeidung von innerartlicher

Konkurrenz durch das Verlassen des Wirts über den Durchfall kristallisiert sich somit bei *Vibrio cholerae* als Überlebensstrategie heraus.

Begründung:
Tropenreisende sollten einige Empfehlungen beachten, um Durchfallerkrankungen zu vermeiden. Nahrungsmittel, wie Früchte, sollten geschält **(peal it)** werden, da somit mögliche Keime (wie Cholerabakterien), die auf der Oberfläche der Nahrung zu finden sind, beseitigt werden. Auch ein Erhitzen oder Kochen **(boil it, cook it)** führt zum Absterben der Keime, da überlebenswichtige Enzyme bzw. Proteine bei diesen Temperaturen denaturieren. Um ganz sicherzugehen, sollte man potenziell belastete Nahrung gar nicht erst essen **(forget it)**, sodass mögliche Keime sicher nicht vom Körper aufgenommen werden.

Erhöhtes Anforderungsniveau Biologie (Brandenburg): Abituraufgaben 2019
Aufgabe B: Neurobiologie, Zellbiologie, Genetik, Ökologie, Evolution

Thema: Nobelpreis 1997: Das älteste Rad der Welt

Sie ist für das bloße Auge nicht sichtbar und man kann sie nicht spüren, aber bis zu 40 % der Energie unseres Körpers fließen in die mikroskopisch kleinen Natrium-Kalium-Pumpen, um sie mit der benötigten Energie zu versorgen. Die Natrium-Kalium-Pumpe wurde 1957 vom dänischen Mediziner J. C. SKOU entdeckt. Er hatte damit den ersten Vertreter einer Enzymklasse gefunden, der wie eine ständig laufende Klimaanlage die Bedingungen im Inneren der Zelle reguliert. Sie funktioniert nach Art eines „Wasserrades“, das von einem Ionenstrom in Rotation versetzt wird. 1997 erhielt er für seine Entdeckung den Nobelpreis.

Nobelpreisträger Dr. J. C. SKOU
Quelle: Lars Kruse/wikipedia,

Aufgaben

1 Skizzieren und beschriften Sie ein typisches Wirbeltierneuron. Markieren Sie die Bereiche, an denen die Na^+-K^+-Pumpe gehäuft auftritt. 10

2 Beschreiben Sie unter Verwendung von Material 1 den Bau und die Funktionsweise einer Na^+-K^+-Pumpe. Erläutern Sie zwei Bedeutungen der Na^+-K^+-Pumpe. 13

3 Analysieren und interpretieren Sie die in Material 2 dargestellten Untersuchungsergebnisse in Hinblick auf die Wirkungsweise der Na^+-K^+-Pumpe. 6

4 Entwickeln Sie eine Hypothese zu Folgen der Giftwirkung von Palytoxin auf Membranpotenziale und Erregbarkeit von Nervenzellen. 5

5 Die Tabelle in Material 4 zeigt mRNA-Sequenzen, die für den extrazellulären Teil der α-Untereinheit der Na^+-K^+-Pumpe von Mensch, Tabakschwärmer und Monarchfalter codieren.
Übersetzen Sie die in der Tabelle aufgelisteten Basentripletts mithilfe einer Code-Sonne in die Aminosäuresequenz.
Leiten Sie aus dem Vergleich der Aminosäuresequenzen eine Hypothese über die Toleranz der Monarchfalter gegenüber Fingerhutglykosiden ab. 10

6 Erläutern Sie an drei Beispielen die ökologische und evolutionsbiologische Bedeutung von Giften. 6

Material 1: Bau und Funktionsweise einer Natrium-Kalium-Pumpe

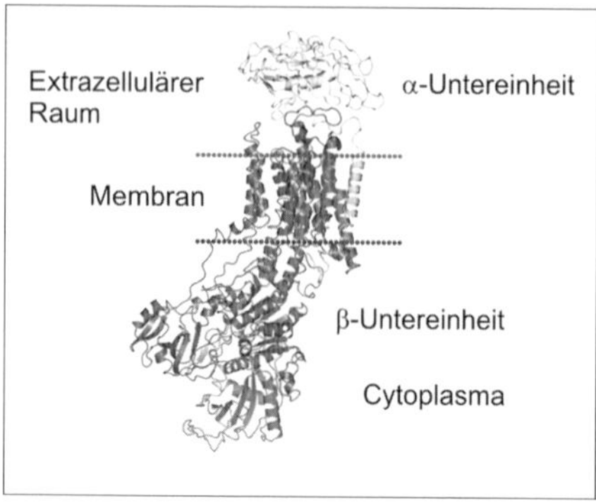

Abb. 1: Na^+-K^+-Pumpe des Menschen

Quelle: OPM Database, Sodium-potassium pump, E2P state, conformation 3

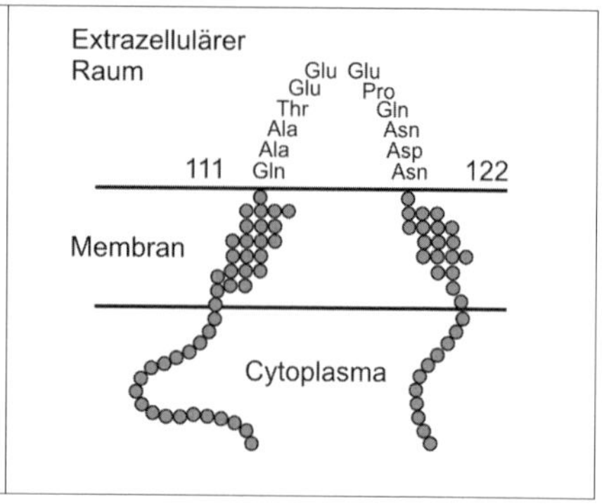

Abb. 2: Ausschnitt aus der α-Untereinheit Na^+-K^+-Pumpe des Menschen

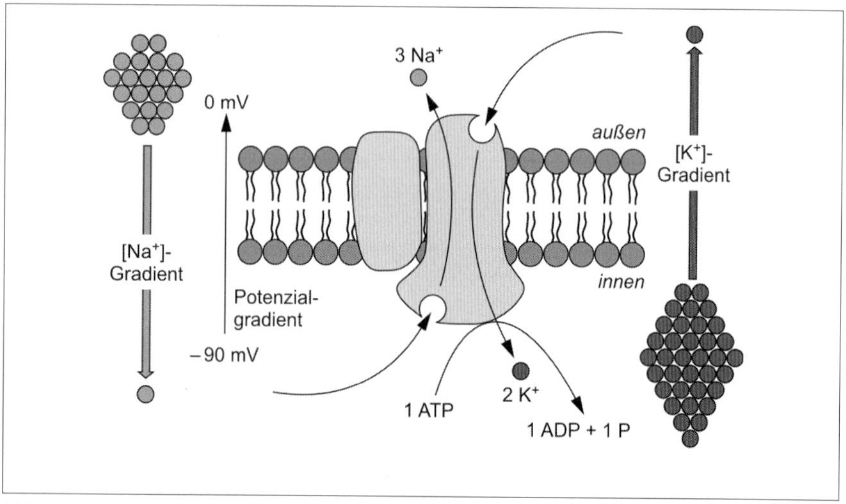

Abb. 3

Material 2: Experimentelle Untersuchungen der Natrium-Kalium-Pumpe

Man kann die Arbeit der Na^+-K^+-Pumpe experimentell indirekt verfolgen, indem man den Na^+-Ausstrom an der Nervenmembran in Abhängigkeit von verschiedenen Bedingungen zwischen t_1 und t_2 misst. Bei den Bedingungen a bis c ergaben sich die in den Abbildungen dargestellten Ergebnisse:

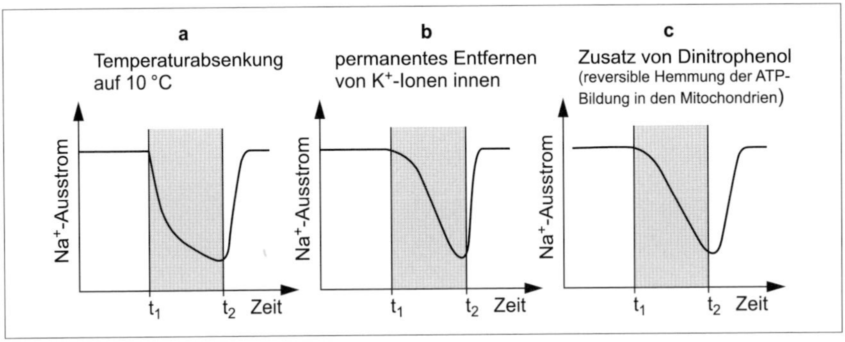

Abb. 4

Material 3: Palytoxin – das Gift der Anemone

Krustenanemonen gehören zu den Korallentieren. Aufgrund ihrer schönen Färbung sind sie seit einiger Zeit bei Aquarianern in Mode. Nur ist offenbar nicht allen Haltern bewusst, dass einige Arten ein starkes Gift absondern – Palytoxin. Palytoxin gehört zu den giftigsten tierischen Wirkstoffen und kann bei Berührungen über die Haut aufgenommen werden. Folgen sind Atemnot, Herzrasen, Muskelkrämpfe bzw. Taubheitsgefühle. Palytoxin bindet an die Natrium-Kalium-Pumpe und verformt diese zu einem permanent offenen Kanal für einwertige Kationen, wie Na^+ und K^+.

Krustenanemone
Quelle: Ross Church/wikipedia

Material 4: Fingerhut – Kraft für das Herz oder Todesengel?

Fingerhutglykoside zählen zu den ältesten Heilmitteln. Sie steigern die Kraft, mit der das Herz kontrahieren kann, und werden daher gerne zur Behandlung von Herzschwäche eingesetzt. Sie wirken, indem sie an die Na^+-K^+-Pumpe von Herzmuskelzellen binden und deren Aktivität hemmen.
Fingerhutglykoside binden bevorzugt an einen extrazellulären Teil der α-Untereinheit (Aminosäuren 111 bis 122). Es gibt jedoch Insekten, bei denen die Glykoside auch in hohen Dosen nahezu keine Wirkung haben. Ein Beispiel ist der Monarchfalter. Der Tabakschwärmer dagegen reagiert ganz ähnlich wie der Mensch. Der molekulargenetische Vergleich beider Schmetterlingsarten gibt Hinweise auf die Wirkzusammenhänge.

Position (Aminosäure)	111	112	113	114	115	116
Mensch	CAG	GCG	GCU	ACC	GAA	GAA
Tabakschwärmer	CAG	GCG	AGU	ACC	GUA	GAA
Monarchfalter	CAG	GCG	AGU	ACC	GUU	GAA

Position (Aminosäure)	117	118	119	120	121	122
Mensch	GAA	CCC	CAA	AAU	GAU	AAC
Tabakschwärmer	GAA	CCC	UCC	GAU	GAU	AAC
Monarchfalter	GAA	CCC	UCG	GAC	GAC	CAC

Codesonne und Kurzbezeichnung der Aminosäuren

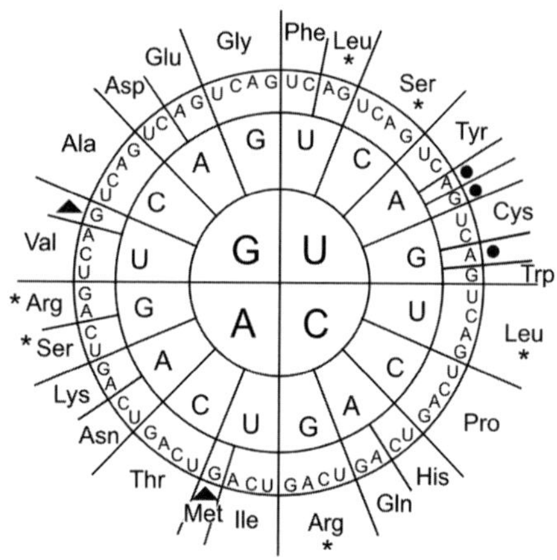

Ala	Alanin
Arg	Arginin
Asn	Asparagin
Asp	Asparaginsäure
Cys	Cystein
Gln	Glutamin
Glu	Glutaminsäure
Gly	Glycin
His	Histidin
Ile	Isoleucin
Leu	Leucin
Lys	Lysin
Met	Methionin
Phe	Phenylalanin
Pro	Prolin
Ser	Serin
Thr	Threonin
Trp	Tryptophan
Tyr	Tyrosin
Val	Valin

▲ Start-Codons
● Kettenende
* zweimal auftretende Aminosäure

Material basiert auf:
Koch, K. (1997): Chemie-Nobelpreis 1997: Das älteste Rad der Welt. Dtsch Ärztbl 1997; www.aerzteblatt.de/archiv/8277/Chemie-Nobelpreis-1997-Das-aelteste-Rad-der-Welt;
Unterricht Biologie, Friedrich Verlag GmbH Seelze, Heft 415, 2016;
Berit Uhlmann, Das Gift der Anemone. Süddeutsche Zeitung vom 08.02.2018, https://www.sueddeutsche.de/wissen/haustiere-das-gift-der-anemone-1.3859604

Lösungsvorschläge

1 *Der Operator „skizzieren“ fordert nicht dazu auf, eine perfekte Zeichnung anzufertigen, sondern die wesentlichen Eigenschaften des Wirbeltierneurons zu veranschaulichen. Da sich das Wirbeltierneuron von dem der meisten Wirbellosen durch eine Myelinisierung des Axons unterscheidet, sollte diese dargestellt werden. Die Aufgabe ist mit 10 BE relativ hoch angesetzt, sodass eine ausführliche Beschriftung der Bestandteile erfolgen sollte. Vergessen Sie nicht den zweiten Teil der Aufgabenstellung und markieren Sie die Bereiche, an denen die Na^+-K^+-Pumpe gehäuft auftritt, gut sichtbar (hier durch Pfeile und dunklere Schattierungen dargestellt). Sie müssen dabei auf Ihr Wissen aus dem Unterricht zum Aktionspotenzial und zur Wiederherstellung des Ruhepotenzials zurückgreifen.*

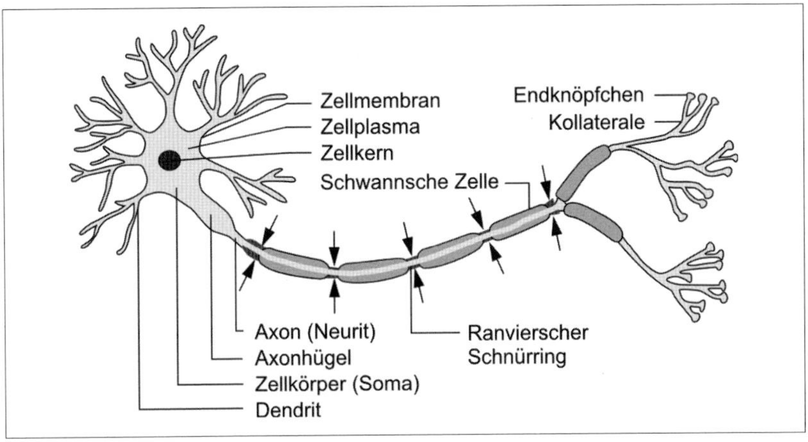

Die durch Pfeile und dunklere Schattierungen hervorgehobenen Bereiche stellen die Orte dar, an denen die Na^+-K^+-Pumpe gehäuft auftritt; nämlich überall dort, wo Aktionspotenziale generiert werden und anschließend ein schneller Ionen-Rücktausch erfolgen muss.

Bei der Skizze handelt es sich um eine vereinfachte Darstellung. Die Markierungen beschränken sich darin auf die im Unterricht thematisierten Bereiche, an denen das Vorhandensein von Na^+-K^+-Pumpen essenziell ist. Auch an anderen Stellen der Nervenzellmembran sind im Realobjekt Na^+-K^+-Pumpen integriert.

2 *Hier ist gefordert, das Material 1 auszuwerten und mit eigenem Wissen über den Bau und die Funktion von Proteinen, speziell dem Transportprotein Na^+-K^+-Pumpe zu verbinden, und in einem zusammenhängenden Text darzustellen. In der zweiten Teilaufgabe müssen Sie auf Ihr Wissen zu den Vorgängen und Ionenverhältnissen beim Ruhe- und Aktionspotenzial zurückgreifen. Die Tatsache, dass es 13 BE gibt, legt die Vermutung nahe, dass die Ausführungen ausführlich und detailliert erfolgen sollten.*

Bau:
In den Abbildungen wird deutlich, dass es sich bei der **Na^+-K^+-Pumpe** um ein **Protein** handelt. Dieses besitzt alle vier Strukturebenen. Man erkennt auf der rechten Abbildung einen Ausschnitt der **Primärstruktur**, in der die Abfolge einiger Aminosäuren der α-Untereinheit dargestellt ist. Diese Polypeptidkette nimmt, wie in der linken Abbildung ersichtlich, die typische **Sekundärstruktur** in Form von α-Helices sowie β-Faltblattstrukturen an, die durch Wasserstoffbrückenbindungen stabilisiert werden. Durch weitere bogen- und faltenartige Auffaltungen entsteht eine räumliche Struktur des Proteins, diese wird als **Tertiärstruktur** bezeichnet. Sowohl Disulfidbrücken, hydrophobe Wechselwirkungen, Ionenbindungen als auch Wasserstoffbrückenbindungen stabilisieren diese Strukturebene. In der linken Abbildung des Materials ist erkennbar, dass die Na^+-K^+-Pumpe in ihrer Quartärstruktur aus zwei Untereinheiten besteht. Diese werden als α- und β-Untereinheit bezeichnet. Als transmembranes Protein oder **Carrierprotein** durchspannt es die Biomembran, wobei die α-Untereinheit auf der Außenseite der Membran herausragt und die β-Untereinheit sowohl in die Biomembran integriert ist als auch ins Cytoplasma hineinragt. Weiterhin wird in der unteren Abbildung ersichtlich, dass das Protein Bindungsstellen für Natriumionen und Kaliumionen besitzt, sowie eine Kontaktstelle für ATP auf der Innenseite der Membran.

Funktion:
Beim Transport von Ionen über die Na^+-K^+-Pumpe handelt es sich um einen **aktiven Transportmechanismus**, der unter Energieverbrauch in Form von ATP stattfindet und bei dem die Ionen entgegen ihres **Konzentrationsgefälles** befördert werden. Im Material ist zu erkennen, dass jeweils drei Natriumionen aus dem Cytoplasma gegen zwei Kaliumionen aus dem extrazellulären Raum ausgetauscht werden. Dieser Vorgang wird als **Antiport** bezeichnet.

Bedeutungen:
Die Na^+-K^+-Pumpe ist zum einen für die Aufrechterhaltung des **Ruhepotenzials** verantwortlich, indem sie auftretenden Leckströmen entgegenwirkt und damit den Konzentrationsgradienten von Natrium- und Kaliumionen aufrechterhält. Zum anderen besitzt sie enorme Bedeutung bei der Wiederherstellung der Ionenverhältnisse des Ruhepotenzials nach erfolgtem **Aktionspotenzial**, indem sie die dabei in das Cytoplasma hineindiffundierten Natriumionen gegen die bei der Repolarisation ausgeströmten Kaliumionen austauscht.

3 *Bei dieser Aufgabe ist die genaue Analyse der in Material 2 dargestellten Sachverhalte nötig. Dabei soll die Veränderung des jeweiligen Parameters in seinen physiologischen Auswirkungen auf die Funktion der Na^+-K^+-Pumpe bezogen werden.*

Im **Versuch a** ist zu erkennen, dass die Arbeit der Na^+-K^+-Pumpe temperaturabhängig ist. Bei einer Absenkung der Temperatur auf 10 °C ist dabei ein rascher Abfall des Natriumionenausstroms und damit eine starke Abnahme der Aktivität der Na^+-K^+-Pumpe zu verzeichnen.

In diesem Zusammenhang kann die **RGT-Regel** (Reaktionsgeschwindigkeits-Temperatur-Regel) herangezogen werden, die folgendermaßen lautet: Bei einer Temperaturerhöhung um 10 °C erhöht sich die Reaktionsgeschwindigkeit aller chemischen Reaktionen um das Zwei- bis Dreifache. Das bedeutet im Umkehrschluss, dass bei einer Temperaturerniedrigung um 10 °C auch eine Abnahme der Reaktionsgeschwindigkeit um das Zwei- bis Dreifache zu verzeichnen ist.

Im **Versuch b** sinkt der Natriumionenausstrom durch ein permanentes Entfernen der Kaliumionen innen. Wenn Kaliumionen entfernt werden, werden die für das Ruhepotenzial wichtigen Konzentrationsgradienten gestört. Eine mögliche Erklärung für den sinkenden Natriumionenausstrom wäre, dass nun die Leckströme der Natriumionen nach innen den von der Na^+-K^+-Pumpe gewährleisteten Natriumionenausstrom überwiegen. Ab einer gewissen Zeit könnten insgesamt zu wenige Kaliumionen im System sein, sodass die Na^+-K^+-Pumpe nicht mehr funktioniert. Als Antiporter ist sie auf das Vorhandensein beider Ionenarten angewiesen. Erst dann, wenn die spezifischen Bindungsstellen des Proteins mit beiden Ionenarten besetzt sind, findet eine Konformationsänderung und damit ein Ionentransport durch die Membran statt. Damit nimmt der Natriumionenausstrom, wie in der Grafik ersichtlich, ab.

Mit **Versuch c** wird die Notwendigkeit des Vorhandenseins von ATP für die Funktion der Na^+-K^+-Pumpe verdeutlicht. Dabei ist zu erkennen, dass bei einer reversiblen Hemmung der mitochondrialen ATP-Synthese nach kurzer Zeit eine Abnahme des Natriumionenausstroms zu verzeichnen ist. Da die Na^+-K^+-Pumpe entgegen des Konzentrationsgradienten arbeitet, verbraucht sie für ihre Tätigkeit Energie in Form von ATP. Dieses ist nach kurzer Zeit aufgebraucht, da eine Neusynthese unterbunden wird, wodurch die Na^+-K^+-Pumpe ihre Aktivität einstellt.

4 *Dies ist eine Aufgabe des AFB III. Für die Entwicklung einer Hypothese ist das Material 3 zu analysieren. Arbeiten Sie sowohl die Auswirkungen auf den Organismus als auch auf die zelluläre Ebene heraus und setzen Sie diese anschließend anhand Ihres Fachwissens über Membranpotenziale in einen Zusammenhang. Beachten Sie bei der Herleitung, dass Sie sich auf die Auswirkungen auf Membranpotenziale und auf die Erregbarkeit der Nervenzelle konzentrieren.*

In Material 3 werden die Auswirkungen des Giftes auf den Organismus beschrieben, welche in Form von Atemnot, Herzrasen, Muskelkrämpfen bzw. Taubheitsgefühlen vorliegen. Weiterhin werden die Vorgänge auf zellulärer Ebene dargelegt: das Gift bindet an die Na^+-K^+-Pumpe und führt dort zu einer Konformationsänderung des Proteins, welches damit zu einem permanent offenen Kanal verformt wird, der für Natrium- und Kaliumionen durchlässig ist.

Diese veränderte Eigenschaft hat Auswirkungen auf das Ruhepotenzial, da der durch die Membran aufrechterhaltene Ionengradient (hohe Konzentration an Natriumionen im extrazellulären Raum und hohe Kaliumionenkonzentration im intrazellulären Raum) so nicht mehr bestehen kann. Natriumionen passieren nun ungehindert entlang ihres Konzentrationsgefälles vom extrazellulären Raum die Nervenzellmembran ins Zellinnere. Damit wird das Zellinnere immer positiver. Es ist wahrscheinlich, dass bei überschwelliger Reizung weitere spannungsabhängige Natriumionenkanäle geöffnet werden und ein Aktionspotenzial ausgelöst wird, auch wenn ursprünglich keine Erregung vorgelegen hat. Das würde die plötzlich auftretenden symptomatischen Krampfanfälle erklären.

Gleichzeitig verlassen Kaliumionen entlang ihres Konzentrationsgefälles den intrazellulären Raum. Dies erfolgt so lange, bis ein Ladungsausgleich zwischen extrazellulärem und intrazellulärem Raum hergestellt ist. Das Membranpotenzial liegt dann bei 0 mV. Damit bricht das Ruhepotenzial zusammen und kann durch die fehlende Tätigkeit der Na^+-K^+-Pumpe auch nicht wiederhergestellt werden. Weitere Aktionspotenziale können infolgedessen nicht mehr ausgelöst werden, was zum Beispiel das Taubheitsgefühl erklären würde. Die Nervenzelle ist nicht mehr in der Lage, Erregungen zu verarbeiten und weiterzuleiten.

5 *Die vorliegende Aufgabe beinhaltet mehrere Teilschritte, die Sie in der angegebenen Reihenfolge bearbeiten müssen. Zunächst sollten Sie sich eine übersichtliche Darstellungsform für die erste Teilaufgabe überlegen. Hier empfiehlt sich die Verwendung einer Tabelle, um anschließend einen direkten Vergleich der Aminosäuresequenzen durchführen zu können. Gehen Sie bei der Ermittlung der Aminosäuren unter Verwendung der Codesonne wie im Unterricht vor. Da es sich um Ausschnitte aus längeren Aminosäuresequenzen handelt, ist die Suche nach einem Start- und einem Stoppcodon hinfällig. Markieren Sie anschließend am besten die im Vergleich der Arten abweichenden Aminosäuren. Studieren Sie den Text in Material 4 hinsichtlich der Wirkung des Giftes auf die drei genannten Arten. Beziehen Sie alle relevanten Informationen aus dem Text und Ihrem Aminosäuresequenzvergleich in die Formulierung einer Hypothese ein.*

Position (Aminosäure)	111	112	113	114	115	116	117	118	119	120	121	122
Mensch	Gln	Ala	Ala	Thr	Glu	Glu	Glu	Pro	Gln	Asn	Asp	Asn
Tabakschwärmer	Gln	Ala	Ser	Thr	Val	Glu	Glu	Pro	Ser	Asp	Asp	Asn
Monarchfalter	Gln	Ala	Ser	Thr	Val	Glu	Glu	Pro	Ser	Asp	Asp	His

Die dargestellten Aminosäuren befinden sich in der α-Untereinheit der Na^+-K^+-Pumpe. Hier binden die Fingerhutglykoside bevorzugt und hemmen damit die Aktivität des Transportproteins. Im Material wird beschrieben, dass der Monarchfalter nahezu resistent gegen die Giftwirkung ist.

Vergleicht man die Aminosäuresequenz der drei Arten, fällt auf, dass Tabakschwärmer und Monarchfalter sich nur in einer Aminosäure auf der Position 122 voneinander unterscheiden. Dabei besitzt der Monarchfalter die Aminosäure Histidin, der Tabakschwärmer hingegen die Aminosäure Asparagin. Mensch und Tabakschwärmer stimmen an dieser Position hinsichtlich ihrer Aminosäure überein. Beide sind für das Gift sensibel, was vermuten lässt, dass das Gift durch das Vorhandensein von Histidin an Position 122 daran gehindert wird, an die α-Untereinheit der Na^+-K^+-Pumpe zu binden. Dies könnte an einer veränderten Tertiärstruktur oder an damit einhergehenden veränderten elektrostatischen Wechselwirkungen liegen.

Die weiteren vier Unterschiede in der Aminosäuresequenz des Menschen im Vergleich zu den beiden Falterarten an Position 113, 115, 119 und 120 scheinen keine Auswirkungen auf die Fingerhutglykosid-Toleranz zu haben, da sowohl Tabakschwärmer als auch Mensch sensibel auf das Gift reagieren.

6 *Der Operator „erläutern" verlangt hier, die wesentlichen Bedeutungen von Giften aus ökologischer und evolutionsbiologischer Sicht an drei Beispielen verständlich zu machen. Verknüpfen Sie daher das Wissen aus zwei verschiedenen Themenkomplexen. Viele alternative Beispiele sind hier denkbar.*

Ein Beispiel ist die **Wespe**, die ihr Gift mit dem Stachel in einen Angreifer injiziert. Hier fungiert das Gift als Wehrsekret, das Angreifer wirkungsvoll abwehren soll. Aus ökologischer Sicht werden Nahrungsbeziehungen beeinflusst. Eine mögliche Beute kann sich durch das Gift wehren. Evolutionsbiologisch ist hier auch die schwarzgelbe Färbung auffällig, die möglichen Fressfeinden bereits die Giftigkeit signalisiert.

Im Pflanzenreich finden Gifte Anwendung zur Abwehr von Tierfraß. So produziert die **Tollkirsche** in allen Pflanzenteilen ein Alkaloid namens Atropin, welches auf das Nervensystem von Säugetieren und Insekten schädlich wirkt. Vögel hingegen sind gegenüber dem Gift resistent. Diese fressen die Früchte und scheiden die Samen später unverdaut aus. Dieser Ausbreitungsmechanismus hat für die Tollkirsche den Vorteil, dass die Samen an weit entfernte Standorte gelangen. Die Vögel erhalten im Gegenzug Nahrung. Auch evolutionsbiologisch macht die Verbreitung mithilfe der Vögel an neue Standorte für die Pflanze Sinn.

Gifte haben evolutionsbiologische Bedeutung in Form von Selektionsfaktoren, da sie Auswirkungen auf die Zusammensetzung des Genpools einer Population haben und diesen in eine vorgegebene Richtung verändern können. Resistente oder weniger anfällige Varianten können sich gegenüber sensiblen Organismen eher durchsetzen und werden sich daher stärker vermehren. Ein Beispiel dafür ist die Antibiotikaresistenz von **Bakterien**. Aus ökologischer Sicht können sich ganze Ökosysteme verändern, wenn einzelne Arten durch den Einsatz von Giften wegfallen.

Erhöhtes Anforderungsniveau Biologie (Brandenburg): Abituraufgaben 2019
Aufgabe C: Ökologie

Thema: Pflanzenläuse

Blattläuse sind wenige Millimeter große Insekten, die zu den Pflanzenläusen gehören. Diese zählen zu den häufigsten Schädlingen an Nutzpflanzen, hohe Ertrags- und Qualitätsverluste sind die Folge. Deshalb werden schon seit vielen Jahren Möglichkeiten gesucht, diese Schädlinge effektiv zu bekämpfen.

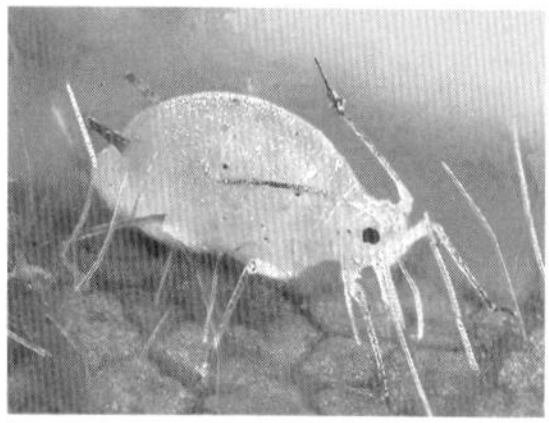

Quelle: Claudio Gratton/ wikipedia

Aufgaben

1 Erstellen Sie eine Übersicht über mögliche Formen biologischer Wechselbeziehungen von Organismen und ordnen Sie die in Material 1 angeführten Beziehungen der Blattläuse der jeweils entsprechenden Form zu. 8

2 Benennen Sie die Strukturen A – H des Blattquerschnittes in Material 1. Begründen Sie die Bedeutung der mit den Pflanzensäften aufgenommenen Kohlenhydrate und Proteine für die Lebensprozesse der Blattlaus. 8

3 Erläutern Sie unter Verwendung von Material 3 die Faktoren, die zum Auftreten geflügelter Blattläuse in den Populationen führen. Diskutieren Sie Vor- und Nachteile geflügelter und ungeflügelter Blattlaus-Formen in der Population unter Verwendung von Material 2 und 3. 12

4 In der Schädlingsbekämpfung werden Insektizide eingesetzt. Veranschaulichen Sie in einer beschrifteten Skizze die Wirkungsweise eines enzymhemmenden Insektizids. 6

5 Begründen Sie die im Material 4 dargestellten Populationsentwicklungen anhand der zugrundeliegenden Gesetzmäßigkeiten vor und nach dem Insektizid-Einsatz. 8

6 Die Ergebnisse eines weiteren Versuches zur Bekämpfung von Schädlingen sind im Material 5 dargestellt. Stellen Sie die Daten der Tabelle in einem Diagramm grafisch dar. Beurteilen Sie den Erfolg der Maßnahme bis 1974. 8

Material 1: Blattlausbeziehungen

Für alle Pflanzenläuse ist der Saugrüssel charakteristisch, mit dessen Hilfe sie die Blätter fast aller Blütenpflanzen anbohren, um an den Pflanzensaft zu kommen. Dieser hat einen hohen Zuckergehalt, aber nur geringe Anteile von stickstoffhaltigen Verbindungen.

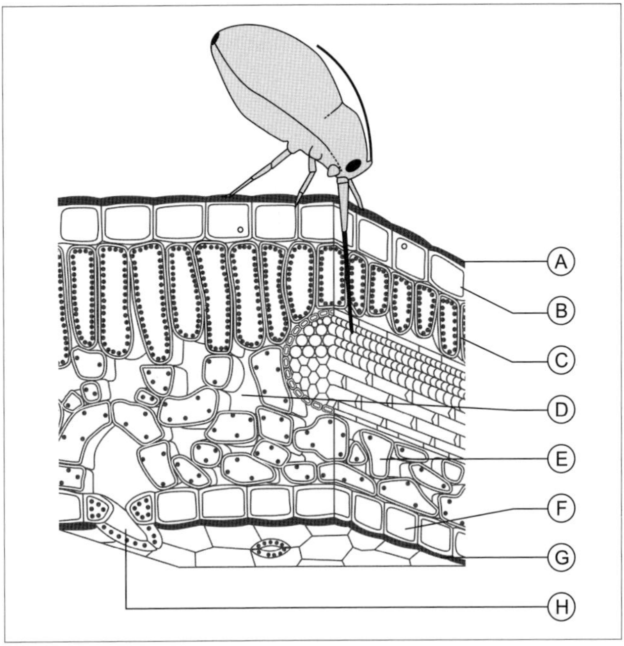

Abb. 1: Blattquerschnitt

Zur Herstellung wichtiger Proteine sind deshalb große Mengen an Pflanzensaft notwendig, die durch den Darm von Blattläusen geschleust werden müssen. Der entstehende zuckerhaltige Kot (Honigtau) wird ausgeschieden und dann von Ameisen, Bienen oder anderen Insekten aufgenommen. Für einige Ameisenarten ist der Honigtau eine lebensnotwendige Nahrung, die sie durch „Betrillern" mit den Antennen von den Blattläusen erhalten. Dafür beschützen sie die Blattläuse vor ihren natürlichen Feinden, füttern sie und nehmen deren Eier zum Überwintern mit in ihr Nest.
Bakterien im Darm von Blattläusen leben ebenfalls vom zuckerreichen Pflanzensaft. Untersuchungen zeigten, dass eine Entfernung dieser Bakterien zur Gewichtsabnahme und verminderter Wachstumsrate bzw. Fortpflanzung der Blattläuse führte. Wahrscheinlich erleichtern die Bakterien die notwendige Stickstoffaufnahme in die Blattlaus. In natürlichen Habitaten ernähren sich Marienkäfer und Florfliegen bzw. deren Larven von Blattläusen. Einige Schlupfwespen legen ihre Eier in die Blattläuse und sichern so das Nahrungsangebot ihrer Nachkommen im Larvenstadium. Diese ernähren sich von den inneren Organen der Läuse. Spätestens wenn sich die Larve verpuppt, geht die Blattlaus zugrunde.

Material 2: Geflügelte und ungeflügelte Blattläuse

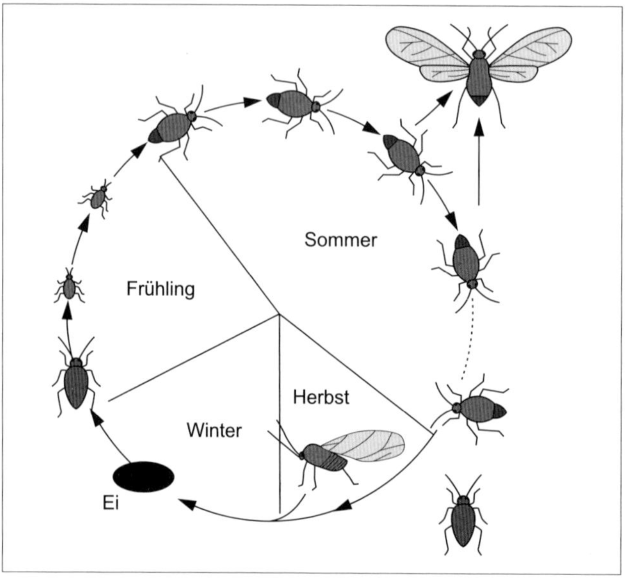

Abb. 2: Lebenszyklus der Blattläuse

Die meisten Nachkommen haben keine Flügel, aber ab und zu treten auch geflügelte Blattlaus-Weibchen auf. Geflügelte Blattläuse haben wesentlich weniger Nachkommen als ihre ungeflügelten Artgenossinnen. Zum Herbst kommt es zur Bildung von Männchen und Weibchen, die geflügelt oder ungeflügelt sein können und sich geschlechtlich fortpflanzen. Nach der Paarung werden die befruchteten Eier an den Pflanzen abgelegt, überwintern und entwickeln sich im Frühling zu einer ungeflügelten Generation von Weibchen, die sich unbefruchtet fortpflanzen. Diese sind die Stamm-Mütter der neuen Sommer-Blattlausgeneration.

Material 3: Untersuchungen an Blattläusen

Der Besitz von Flügeln bei Blattläusen gilt als ursprünglich, die Flügellosigkeit als abgeleitet und evolutiv später entstanden. Da in den Populationen auch immer wieder geflügelte Formen auftreten, sollten Untersuchungen Auskunft über die Faktoren der Flügelbildung geben. Die Ergebnisse sind in den folgenden Grafiken wiedergegeben.

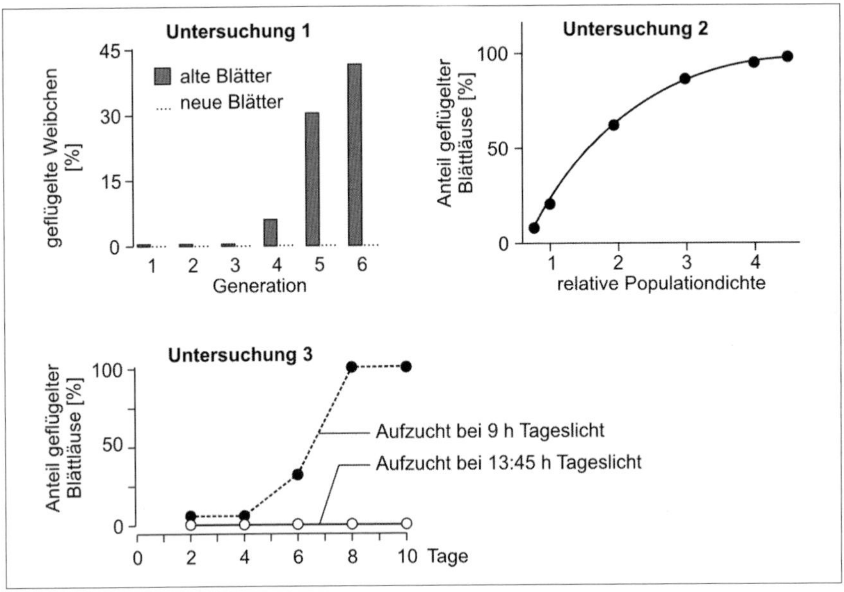

Abb. 3

Material 4: Populationsentwicklungen – Ergebnis einer Simulation

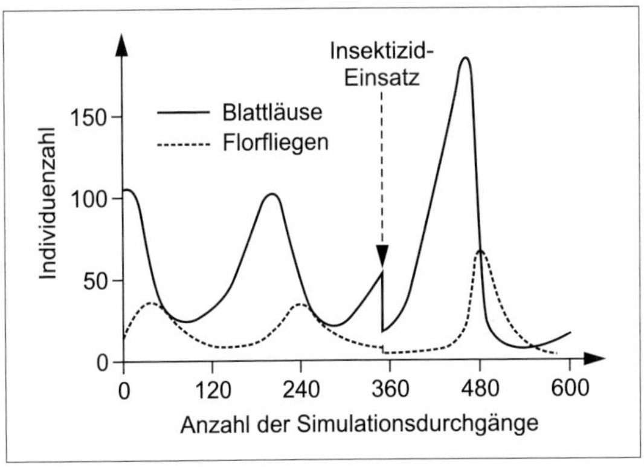

Abb. 4

Material 5: Schädlingsbekämpfung von Schildläusen

Schildläuse sind eine weitere Gruppe der Pflanzenläuse. Eine aus Amerika eingeschleppte Schildlaus *Quadraspidiotus perniciosus* richtete in Obstplantagen Südwestdeutschlands großen Schaden an, da nur 1 % der Schädlinge von heimischen Schildlausparasiten befallen wurden.
Nun versuchte man durch eingeführte Schlupfwespen *Prospaltella perniciosi*, deren Larven sich ausschließlich in dieser Schildlausart entwickeln, das Problem zu lösen. Das Ergebnis zeigt folgende Tabelle.

Jahr	**1960**	**61**	**62**	**63**	**64**	**65**	**66**	**67**
Dichte der Schildlaus (% des Jahres 1960)	100	60	55	53	30	23	20	39
Parasitierung durch Schlupfwespe (%)	5	15	20	18	30	25	32	37

Jahr	**68**	**69**	**70**	**71**	**72**	**73**	**1974**
Dichte der Schildlaus (% des Jahres 1960)	34	22	20	18	10	8	5
Parasitierung durch Schlupfwespe (%)	39	31	29	46	43	36	36

Material basiert auf:
https://www.spektrum.de/lexikon/biologie/blattlaeuse/9218
https://www.fsbio-hannover.de/oftheweek/193.htm. Unterricht Biologie, Friedrich Verlag GmbH Seelze, 26.Jg. (2002), Heft 272, S. 42.
Unterricht Biologie, Friedrich Verlag GmbH Seelze 23.Jg. (1999), Heft 243, S. 45.
Linder Biologie, Lehrermaterialien Teil 1,1999 Schroedel Verlag GmbH, Hannover, S. 78.

Lösungsvorschläge

1 *Überlegen Sie sich zunächst eine übersichtliche Darstellungsform für die biologischen Wechselbeziehungen von Organismen und nehmen Sie die Ihnen aus dem Unterricht bekannten Fachtermini darin auf. Studieren Sie anschließend das Material 1 gründlich und ordnen Sie die genannten Beispiele für die Blattlaus Ihren vorher aufgeführten Fachbegriffen zu.*

Übersicht über biologische Wechselbeziehungen von Organismen:

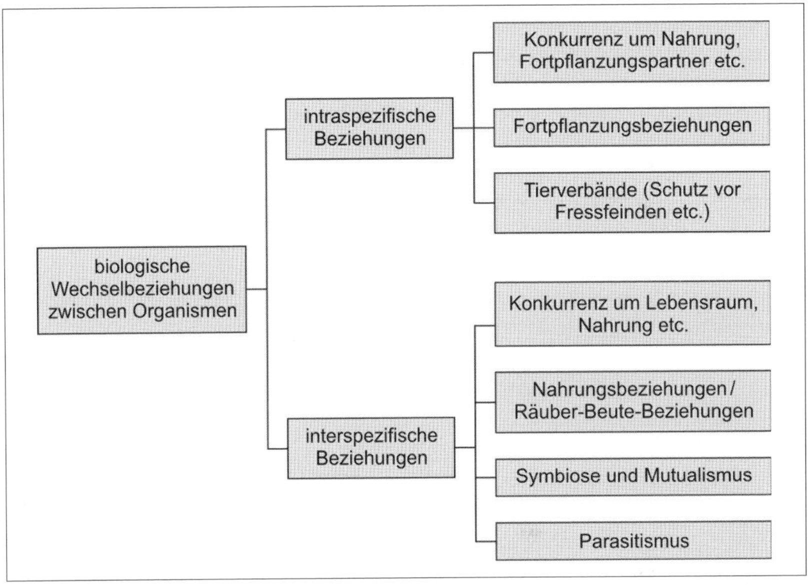

Zuordnung:

- Blattläuse und Pflanze: Parasitismus

Dies kann man als parasitäre Beziehung werten, da sich die Blattläuse durch das Anbohren der Blätter vom Pflanzensaft ernähren, die Pflanze damit negativ beeinflussen bzw. schädigen, jedoch im Normalfall nicht zum Absterben dieser führen.

- Blattläuse und Ameisenarten: Mutualismus *(oder Symbiose)*

Die Ameise ist auf den von der Blattlaus ausgeschiedenen Honigtau zur eigenen Ernährung angewiesen. Im Gegenzug dafür beschützt sie die Blattlaus vor deren Fressfeinden, füttert diese und unterstützt deren erfolgreiche Überwinterung, indem sie die Blattlauseier mit in ihr Nest nimmt, um diese vor Umwelteinflüssen etc. zu schützen.

- Blattläuse und andere Ameisenarten, Bienen, Wespen: Nahrungsbeziehung
- Blattläuse und Bakterien im Darm: Mutualismus *(oder Symbiose)*

- Blattläuse und Marienkäfer, Florfliege (Larven): Nahrungsbeziehung (Räuber-Beute-Beziehung)
- Blattläuse und Schlupfwespe: Parasitismus

Die Entwicklung der Schlupfwespenlarve erfolgt in einer Blattlaus, indem sie sich von deren inneren Organen ernährt. Die Blattlaus wird nachhaltig geschwächt und überlebt diese Interaktion spätestens ab dem Verpuppen der Schlupfwespe nicht mehr.

2 *Nutzen Sie für den ersten Aufgabenteil am besten die angegebenen Buchstaben, um eine Legende zu erstellen, in der Sie die Bestandteile des Laubblattes benennen. Der zweite Aufgabenteil verlangt, die Bedeutung der aufgenommenen Nährstoffe (Kohlenhydrate und Proteine) für die Lebensprozesse der Blattlaus zu begründen. Dabei sollten Sie auf Ihr Wissen zum molekularen Aufbau bestimmter Strukturen in Lebewesen, zum Themenbereich Zytologie sowie zum Themenbereich Ernährung der Sekundarstufe I zurückgreifen. Beachten Sie, dass Sie sich auf die Blattlaus beziehen sollen. Formulieren Sie hier also nicht zu allgemein.*

A: Kutikula
B: obere Epidermis
C: Palisadenparenchym
D: Interzellularraum / Interzellulare
E: Schwammparenchym
F: untere Epidermis
G: Kutikula
H: Stoma / Spaltöffnung

Kohlenhydrate sind lebenswichtige Energielieferanten für den Stoffwechsel der Blattlaus. Sie ermöglichen die Gewinnung von ATP, was für viele andere Stoffwechsel- und Transportprozesse von Bedeutung ist. Dementsprechend sind sie die Grundlage für alle Lebensprozesse wie zum Beispiel Wachstum und Fortpflanzung, ohne die die Blattlaus nicht existieren kann.

Proteine stellen die Grundlage zum Aufbau körpereigener Proteine dar, welche zum Beispiel in Form von Enzymen benötigt werden. Weiterhin sind Proteine Bestandteil von Biomembranen und erfüllen dort wichtige Transportfunktionen. Damit besitzen auch Proteine für das Leben der Blattlaus essenzielle Bedeutung.

3 *Bei dieser Aufgabe müssen Sie aus den drei Diagrammen bzw. Untersuchungen zunächst die wesentlichen Zusammenhänge verständlich wiedergeben. Im zweiten Teil der Aufgabe erfordert der Operator „diskutieren“ ein Abwägen von Vor- und Nachteilen geflügelter und ungeflügelter Blattlausformen. Hinweise dazu sind aus Material 2 und 3 zu entnehmen.*

In Untersuchung 1 ist zu erkennen, dass sich geflügelte Blattlausweibchen ausschließlich auf alten Blättern entwickeln können. Dabei steigt die Anzahl der geflügelten Vertreter ab der 4. Generation mit jeder Folgegeneration. Untersuchung 2 verdeutlicht, dass sich bei steigender relativer Populationsdichte der Blattläuse ebenso mehr geflügelte Blattläuse finden lassen. Die Anzahl ist somit auch abhängig von der Populationsdichte. Untersuchung 3 veranschaulicht das Vorkommen von geflügelten Blattlausformen in Abhängigkeit der simulierten Tageslänge. Es ist zu erkennen, dass sich geflügelte Blattläuse bei einer Tageslänge von 13,45 Stunden nicht ausbilden. Hingegen entwickeln sich bei einer Tageslänge von 9 Stunden nach dem vierten Versuchstag auch geflügelte Formen, wobei sich ab dem achten Versuchstag bei einer simulierten Tageslänge von 9 Stunden ausschließlich geflügelte Blattläuse bilden. Faktoren, wie alte Blätter, relative Populationsdichte und die Tageslänge, bedingen also das Auftreten geflügelter Formen.

Vorteile von **geflügelten Blattlausformen** sind, dass sich die Population ausbreiten kann und so neue Standorte erschlossen werden können. Damit einher geht auch das Vermeiden von innerartlicher Konkurrenz bei zu großen Populationsdichten z. B. in Bezug auf Nahrungsressourcen. Ein Nachteil bei geflügelten Formen ist die hohe Energieaufwendung zur Ausbildung und Verwendung der Flügel und folglich steht weniger Energie für die Erzeugung von Nachkommen zur Verfügung. Außerdem muss bedacht werden, das geflügelte Formen mehr Angriffsfläche für Wind bieten und so möglicherweise auch bei der Nahrungssuche behindert werden können.

Ungeflügelte Blattlausformen haben den Nachteil, dass sie bei einer drohenden Nahrungsverknappung oder bei Auftreten von Fressfeinden den Standort nicht großräumig wechseln könnten. Vorteilhaft hingegen ist die Fokussierung auf eine Nahrungsquelle bzw. einen Nahrungsstandort, es wird keine Energie verschwendet, um mögliche andere Standorte aufzusuchen. Dementsprechend wird auch viel Energie in eine hohe Zahl an Nachkommen investiert.

4 *Bei dieser Aufgabe soll am Beispiel eines Insektizides eine allgemeine enzymhemmende Reaktion skizziert und beschriftet werden. Die Skizze sollte insbesondere darstellen, wie das aktive Zentrum eines Enzyms entweder besetzt oder durch einen allosterischen Inhibitor strukturell verändert wird, sodass die Arbeit des Enzyms behindert ist. Auch die Skizze einer kompetitiven Hemmung ist möglich.*

Beispiel für eine allosterische bzw. nichtkompetitive Enzymhemmung:

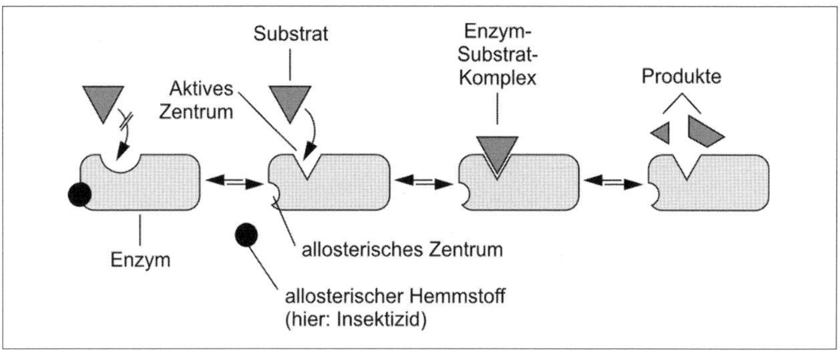

Das Enzym besitzt ein aktives Zentrum und ein allosterisches Zentrum. Es ist zu erkennen, dass dieses Enzym ein Substrat gemäß Schlüssel-Schloss-Prinzip binden kann und so das Substrat in zwei Produkte umgesetzt werden kann. Ein potenzielles Insektizid kann an das allosterische Zentrum des Enzyms binden. Diese Bindung führt zu einer Konformationsänderung des Enzyms, sodass das aktive Zentrum keine Substrate mehr binden kann. Demnach ist der durch das Enzym katalysierte Stoffwechselprozess durch das Insektizid behindert und das Insekt wird dadurch geschädigt. Die Enzymhemmung kann sowohl reversibel als auch irreversibel sein.

5 *Hier soll der typische wechselseitige Verlauf von Räuber-Beute-Populationen durch die VOLTERRA-Gesetze begründet werden. Achten Sie darauf, dass Sie die Entwicklung der Populationen beispielhaft auch mit Zahlenwerten belegen.*

Die Individuenzahlen von Florfliege (Räuber) und Blattlaus (Beute) schwanken bei konstanten Bedingungen periodisch. Nach der 1. VOLTERRA-Regel sind die erreichten Maxima der Populationen phasenverschoben. So folgt beispielsweise das Maximum von etwa 40 Florfliegen beim 240sten Simulationsdurchgang erst etwa 40 Simulationsdurchgänge später nach dem Maximum von etwa 100 Blattläusen. Steigt also die Populationsdichte der Räuberpopulation, wird demnach mehr Beute gefressen, was langfristig zum Absinken der Beutepopulation führt. Dieses Absinken bedeutet aber eine knapper werdende Nahrungsgrundlage und damit erhöhte innerartliche Konkurrenz für die Räuber. Folglich wird auch die Individuenzahl der Räuberpopulation sinken und die Beutepopulation kann sich wieder erholen. Nach der 2. VOLTERRA-Regel bleiben jedoch die Durchschnittsgrößen der Räuber- und Beutepopulationen langfristig konstant. Der Einsatz von Insektiziden führt zum Zusammenbrechen beider Populationen, wobei sich nach der 3. VOLTERRA-Regel die Beutepopulation schneller erholt als die Räuberpopulation. Dies kann durch eine – im Vergleich zu den Räubern – höhere Reproduktionsrate und durch die zunächst fehlenden Fressfeinde begründet werden.

6 *Hier sollen Sie die Werte aus der Tabelle in ein Diagramm überführen. Achten Sie dabei auf eine sinnvolle Achseneinteilung und auf die Beschriftung der Achsen. Bei der Beurteilung müssen Sie die Ergebnisse zunächst zusammenfassen sowie mit Zahlenbeispielen belegen und dann entscheiden, ob die geplante Maßnahme ein Erfolg war.*

Darstellung der Daten in einem Diagramm:

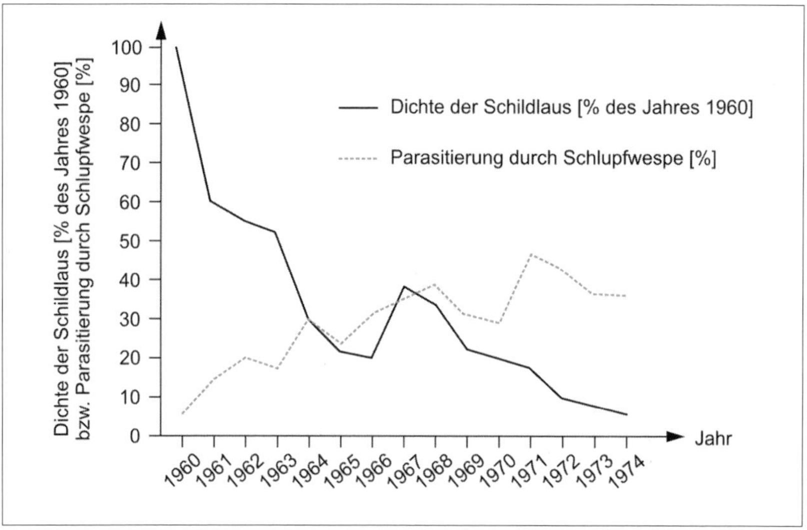

Beurteilung:
Die biologische Schädlingsbekämpfung war erfolgreich, da nach 14 Jahren die Schildlauspopulation auf ca. 5 % ihrer Größe des Jahres 1960 vermindert wurde. Die hoch spezialisierte Schlupfwespe erreicht ohne Konkurrenz von anderen Parasiten an der Schildlaus eine Parasitierung von bis zu 46 %. Das bedeutet aber auch, dass die Schildlaus im Untersuchungszeitraum nicht ausgerottet wurde und diese Population sich möglicherweise wieder erholen kann, gemäß den Gesetzmäßigkeiten bei Räuber-Beute-Populationen.

Erhöhtes Anforderungsniveau Biologie (Brandenburg): Abituraufgaben 2020
Aufgabe A: Zellbiologie, Genetik

Thema: Phytomining – Pflanzen als echte Heavy-Metal-Fans

Pflanzen entnehmen dem Boden Nährstoffe zum Wachsen. Einige Pflanzen sind sogar in der Lage, dem Boden giftige Schwermetalle zu entziehen. Die Hallersche Schaumkresse *Arabidopsis halleri* ist ein wahrer Meister darin. Jetzt wurden rund 2 000 Exemplare dieser Art aus ganz Europa untersucht. Gefunden wurde eine überraschende Vielfalt an Eigenschaften, die die Pflanzen im Laufe der letzten 500 000 Jahre ihrer Evolution entwickelt haben – ein enormes Potenzial zur Entgiftung von Böden oder zur Gewinnung wirtschaftlich interessanter Metalle.

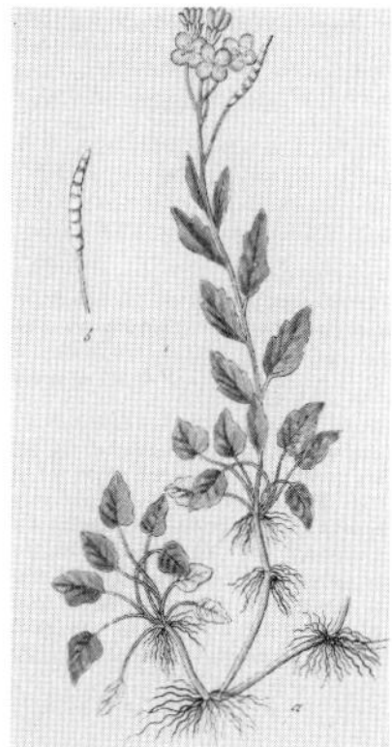

Aufgaben

1	Skizzieren Sie einen beschrifteten Versuchsaufbau zur Untersuchung der Beeinflussbarkeit enzymatischer Reaktionen durch Schwermetall-Ionen. Nutzen Sie dazu die im Material 1 angegebenen Materialien. Erläutern Sie die zu erwartenden Beobachtungen. Begründen Sie die Wirkung von zwei weiteren äußeren Faktoren, die enzymatische Reaktionen beeinflussen.	14
2	Werten Sie die in Material 2 dargestellten Forschungsergebnisse aus.	4
3	Stellen Sie einen allgemeinen Stoffkreislauf und den Energiefluss in den Trophiestufen schematisch dar. Beurteilen Sie die Stellung und Wirkung der Hyperakkumulatoren in diesen Systemen mithilfe des Materials 3.	10
4	Vergleichen Sie die im Material 4 dargestellten Untersuchungsergebnisse für die beiden *Arabidopsis*-Arten und erklären Sie die Unterschiede mithilfe des Materials 5.	12
5	Erläutern Sie mithilfe der synthetischen Evolutionstheorie die Entstehung der Hyperakkumulatoren.	10

Material 1: Untersuchung der Beeinflussbarkeit enzymatischer Reaktionen durch Schwermetall-Ionen

Lebende Zellen besitzen das Enzym Katalase, welches überschüssiges Wasserstoffperoxid (H_2O_2) schnell zu Wasser und Sauerstoff abbaut. H_2O_2 ist ein starkes Zellgift, das abgebaut werden muss. Die Wirkung von Schwermetall-Ionen auf die Aktivität von Katalase soll geprüft werden. Dazu stehen folgende Materialien zur Verfügung: rohe geriebene Kartoffeln, Kupfersulfatlösung, 3 %ige Wasserstoffperoxid-Lösung, (Vorsicht: giftig und ätzend, Schutzbrille), Reagenzglasständer, Reagenzgläser (RG), Pipetten, Spatel.

Material 2: Forschungsergebnisse zur Beziehung zwischen den Zink-Ionen-Konzentrationen im Boden und in den Blättern von *Arabidopsis halleri* (*A. halleri*)

Für jede einzelne Pflanze nahmen die Forscher Boden- und Blattproben.
Jeder Datenpunkt repräsentiert eine *A. halleri*-Pflanze.

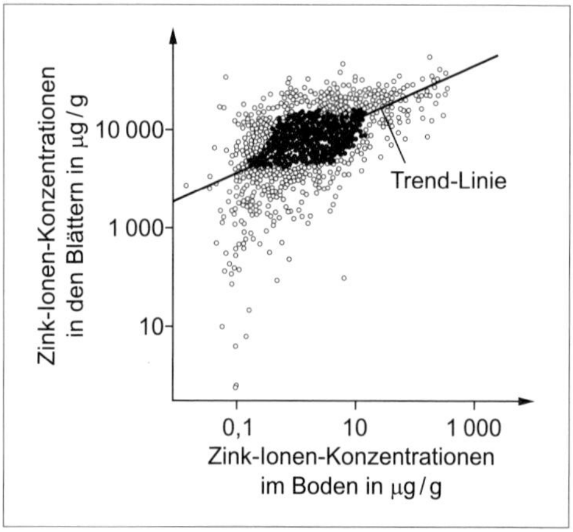

Abb. 1

Quelle: Stein, R. J., Höreth, S., Melo, J. R., Syllwasschy, L., Lee, G., Garbin, M. L., Clemens, S. and Krämer, U. (2017): Relationships between soil and leaf mineral composition are element-specific, environment-dependent and geographically structured in the emerging model Arabidopsis halleri. New Phytologist, 213: 1 274 –1 286. CC BY 4.0

Material 3: Phytomining durch Hyperakkumulatoren

Sowohl an einigen natürlichen Standorten, wie im Harz, als auch in ehemals bergbaulich oder industriell genutzten Gebieten ist der Boden oft so stark mit Schwermetallen angereichert, dass er als verseucht gilt. Deutschlandweit sind rund drei Prozent der Nutzflächen unbrauchbar. Auf solche Schwermetalle, wie Zink, Nickel, Cobalt, Thallium und andere bei Hightech-Firmen dringend benötige Rohstoffe, kann nicht ohne weiteres verzichtet werden.

Hyperakkumulatoren (wörtlich übersetzt: „Über-Sammler") überleben auf diesen ansonsten unfruchtbaren, schwermetallhaltigen Böden. Das sind Pflanzen, auf die Schwermetalle nicht toxisch wirken, wenn sie diese in ihren Blättern oder Wurzeln anreichern.

Bisher wurden rund 300 Pflanzenarten entdeckt, die man als Hyperakkumulatoren bezeichnet. Eine Möglichkeit für den Menschen, diese Fähigkeit der Pflanzen zu nutzen,

ist das Phytomining. So ernten Bauern in Albanien, auf dem Gelände eines ehemaligen Eisen- und Nickel-Bergwerks, das Mauer-Steinkraut *Alyssum murale*. Die Asche der verbrannten Pflanzen besteht zu einem Fünftel aus Nickel.
Theoretisch ist es möglich, dass auch ganz andere Metalle in Pflanzen angereichert werden. Seltene und edle Metalle wie Platin, Palladium und Germanium, die in Katalysatoren, Elektrofahrzeugen oder in der Medizintechnik gebraucht werden.

Material 4: Untersuchungsergebnisse für zwei *Arabidopsis*-Arten

Zink-Ionen-Konzentration in den Blättern und Wurzeln bei unterschiedlicher Konzentration der Nährlösungen

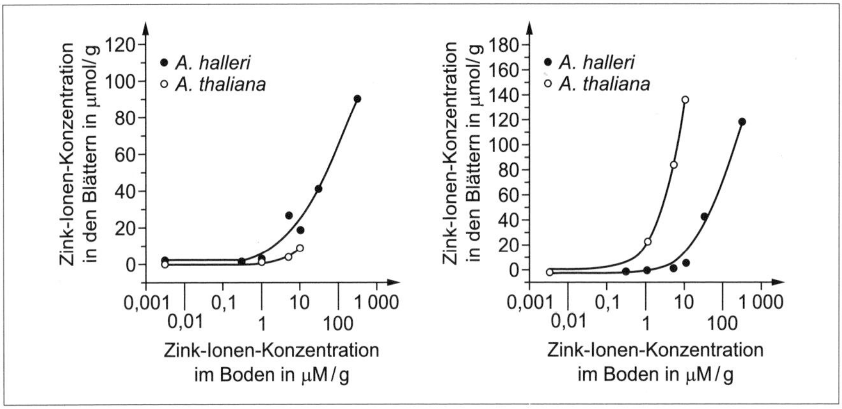

Abb. 2

Quelle: Krämer, Ute: Vergleichende Genomik. https://www.ruhr-uni-bochum.de/mgpp/Seiten_dt/Comparative_Genomics_d.html

Material 5: Modell zum Mechanismus der Zink-Hyperakkumulation

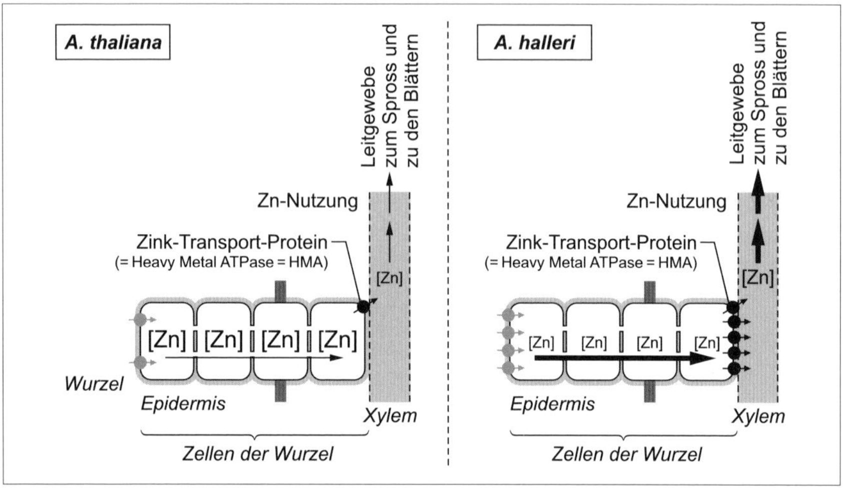

Abb. 3

Quelle: Krämer, Ute: Vergleichende Genomik.
https://www.ruhr-uni-bochum.de/mgpp/Seiten_dt/Comparative_Genomics_d.html

Dargestellt sind die Prozesse in der Wurzel, die die Raten des Zink-Ionen-Transports bestimmen. Die Größe der Symbole [Zn] und Stärke der Pfeile zeigt die Menge der vorhandenen und transportierten Ionen.

Material basiert auf:
Deinlein, Ulrich: Untersuchung des Beitrags von Nicotianaminsynthase zur Zinkhyperakkumulation in Arabidopsis halleri. Dissertation,
https://epub.uni-bayreuth.de/232/1/Diss.pdf
Redaktion Pflanzenforschung.de: Biostaubsauger für Bodengifte – Phytomining mit Arabidopsis halleri. Bearbeitungsstand: 03. 11. 2016.
URL: https://www.pflanzenforschung.de/de/journal/journalbeitrage/biostaubsauger-fuer-bodengifte-phytomining-mit-arabidop-10717

Lösungsvorschläge

Üblicherweise enthält der Aufgabenteil A eine praktische Aufgabe. Diese ist in dieser Prüfung aufgrund verschärfter Vorsichtsmaßnahmen bezüglich des Coronavirus in ein Gedankenexperiment umgeformt worden.

1 *Lesen Sie zunächst die dreiteilige Aufgabenstellung und sichten Sie Material 1. Der Operator „skizzieren" impliziert, dass Sie die Sachverhalte auf das Wesentliche reduziert übersichtlich grafisch darstellen. Dabei stehen die Ansätze in den beiden Reagenzgläsern vergleichend im Vordergrund der Skizze. Reagenzglasständer und Spatel können der Übersichtlichkeit halber vernachlässigt werden. Achten Sie auf eine vollständige Beschriftung, sodass Ihre Ausführungen im Anschluss auf die Skizze bezogen werden können.*
Bei der Erläuterung Ihrer zu erwartenden Beobachtungen sollten Sie den Versuchsaufbau noch einmal knapp umreißen und mit zusätzlichen Informationen zu den ablaufenden biochemischen Prozessen versehen. Gehen Sie hierbei auf beide Versuchsansätze ein.
Anschließend sollen Sie unabhängig vom Gedankenexperiment zwei weitere Einflussfaktoren auf enzymatische Reaktionen nennen und deren Wirkung begründen.

Skizze:

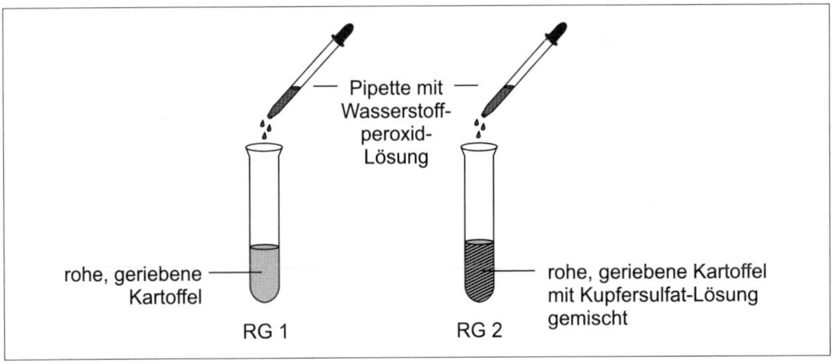

Erläuterung:

- **Reagenzglas 1:**
  Im Reagenzglas 1, in dem die rohen, geriebenen Kartoffeln mit Wasserstoffperoxid-Lösung versetzt werden, ist eine starke Schaumbildung zu erwarten, die sich auf eine hohe Gasentwicklung zurückführen lässt. In den geriebenen Kartoffeln befindet sich das Enzym Katalase, das die Reaktion von Wasserstoffperoxid zu den ungiftigen Produkten Sauerstoff und Wasser katalysiert, indem es die Aktivierungsenergie der Reaktion herabsetzt. Die dabei entstehenden Sauerstoffbläschen sind für die Schaumbildung verantwortlich.

- **Reagenzglas 2:**
  Im Reagenzglas 2, in dem sich zusätzlich zum ersten Ansatz Kupfersulfat-Lösung befindet, sollte keine Schaumbindung auftreten oder diese deutlich schwächer ausgeprägt sein. Das lässt sich auf die Wirkung der in der Kupfersulfat-Lösung befindlichen Schwermetallionen auf das Enzym Katalase zurückführen. Schwermetalle verändern die Raumstruktur von Proteinen und beeinträchtigen damit häufig deren katalytische Wirkung als Enzyme, sodass zum Beispiel die Bildung von Enzym-Substrat-Komplexen ausbleibt. Die Reaktion zur Umwandlung von Wasserstoffperoxid in Wasser und Sauerstoff kann damit nicht oder nur sehr langsam stattfinden.

Begründung:
Weitere Einflussfaktoren auf enzymatische Reaktionen können zum Beispiel die Temperatur, der pH-Wert oder die Substratkonzentration sein. Dabei kommt es immer darauf an, wo das Optimum des jeweiligen Enzyms in Bezug auf diese Einflussfaktoren liegt.

- **Temperatur:**
  Da es sich bei Enzymen um Proteine handelt, weisen sie eine Sensibilität in Bezug auf Hitze auf. Wird die Temperatur so stark erhöht, dass eine Denaturierung einsetzt, wird die Struktur des Enzyms irreparabel beschädigt, sodass es seine Wirkung verliert. Auch zu niedrige Temperaturen beeinflussen enzymatische Reaktionen, obwohl die Proteinstruktur davon nicht beschädigt wird. Hier findet die RGT-Regel (Reaktionsgeschwindigkeit-Temperatur-Regel) ihre Anwendung. Diese besagt, dass sich bei einer Temperaturerhöhung um 10 °C die Reaktionsgeschwindigkeit von chemischen Reaktionen um das Zwei- bis Dreifache erhöht. Das bedeutet im Umkehrschluss, dass bei einer Temperaturerniedrigung um 10 °C auch eine Abnahme der Reaktionsgeschwindigkeit um das Zwei- bis Dreifache zu verzeichnen ist.
- **pH-Wert:**
  Auch der pH-Wert kann die Proteinstruktur eines Enzyms beeinflussen. Auf diese Weise kann sich die Raumstruktur so verändern, dass das aktive Zentrum des Enzyms verformt ist und die Substratbindung nicht mehr hergestellt werden kann. Damit verliert das Enzym seine Funktion.

Alternativ könnte auch die Substratkonzentration als weiterer Faktor begründet werden: Die Substratkonzentration beeinflusst dahingehend die Reaktionsgeschwindigkeit, dass diese mit Erhöhung der Substratkonzentration zunimmt. Das liegt daran, dass mehr Ausgangsstoffe für die Reaktion zur Verfügung stehen und damit die Wahrscheinlichkeit steigt, dass das Enzym auf ein Substrat trifft und mit diesem einen Enzym-Substrat-Komplex bildet. Diese positive Korrelation besteht so lange, bis ein Sättigungswert erreicht ist, bei dem alle Enzymmoleküle mit Substraten besetzt sind (maximale Geschwindigkeit des Substratumsatzes). Ab diesem Wert ist keine weitere Steigerung der Reaktionsgeschwindigkeit mehr möglich.

2 *Analysieren Sie das im Material 2 dargestellte Diagramm ausführlich. Beschreiben Sie die dargestellten Zusammenhänge zunächst knapp. Interpretieren Sie anschließend die dargestellten Datenpunkte, indem Sie sie in Beziehung zueinander setzen. Beachten Sie dabei auch die eingezeichnete Trend-Linie.*

In der Grafik ist die Zinkionenkonzentration in den Blättern von *Arabidopsis halleri (A. halleri)* in Abhängigkeit von der Zinkionenkonzentration im Boden aufgetragen. Zu erkennen ist dabei, dass sich die Zinkionenkonzentrationen in den Blättern zwischen den untersuchten Individuen von *A. halleri* sehr stark unterscheiden. Dies gilt auch dann, wenn sie der gleichen Zinkionenkonzentration im Boden ausgesetzt sind. Vor allem bei geringer Zinkionenkonzentration ist eine hohe Streuung zu erkennen. Trotzdem ist ein Trend zu erkennen. Mit steigender Zinkionenkonzentration im Boden nimmt auch die Zinkionenkonzentration in den Blättern von *A. halleri* zu. Das heißt, dass Pflanzen, die an Standorten mit hoher Zinkionenbelastung wachsen, die Zinkionen in ihren Blättern auch stärker anreichern können.

3 *Die Herausforderung besteht hier in der offenen Vorgabe „einen allgemeinen Stoffkreislauf" und „den Energiefluss in den Trophiestufen" schematisch zu veranschaulichen (AFB I). Es bietet sich aufgrund der Übersichtlichkeit an, zwei unterschiedliche Schemata anzufertigen, da der Energiefluss im Unterricht häufig in Form von Energieflusspyramiden veranschaulicht wird und beim allgemeinen Stoffkreislauf nicht notwendigerweise Konsumenten verschiedener Ordnungen unterzubringen sind. Natürlich sind auch andere Darstellungsformen denkbar und die Definitionen beim allgemeinen Stoffkreislauf könnten auch durch kurze Beschreibungen ersetzt werden. Im zweiten Teil der Aufgabe sollen die Hyperakkumulatoren auf diese Schemata übertragen werden und deren Stellung soll mithilfe von Material 3 beurteilt werden. Der Operator „beurteilen" deutet darauf hin, dass die Hyperakkumulatoren eine gewisse Bedeutung in einem Ökosystem einnehmen, die hier erkannt und in ihrer Wirkung abgeschätzt werden soll (AFB III).*

Allgemeiner Stoffkreislauf:

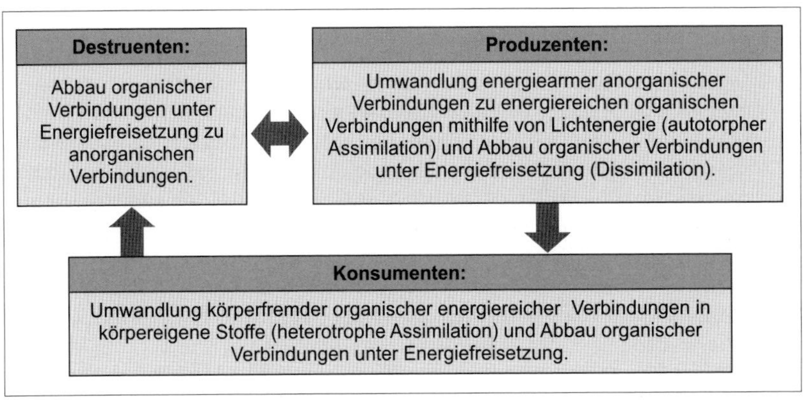

Energiefluss in den Trophiestufen:

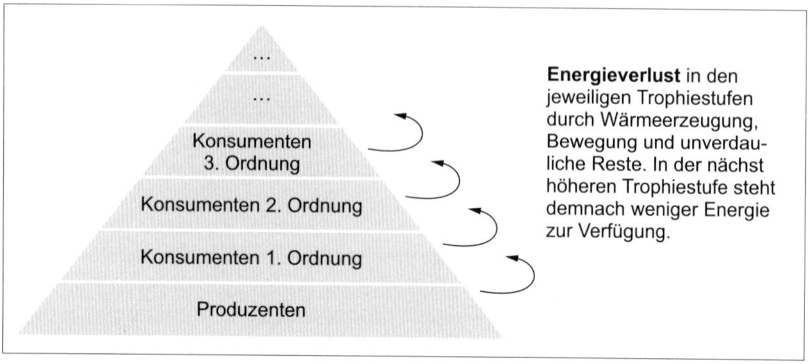

Beurteilung:
Hyperakkumulatoren sind Pflanzen und damit Produzenten, die Schwermetalle anreichern können. Da die Schwermetalle über Konsumenten in höhere Trophiestufen gelangen und sich in diesen ansammeln, kann dies zu Schädigungen der Konsumenten führen. Entfernt der Mensch die Hyperakkumulatoren, stellt dies kurzfristig einen Eingriff in die Stoffkreisläufe des jeweiligen Ökosystems dar. Langfristig besteht jedoch die Chance, dass verseuchte Böden von den Schwermetallen befreit werden können.

4 *Der Vergleich kann hier sowohl tabellarisch als auch im Fließtext erfolgen. Es ist dabei zu berücksichtigen, dass eindeutige Vergleichskategorien formuliert werden, die anhand der Diagramme abgeleitet werden können (Kurvenverläufe und Achsenbeschriftungen beachten). Belegen Sie Unterschiede oder Gemeinsamkeiten ggf. mit konkreten Daten. Im zweiten Aufgabenteil nutzen Sie Material 5 und das Basiskonzept vom Zusammenhang von Struktur und Funktion zur Erklärung.*

Vergleich:
Eine Gemeinsamkeit beider Pflanzenarten ist, dass sie sowohl in ihren Wurzeln als auch in ihren Blättern Zinkionen speichern können. Unterschiede zwischen beiden Arten zeigen sich, wenn man die Zinkionenkonzentration in den Blättern bei steigender Konzentration in der Nährlösung vergleicht. Hier zeigt die Art *A. halleri* einen starken Anstieg der Ionenkonzentration auf etwa 90 $\mu mol \cdot g^{-1}$ bei einer Zinkionenkonzentration von 100 $\mu M \cdot g^{-1}$ im Boden. Bei *A. thaliana* verläuft der Anstieg der Zinkionenkonzentration in den Blättern bei steigender Zinkionenkonzentration im Boden flacher als bei *A. halleri*. Ab einer Zinkionenkonzentration von 10 $\mu M \cdot g^{-1}$ im Boden sind keine weiteren Messergebnisse für diese Art aufgetragen. Weitere Unterschiede zwischen beiden Pflanzenarten zeigen sich bei der Zinkionenkonzentration in den Wurzeln in Abhängigkeit von der Zinkionenkonzentration in der Nährlösung. Die Ionenkonzentration in den Wurzeln steigt bei *A. thaliana* schon bei einer Nährlösungskonzentration von 1 $\mu M \cdot g^{-1}$ an und erreicht ihren Maximalwert von 140 $\mu mol \cdot g^{-1}$ bei einer Nährlösungskonzentration von

$10\ \mu M \cdot g^{-1}$. Die Zinkionenkonzentration in den Wurzeln von *A. halleri* beginnt erst ab einer Zinkionenkonzentration im Boden von etwa $10\ \mu M \cdot g^{-1}$ anzusteigen und erreicht ihren Maximalwert bei einer Nährlösungskonzentration von mehr als $100\ \mu M \cdot g^{-1}$. Der Graph beginnt demnach später und etwas flacher anzusteigen.

Erklärung:
A. halleri enthält sowohl in den Epidermiszellen als auch am Übergang zum Leitgewebe viele Zinktransportproteinkomplexe (HMA). Dadurch können gleichsam viele Zinkionen in die Wurzel aufgenommen sowie in das Leitgewebe und in die Blätter weitertransportiert werden. Durch den effektiven Weitertransport der Ionen in das Leitgewebe bleibt die Konzentration der Zinkionen in der Wurzel im Vergleich zu *A. thaliana* längere Zeit geringer.
A. thaliana enthält vergleichsweise wenige Zinktransportproteinkomplexe (HMA) in den Epidermiszellen und noch weniger am Übergang zum Leitgewebe. Dadurch werden weniger Zinkionen in die Wurzelzellen aufgenommen und auch weniger Ionen in das Leitgewebe und in die Blätter weitertransportiert. Durch den gedrosselten Abtransport ist die Zinkionenkonzentration in der Wurzel höher als bei *A. halleri.*

5 *Das Stichwort synthetische Evolutionstheorie verlangt hier den Einbezug der Grundkenntnisse zur Wirkung verschiedener Evolutionsfaktoren. Ebenso verweist der Operator „erläutern" (AFB II) auf das Hinzuziehen von Beispielen und Zusatzinformationen, die sich in dem Fall aus den verschiedenen Materialien bereits erschlossen haben. Beachten Sie, dass hier auch Prozesse der Artbildung einfließen sollten. Durch die offen formulierte Aufgabenstellung sind hier verschiedene Szenarien denkbar.*

Ursprung der evolutiven Entwicklung von Hyperakkumulatoren war eine Ausgangspopulation einer Ursprungsart, deren Individuen größtenteils noch keine Schwermetalle anreichern konnten. Innerhalb dieser Ausgangspopulation traten jedoch **Variationen** auf, bei denen Schwermetalle im Boden nicht toxisch wirkten. Vorstellbar ist dies durch zufällige **Mutationen** und genetische **Rekombinationen**. Intraspezifische Konkurrenz um Ressourcen, wie beispielsweise Wasser oder Mineralstoffe, führt zur **Selektion**: Die am besten an die Umweltbedingungen angepassten Individuen haben einen Selektionsvorteil. Die Pflanzenvariationen, die die Schwermetalle im Boden vertragen, konnten auf ursprünglich ungeeigneteren Böden wachsen und hatten dort einen **Selektionsvorteil**. Dies stellt eine Habitatisolation dar, da nicht mutierte Pflanzen auf diesen Böden einen geringeren Fortpflanzungserfolg hatten und somit über längere Zeit der Genfluss zwischen der Ausgangspopulation und den mutierten Variationen unterbrochen war. Durch weitere zufällige Mutationen und Rekombinationen veränderte sich das Erbgut der beiden Populationen dermaßen stark, dass im Laufe der Zeit eine reproduktive **Isolation** eintrat und keine fruchtbaren Nachkommen zwischen den beiden Populationen entstehen konnten und sich die sympatrische Artbildung zu Hyperakkumulatoren vollzogen hatte.

Erhöhtes Anforderungsniveau Biologie (Brandenburg): Abituraufgaben 2020
Aufgabe B: Neurobiologie, Zellbiologie, Genetik, Ökologie, Evolution

Thema: Lachse als Anpassungskünstler

Lachse führen ein Leben, das im Süßwasser beginnt. Sie wechseln dann zum Salzwasser und kehren später wieder in das Süßwasser des Heimatflusses zurück. Geleitet vom Magnetfeld der Erde, ziehen sie in die Laichgründe – auch der Geruch der Heimat leitet sie auf ihrer gefährlichen, aber unvermeidlichen Reise zurück.

Quelle: NOAA Photo Library

Aufgaben

1 Nennen Sie Vorteile für das Leben der Lachse in Fluss und Meer und leiten Sie Nachteile ab (Material 1). 8

2 Prüfen Sie die eindeutige Zuordnung des Lachses zu einer Fortpflanzungsstrategie. 8

3 Erläutern Sie mithilfe des Materials 2 die Osmoregulation von Lachsen im Salz- und Süßwasser.
Gehen Sie dabei auch auf aktive und passive Transportvorgänge ein. 10

4 Skizzieren und beschriften Sie einen Ausschnitt eines DNA-Moleküls. 8

5 Der Ablauf des Prozesses zur Erzeugung transgener Lachse im Material 3 ist sehr vereinfacht dargestellt und an vielen Stellen problematisch.
Beschreiben Sie die Erzeugung transgener Lachse.
Stellen Sie zwei mögliche gentechnische Probleme im Prozess der Herstellung transgener Lachse dar. 10

6 Fast zwanzig Jahre dauerte es bis zur Zulassung des transgenen Lachses in den USA.
Bewerten Sie Chancen und Risiken der Zucht transgener Lachse. 6

Material 1: Leben der Lachse in Fluss und Meer

Im Frühjahr, wenn es in den Bächen und Flüssen noch kalt ist, schlüpfen 100 bis 200 Tage nach der Befruchtung Lachslarven aus ihren Eiern.
Sie bleiben noch etwa 4 Wochen in ihren Vertiefungen im Kiesbett eines kleinen schnellfließenden Flusses oder Baches mit sauberem, sauerstoffreichem Wasser und zehren von ihrem Dottervorrat.
Dann machen sie sich im bodennahen Wasser auf die Jagd nach kleinen Wirbellosen wie z. B. Bachflohkrebsen, Steinfliegenlarven und Eintagsfliegenlarven. Später sind sie dann groß genug, um auch kleine Fische zu erbeuten.
Nach ein bis zwei Jahren ziehen die Junglachse in kleinen Gruppen flussabwärts. Dabei prägen sie sich den Geruch des Heimatgewässers und markante Punkte ein. Ihr Körper stellt sich langsam auf das Leben im Salzwasser um. In den Jagdgründen des Nordatlantik angekommen, ernähren sich die Lachse besonders von Heringen, Makrelen und kleinen Krebsen. Durch die reichliche Nahrung im Meer wachsen sie schneller als Arten, die nur im Süßwasser leben.
In den nächsten Jahren legen sie große Reserven an. Weibchen werden bis zu 1 m lang und 20 kg schwer, Männchen werden bis 1,5 m lang und sogar 40 kg schwer.
Im Winter ziehen dann Tausende von Lachsen gegen die Strömung zum Laichen in ihre Ursprungsgewässer zurück. Bei dieser Wanderung nehmen die Lachse keine Nahrung mehr auf. Sie leben von ihren Fettreserven. Kommen sie in den Laichgewässern an, legt das Weibchen 5 000 – 25 000 Eier in kieshaltigen Laichgruben ab, die sofort von Männchen besamt werden. Fast alle Lachse sterben nach dem Ablaichen.

Material 2: Osmoregulation von Lachsen im Salz- und Süßwasser

Der Salzgehalt des Meeres liegt bei 30 bis 35 Promille (Gramm pro Liter), der des Süßwassers liegt dagegen bei 0. Die Körperflüssigkeit der Lachse liegt etwa bei 15 Promille.
Als Wanderer zwischen den Wasserwelten sind die Lachse daran angepasst. Die passive Durchlässigkeit der Fischhaut ist für Wasser gering.
Da die Kiemenoberfläche aber nur eine dünne Gewebeschicht darstellt, ist deren Durchlässigkeit sehr hoch.
Kiemen können auch gelöste Stoffe aktiv abgeben und aufnehmen.
Fische können wie andere Tiere Ausscheidungsprodukte mit dem Urin abgeben. Damit gehen auch immer Salze und andere gelöste Stoffe verloren.

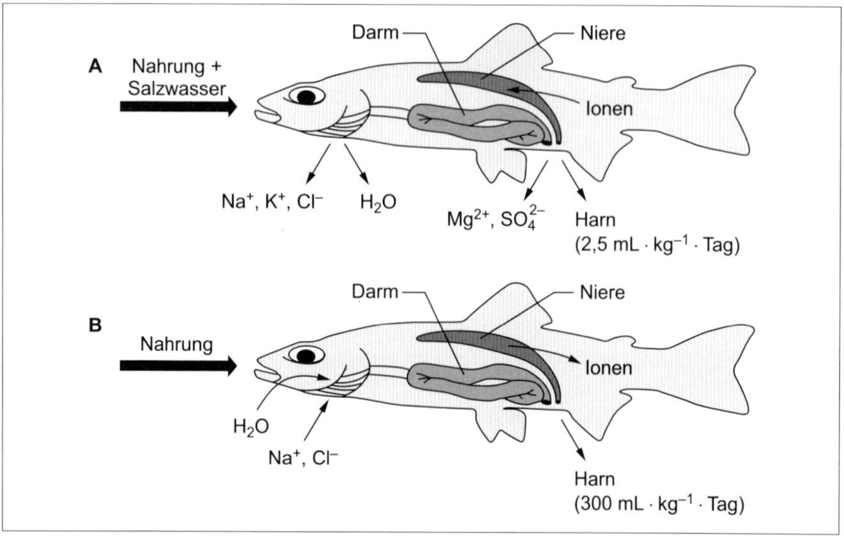

Abb. 1

Material 3: Genlachse – Segen oder Fluch?

Vor 30 Jahren gefror im kalten Neufundland versehentlich das Wasser in einem Tank mit Fischen. Erstaunlicherweise überlebten sie. Später entdeckte man ein Anti-Frost-Protein, das die Fische vor dem Erfrieren schützte.
Eine amerikanische Firma beschäftigte sich in der Folgezeit mit der kommerziellen Anwendung des Gens, das für das Anti-Frost-Protein codiert.
In Versuchen wurden zwei Gene in das Genom von Atlantik-Lachsen übertragen, ein Gen für ein Wachstumshormon des in Nordamerika und Ostasien verbreiteten Königslachses und ein Regulator-Gen des für ein Anti-Frost-Protein (AFP) codierenden Gens der Amerikanischen Aalmutter, einem in nordamerikanischen Küstenmeeren vorkommenden Fisch.
Die Expression des eingebrachten Gens für das Wachstumshormon aus dem Königslachs unter der Kontrolle des AFP-Regulatorgens hat zur Folge, dass der transgene Atlantik-Lachs schneller wächst als der Wildtyp des Atlantischen Lachses. Durch den AFP-Regulator, der aus einer an kalte Meeresregionen angepassten Fischart stammt, ist der gentechnisch veränderte Lachs im Gegensatz zum Wildtyp-Lachs in der Lage, auch bei niedrigen Wassertemperaturen und somit ganzjährig Wachstumshormone zu bilden.
Der transgene Lachs wird in der Hälfte der Zeit schlachtreif, da er das ganze Jahr wächst. Die Genehmigung des Antrages von 1997 auf die Zulassung des gentechnisch veränderten Lachses hat fast 20 Jahre auf sich warten lassen.

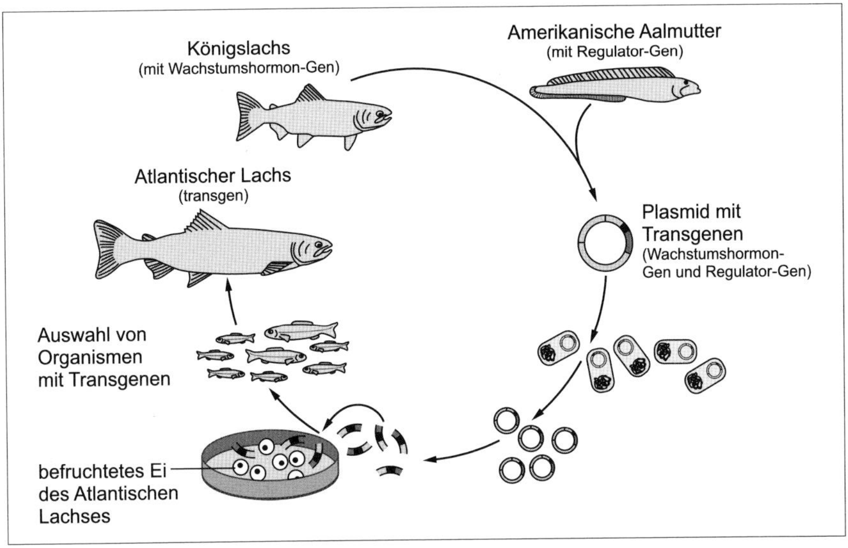

Abb. 2

Material basiert auf:
Unterricht Biologie, Heft 316, Friedrich Verlag GmbH Seelze, 2006
CD Unterricht Biologie, Klausur& Abitur 6, Friedrich Verlag GmbH Seelze, 2015
Lehrermaterialien 2, Schroedel, Bildungshaus Schulbuchverlage GmbH Braunschweig 2006
Lehrerhandbuch, Band 1, Schroedel Schulbuchverlag 1990, S. 196
www.noz.de/deutschland-welt/gut-zu-wissen/artikel/445637/die-letzte-reise-der-lachse, 15. 02. 2019
Linder Biologie SII, Arbeitsheft 1, 23. neu bearbeitete Auflage, Schroedel Verlag, 2010

Lösungsvorschläge

1 *Bei dieser Aufgabe ist es zunächst notwendig, Kriterien aus Material 1 zu gewinnen, die für das Leben der Lachse zum einen im Fluss und zum anderen im Meer von Vorteil sind. Der Operator „nennen" lässt hier eine stichpunktartige Aufzählung zu. Im zweiten Teil der Aufgabe sollen dann Nachteile dieser Lebensweise abgeleitet werden. Hilfreich ist hier auch, einen Blick auf die folgenden Aufgaben zu werfen, um mögliche Lösungsansätze zu erkennen.*

Vorteile im Fluss:
- sauberes, sauerstoffreiches Wasser
- Schutz der Jungtiere/Eier im Kiesbett
- passende Nahrung für Jungtiere, wie zum Beispiel kleine Wirbellose und später kleine Fische

Vorteile im Meer:
- ausreichendes Nahrungsangebot
- schnelleres Wachstum als im Süßwasser möglich

Nachteile:
Aufgrund der unterschiedlichen Lebensräume in Süß- und Salzwasser muss der Körper diese Umstellung durch osmoregulatorische Vorgänge kompensieren können. Hinzu kommen die weiten und gefährlichen Wanderungen durch die Flüsse in das Meer bzw. wieder zurück zum Laichgebiet. Beide Aspekte sind für den Lachs sehr energieaufwendig und dadurch nachteilig.

2 *Bei dieser Aufgabe ist es wichtig, die Aufgabenstellung sorgfältig zu analysieren. Der Begriff „Fortpflanzungsstrategie" verlangt zunächst nach Eigenschaften von r- und K-Strategen. Die „Zuordnung des Lachses" verlangt, die Lebensweise des Fisches nun diesen Eigenschaften von r- und K-Strategen zuzuordnen. Der Operator „Prüfen Sie die eindeutige Zuordnung" erfordert zudem eine Argumentation und Schlussfolgerung dahingehend, inwieweit die Lebensweise des Lachses ausschließlich einer Strategie zuzuordnen ist oder nicht.*

Lachse zeigen Merkmale von **r-Strategen**, weil sie viele Eier legen und keine intensive Brutpflege betreiben, da sie kurz nach der Eiablage sterben. Für die Zuordnung zu **K-Strategen** spricht, dass Lachse im Vergleich zu anderen Lebewesen im Fluss relativ groß sind und zudem eine relativ lange Lebensdauer haben. Auch die verhältnismäßig lange Zeit bis zur Geschlechtsreife ist ein Merkmal von K-Strategen. Zusammenfassend kann gesagt werden, dass der Lachs von beiden Fortpflanzungsstrategien Merkmale aufzeigt und demnach nicht eindeutig als r- oder K-Stratege bezeichnet werden kann.

3 *Diese Aufgabe des AFB II erfordert die Auseinandersetzung mit Material 2. Die in der Abbildung dargestellten Pfeile zeigen die Osmoregulation der Fische zum einen im Salzwasser und zum anderen im Süßwasser. Die in der Abbildung angedeuteten Prozesse sollen nun durch Informationen aus dem Material und durch Ihr Fachwissen zu aktiven und passiven Transportprozessen bzw. zur Diffusion und Osmose ausführlich dargestellt werden.*

Lachse im **Meerwasser** leben in einem für sie hypertonen Medium. Daher verlieren sie an den Kiemen aufgrund des Konzentrationsunterschiedes zwischen Blut und Meerwasser Wasser. Diesen Verlust gleichen sie durch absichtliches Trinken von Meerwasser aus, wobei sie jedoch damit auch wieder gelöste Ionen (wie Na^+ und Cl^-) im Überschuss aufnehmen, die über aktive Transportprozesse entgegen dem Konzentrationsgefälle aus dem Blut unter Energieverbrauch entfernt werden, um die Homöostase im Körper aufrechtzuerhalten. Andere überschüssige Ionen wie Mg^+ und SO_4^{2-} werden über den Darm und die Niere ausgeschieden. Meerwasserfische scheiden – auch bedingt durch den Wasserverlust an den Kiemen – verhältnismäßig wenig Harn aus. Zusammenfassend ergibt sich durch das viele Trinken und die geringe Harnabgabe ein Nettogewinn an Wasser bei Meeresfischen, was den Verlust an den Kiemen ausgleicht.

Fische, die im **Süßwasser** leben, befinden sich in einem für sie hypotonen Medium. Sie nehmen aufgrund des Konzentrationsunterschiedes zwischen Blut und Süßwasser Wasser über die Kiemen auf. Hier müssen zudem Ionen wie Na^+- und Cl^--Ionen entgegen dem Konzentrationsgradienten über Ionenpumpen unter Energieverbrauch in den Körper gelangen. Durch die übermäßige Aufnahme von Wasser muss dieses hauptsächlich über den Harn den Körper wieder verlassen, was auch einen Verlust von Ionen bedeutet. Dieser Verlust wird an den Nieren durch eine Reabsorption von Ionen zurück ins Blut teilweise ausgeglichen. Zusammenfassend ermöglichen die regulatorischen Maßnahmen den Verlust von Nährsalzen im Süßwasser möglichst gering zu halten.

4 *Bei dieser Aufgabe geht es um die Reproduktion von im Unterricht behandelten Inhalten, wobei es darauf ankommt, eine übersichtliche Skizze der relevanten Strukturen zu erstellen. Die symbolische Darstellung kann dabei von der hier gezeigten abweichen und einen abstrakteren Charakter haben, sollte jedoch die Zuordnung der Basenpaare zueinander abbilden. Verwenden Sie unbedingt die Fachbegriffe bei der Beschriftung. Beachten Sie, dass die DNA aus zwei antiparallel verlaufenden Strängen besteht, die dementsprechend zu beschriften sind.*

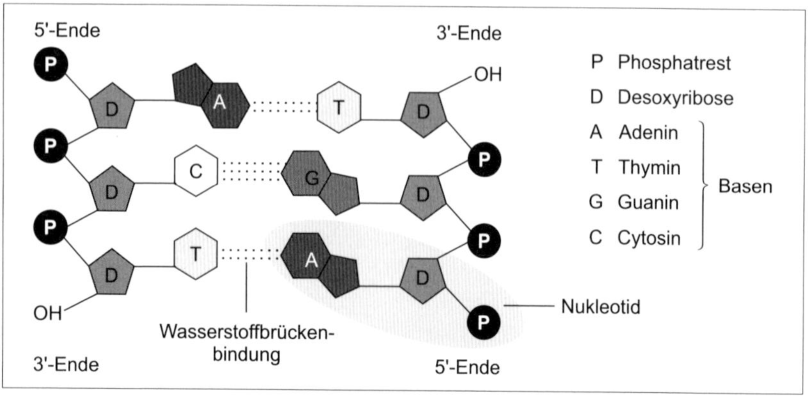

5 *Hier ist Ihr Fachwissen zum allgemeinen Verfahren der gentechnischen Herstellung von transgenen Organismen gefragt. Dies soll auf die Erzeugung transgener Lachse ausgehend von Material 3 übertragen werden (AFB II). Anschließend soll selbstständig hergeleitet werden, inwieweit der Herstellungsprozess problematisch sein kann. Hierbei ist darauf zu achten, dass sich die Probleme nicht auf die transgenen Individuen beziehen, sondern auf mögliche Hindernisse im Labor. Der Operator „darstellen" verlangt hier eine Benennung und Begründung des Problems.*

Erzeugung transgener Lachse:
Zunächst werden das Wachstumshormon-Gen aus dem Königslachs und das Regulator-Gen aus der Aalmutter isoliert. Für eine solche gezielte Isolation werden Restriktionsenzyme verwendet. Beide Gene werden anschließend in den Plasmidring eines Bakteriums gesetzt und dann durch die Teilung des Bakteriums automatisch repliziert und vervielfältigt. Dann wird wieder mithilfe von Restriktionsenzymen der Teil der Plasmidringe entfernt, der die rekombinante DNA enthält. Diese DNA-Fragmente werden dann dem Erbgut von befruchteten Eiern des Atlantischen Lachses hinzugefügt. Nach der embryonalen Entwicklung müssen dann jene Lachse aussortiert werden, die ein verstärktes Größenwachstum zeigen, da dies Anzeichen einer erfolgreichen gentechnischen Veränderung ist. Diese transgenen Lachse werden anschließend weitergezüchtet.

Gentechnische Probleme:
Problematisch bei diesem gentechnischen Verfahren ist beispielsweise die Auswahl der transgenen Lachse, da ein verstärktes Wachstum auch auf andere Faktoren zurückzuführen sein kann, wie beispielsweise natürlich vorkommende unterschiedliche Hormonkonzentrationen oder unterschiedliche Zuchtbedingungen. Ebenso sind auch die Gewinnung des Wachstumshormon-Gens und des Regulator-Gens aus Eukaryoten und die Aufbereitung zum Einbau in den Plasmidring bei Prokaryoten problematisch. Hierzu müssen die Restriktionsenzyme an spezifischen Stellen der DNA schneiden, wobei nicht immer direkt zu erkennen ist, ob hier die richtigen Fragmente entfernt und wieder verknüpft worden sind.

Alternative gentechnische Probleme:
- *Herstellung von transgenen Plasmiden und Vervielfältigung in Bakterien*
- *Isolierung der transformierten Bakterien*
- *Einsetzen der vervielfältigten Wachstumshormon-Gene in die Eizellen des Lachses*

6 *Diese Aufgabe des AFB III fordert nun eine stärker ökologische und ökonomische Bewertung der Zucht transgener Lachse. Achten Sie darauf, Chancen und Risiken in die Beantwortung einfließen zu lassen, und belegen Sie Ihre Aussagen mit stichhaltigen Argumenten.*

Die Zucht transgener Lachse bietet zunächst ökonomische **Vorteile** für die Zuchtbetriebe. Durch die Kälteresistenz können nun Lachse auch in kälteren Regionen gezüchtet werden, was gleichzeitig auch zur Ansiedlung von Zuchtbetrieben in diesen Regionen führt. Hinzu kommt, dass durch die Wachstumshormone die Fische schneller wachsen und demnach auch mehr Fisch verkauft werden kann, was letztlich zu höheren Gewinnen führt. Es ist auch denkbar, dass insbesondere in den Zuchtregionen die Nahrungsgrundlagen des Menschen durch das Lachsfleisch bereichert werden können.

Eine solche Zucht bietet jedoch auch **Risiken**. Sollten transgene Lachse aus Zuchtbetrieben entweichen, kann dies zur Veränderung des ökologischen Gleichgewichts führen, wenn man bedenkt, dass sich diese Lachse gegenüber natürlichen Populationen durchsetzen könnten. Einen weiteren Aspekt stellt der Konsum des Lachses durch den Menschen dar. Die langfristige Wirkung von transgenem Lachsfleisch kann man nicht einschätzen, sodass z. B. Allergien und Unverträglichkeiten nicht auszuschließen sind.

Erhöhtes Anforderungsniveau Biologie (Brandenburg): Abituraufgaben 2020
Aufgabe C: Ökologie

Thema: Antibiotikaresistenzen – Wettlauf mit den Keimen

FLEMING in seinem Labor

Vor 90 Jahren entdeckte ALEXANDER FLEMING das Antibiotikum Penicillin und rettete damit viele Menschen vor dem Tod.
Unter Antibiotika versteht man Stoffe, die das Wachstum von Bakterien oder Pilzen beeinträchtigen (*anti* = gegen, *bios* = Leben). Schon damals warnte der Arzt vor inflationärem Gebrauch und Resistenzen.
„Es besteht die Gefahr, dass die Mikroben lernen, resistent gegen Penicillin zu werden. Und wenn die Mikrobe einmal resistent ist, bleibt sie auch für lange Zeit resistent." So deutlich formulierte ALEXANDER FLEMING die Gefahren in seiner Nobelpreisrede.

Aufgaben

1 Stellen Sie das Wachstum einer Bakterienkultur in Form einer beschrifteten Wachstumskurve dar. Erklären Sie deren Verlauf in den einzelnen Phasen. 10

2 Antibiotika beeinträchtigen das Wachstum von Bakterien. Beschreiben Sie die im Material 1 dargestellten Wirktypen.
Formulieren Sie für die „Bakterizide" und „Bakteriostatika" Definitionen. 8

3 Beschreiben Sie die Wirkung und die Folgen des Einsatzes von Penicillinen als Antibiotika auch mithilfe von Fachbegriffen aus der Enzymatik.
Ordnen Sie die Penicilline begründet einem Wirktyp der Antibiotika zu.
Begründen Sie die gute Verträglichkeit der Penicilline für den Menschen. 8

4 Erläutern Sie die Entstehung von Antibiotikaresistenzen durch Konjugation und deren Bedeutung für die Evolution.
Erklären Sie in diesem Zusammenhang die Entstehung resistenter Bakterien durch übermäßigen und unsachgemäßen Einsatz von Antibiotika. 12

5 Erklären Sie Ursachen und Folgen der Antibiotika-Resistenz von MRSA (**M**ethicillin-**r**esistenten *Staphylococcus **a**ureus*). 6

6 Bakteriophagen sind Viren, die ausschließlich Bakterien befallen. Sie gelten in der Forschung als neuer Hoffnungsträger in der MRSA-Behandlung.
Diskutieren Sie die Eignung und den Einsatz von Phagen auf Basis ihrer Eigenschaften und Lebensweise. 6

Material 1: Wirkung von Antibiotika

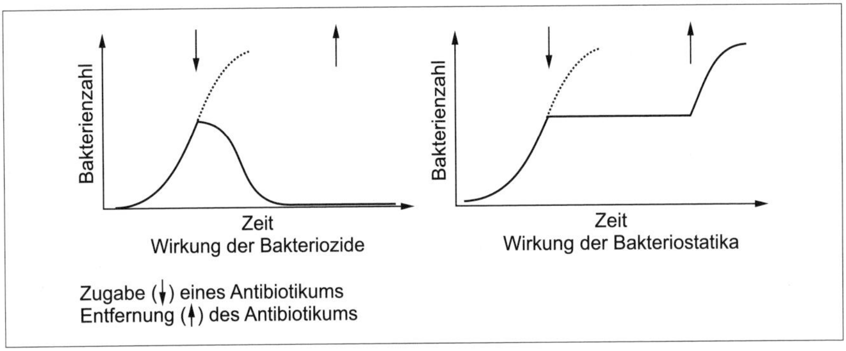

Abb. 1

Material 2: Angriffspunkte der Penicilline bei Bakterien

Penicilline sind eine Gruppe von Antibiotika, welche die Zellwandsynthese von Bakterien unterbrechen. Der Wirkmechanismus der Penicilline wurde 1965 erstmals (von PARK und STROMINGER) beschrieben. Die Zellwand von Bakterien besteht aus langen Zuckerketten (Mureingerüst), die durch Peptidketten quervernetzt sind (s. Abbildung). Die Vernetzung wird durch das Enzym Transpeptidase (auch als **p**enicillin**b**indendes **P**rotein = PBP bezeichnet) katalysiert.
Befinden sich Bakterien in der Wachstums- und Vermehrungsphase, können Penicilline die Zellwandproduktion stören. Die Wirkung der Penicilline ist in der Abbildung dargestellt.

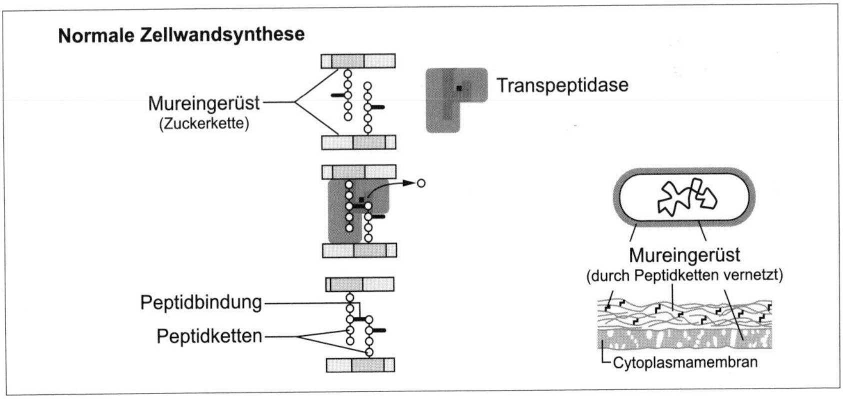

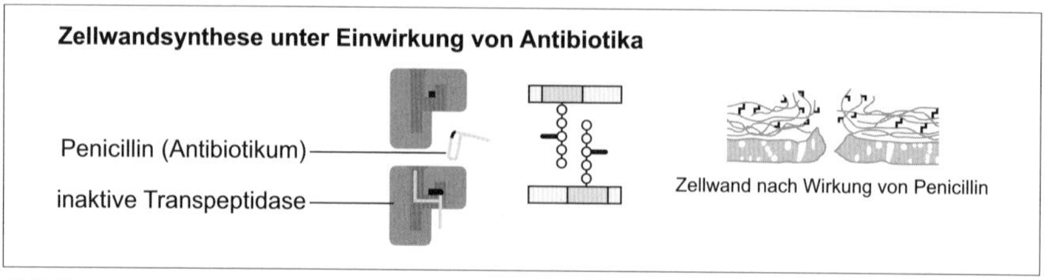

Abb. 2

verändert nach: Mcstrother/Wikipedia, CC BY 3.0

Material 3: Antibiotikaresistenzen

Die Resistenzbildung gegen Antibiotika ist ein natürlicher Anpassungsmechanismus der Bakterien.

Man unterscheidet verschiedene Arten und Mechanismen z. B.

- die natürliche Resistenz, d.h. Bakterien sind grundsätzlich gegen ein Antibiotikum resistent, da sie ein Resistenz-Gen besitzen,
- die erworbene Resistenz, d.h. Bakterien werden durch das Wechselspiel von Mutation und Selektion resistent,
- die erworbene Resistenz durch Konjugation.

Konjugation von Bakterien in vier Schritten:

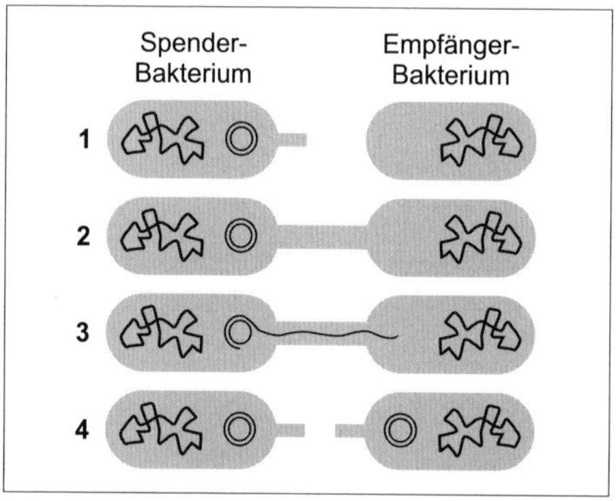

Abb. 3

Material 4: MRSA – ein multiresistenter Keim

Er ist klein, mit dem bloßen Auge unsichtbar und besiedelt bei rund 50 % der Bevölkerung eine ökologische Nische in der Nase. Die Rede ist von *Staphylococcus aureus*, einem eigentlich harmlosen Bakterium. Dieser Keim wird immer mehr zur Herausforderung für Wissenschaft und Medizin, denn in den letzten Jahren nehmen erworbene Resistenzen und Multiresistenzen gegen häufig verwendete Antibiotika wie Methicillin (ein Vertreter der Penicilline) ständig zu. So sind **M**ethicillin-**r**esistente *Staphy-*

*lococcus **aureus*** (MRSA) gefürchtete Erreger von nosokomialen Infektionen (Infektionen, die in einer Klinik erworben werden). Solange die Bakterien nur auf der Haut verweilen, sind sie ungefährlich, wenn aber in Form einer Verletzung oder Operationswunde eine Eintrittspforte in den Körper vorhanden ist, können sie Wundinfektionen, Lungenentzündungen oder Blutvergiftungen hervorrufen.

Ursachen und Folgen der Antibiotikaresistenz:

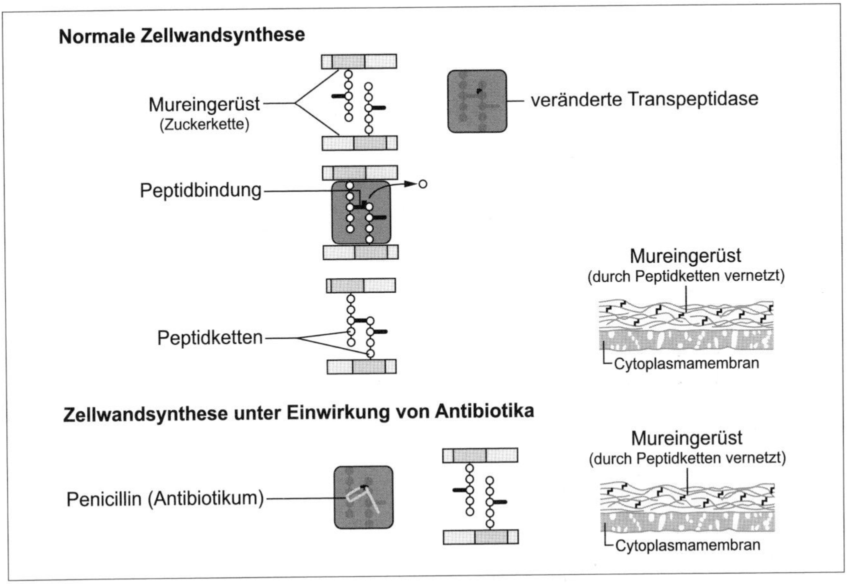

Abb. 4
verändert nach: Mcstrother/Wikipedia, CC BY 3.0

Material basiert auf:
Renneberg, R.; Süßbier, D.; Berkling, V.; Loroch, V.: Biotechnologie für Einsteiger. 5. Aufl., Berlin: Springer, 2018, S. 153
S. Suerbaum et al. (Hrsg.), Medizinische Mikrobiologie und Infektiologie, DOI 10.1007/978-3-642-24167-388, © Springer-Verlag Berlin Heidelberg 2012

Lösungsvorschläge

1. *Bei dieser Aufgabe handelt es sich um die Reproduktion von Unterrichtsinhalten (AFB I). Fertigen Sie eine übersichtliche, beschriftete Grafik an, bei der Sie auf die korrekte Achsenbeschriftung achten. Beleuchten Sie anschließend den Verlauf der einzelnen Abschnitte der Kurve ausführlich mit Ihrem Hintergrundwissen, da für diese Aufgabe relativ viele Bewertungseinheiten angesetzt sind.*

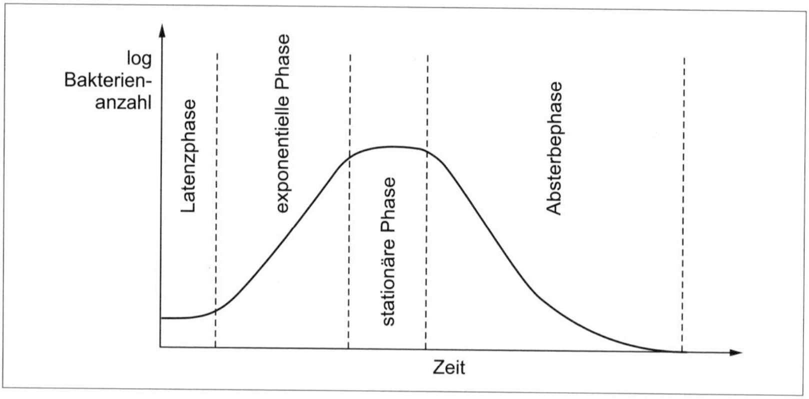

Erklärung:
Die Wachstumskurve einer Bakterienkultur lässt sich grob in vier Phasen einteilen. Die **Anlaufphase** oder **Latenzphase** beginnt direkt nach dem Beimpfen eines Nährmediums mit der jeweiligen Bakterienkultur. Da sich die Bakterien zunächst auf das Nährmedium einstellen müssen, finden wenige Teilungen statt beziehungsweise dauern die einzelnen Teilungsschritte länger.
Daran schließt sich die zweite Phase an, die sogenannte **exponentielle Phase**, die sich dadurch charakterisiert, dass die Teilungsrate einen konstanten Wert erreicht. Die Zellzahl nimmt exponentiell zu, da benötigte Nährstoffe etc. im Überfluss vorhanden sind.
Mit der Zeit nimmt durch die exponentielle Vermehrung der Bakterien die Substratkonzentration der Nährlösung stetig ab. Beim Stoffwechsel entstandene Abfallprodukte können sich anhäufen und den pH-Wert der Kultur verändern, sodass dieser in den Bereich des Pessimums rückt, was dazu führt, dass die Wachstumsrate vermindert wird und ein Gleichgewicht zwischen Teilung und Absterben von Zellen eintritt. Die Gesamtbakterienzahl bleibt also konstant. Diese Phase wird daher als **stationäre Phase** bezeichnet.
Aufgrund negativer Bedingungen wie Nährstoffmangel und das Vorhandensein angereicherter Stoffwechselendprodukte erfolgt zum Ende der Wachstumskurve das beschleunigte Absterben der Zellen in der sogenannten **Absterbephase**.

2 *Zur Lösung der Aufgabe müssen Sie die beiden in Material 1 dargestellten Grafiken betrachten, achten Sie auf Gemeinsamkeiten und Unterschiede. Analysieren Sie die dargestellten Zusammenhänge und geben Sie sie anschließend unter korrekter Verwendung von Fachsprache in eigenen Worten wieder.*
Für die Definitionen sollten Sie den Kernunterschied der beiden Wirktypen herausarbeiten und jeweils sowohl knapp als auch präzise fachsprachlich darstellen.

Beschreibung:
In den Grafiken in Material 1 ist die Entwicklung der Bakterienanzahl über einen Zeitraum dargestellt. Dabei ist die Wirkung der Bakterizide der von Bakteriostatika vergleichend gegenübergestellt.

Es ist zu erkennen, dass die exponentiell ansteigende Bakterienzahl direkt nach Zugabe der **Bakterizide** nicht weiter zunimmt, sondern nach kurzer Zeit logarithmisch fällt, bis sie schließlich den Nullpunkt erreicht. Dies ändert sich auch dann nicht, wenn das Antibiotikum wieder entfernt wird.

Anders sieht die Wachstumskurve bei der Zugabe der **Bakteriostatika** aus. Dort steigt die Bakterienanzahl ebenfalls zunächst exponentiell und wird durch Zugabe des Bakteriostatikums angehalten und konstant auf einem Niveau gehalten. Nach Entfernung des Bakteriostatikums setzt sich der Anstieg der Bakterienzahl so fort, wie es ohne Zugabe des Antibiotikums zu erwarten gewesen wäre.

Definitionen:
- Bei **Bakteriziden** handelt es sich um eine Gruppe von Antibiotika, die eine abtötende Wirkung auf Bakterien hat.
- **Bakteriostatika** sind Antibiotika, die auf Wachstum und Vermehrung von Bakterien eine hemmende Wirkung haben, die jedoch reversibel ist.

3 *Beachten Sie, dass diese Aufgabe aus drei Teilaufgaben besteht, die am besten Schritt für Schritt bearbeitet werden sollten. Nutzen Sie zur Lösung dieser Aufgabe Material 2.*

Beschreibung:
Normalerweise katalysiert die Transpeptidase die Bildung von Peptidbindungen zwischen den Peptidketten, die als Quervernetzung stabilisierend in das Mureingerüst der Bakterienzellwand eingelagert sind.

Penicillin (in diesem Fall der Inhibitor) bindet an das aktive Zentrum (kompetitive Hemmung) des Enzyms Transpeptidase. Das führt zu einer Inaktivierung des Enzyms, sodass eine Bindung der Substrate nicht mehr möglich ist und das Enzym keine Peptidbindungen mehr herstellen kann. Auf diese Weise wird in der Wachstums- und Vermehrungsphase der Bakterien die Zellwandsynthese gestört, sodass keine funktionsfähigen neuen Bakterienzellen entstehen können. Die Folge ist, dass die Zellwand instabil und undicht wird, sodass sie ihre eigentliche Funktion (u. a. Stabilität zu verleihen) verliert und die Zelle unter Umständen platzt.

Zuordnung:
Da nicht nachträglich neue Peptidbindungen geknüpft werden können beziehungsweise die Bakterienzellen unter Einwirkung des Antibiotikums nicht lebensfähig sind, wirken Penicilline bakterizid.

Begründung:
Auf menschliche Zellen hat Penicillin keine schädigende Wirkung, da diese keine Zellwände aufweisen und das Enzym Transpeptidase nicht vorhanden ist.

4 *Konjugation ist ein Thema, das Ihnen aus dem Biologieunterricht bekannt sein sollte. Nutzen Sie als Gedächtnisstütze zur Erläuterung das Material 3, welches den Vorgang noch einmal verbildlicht.*
Arbeiten Sie anschließend die Bedeutung der Konjugation für die Evolution heraus. Überlegen Sie sich für die Erklärung der Entstehung von Resistenzen unter Rückgriff auf Ihr Wissen zu Mutation und Selektion, was mit einem Bakterienstamm passiert, wenn dieser dem Selektionsfaktor Antibiotikum ausgesetzt wird. Wenden Sie das Basiskonzept von Variabilität und Angepasstheit an und bedenken Sie die enorme Geschwindigkeit der Weitergabe von erfolgreichen Variationen durch den Prozess der Konjugation.

Erläuterung:
Unter **Konjugation** wird der DNA-Austausch zwischen Bakterien verstanden. Dabei erwirbt beispielsweise ein Empfänger-Bakterium, das ursprünglich keine Antibiotikaresistenz aufweist, eine Antibiotikaresistenz von einem antibiotikaresistenten Spender-Bakterium. Dazu wird mittels einer Plasmabrücke (Sex-Pilus) ein direkter Zell-Zell-Kontakt hergestellt, anhand dessen einer der beiden DNA-Stränge des Plasmids, auf dem Resistenzgene liegen, in die nicht-resistente Empfängerzelle übertragen wird. Im Anschluss daran werden die beiden Einzelstränge sowohl im Spender- als auch im Empfänger-Bakterium zum Doppelstrang ergänzt, sodass beide Zellen je ein vollständiges Plasmid besitzen und die Antibiotikaresistenz aufweisen.

Die beschriebenen Vorgänge haben einen Einfluss auf die **Evolution**. Konjugation führt zu genetischer Vielfalt bei Bakterien, die mit der Rekombination von Merkmalen bei der sexuellen Fortpflanzung zu vergleichen ist. Auf diese Weise können Bakterien mehrere Resistenzen erwerben. Gleichzeitig besitzen Bakterien eine hohe Vermehrungsrate, sodass Selektionsvorgänge schneller wirken können und mutiertes Erbmaterial wie Resistenzgene sich im Genpool stärker anreichern und schneller verbreiten kann.

Erklärung:
Werden Antibiotika übermäßig (ohne wirklich notwendig zu sein) und unsachgemäß (z. B. zu kurz oder in zu geringer Dosierung) eingesetzt, fördert dies die positive Selektion von Resistenzen. Bakterien ohne Resistenz werden durch das Antibiotikum abgetötet, wodurch Bakterien mit Resistenz einen zusätzlichen Vorteil haben. Weil diese sich nun ungehindert und konkurrenzlos vermehren können, wird deren Anteil unter den Bakterien immer höher.

Ein resistenter Stamm entsteht, sodass bei erneutem Einsatz des Antibiotikums keine Wirkung mehr eintritt. Im schlimmsten Fall können sie ihre Resistenzen auch auf andere Bakterienarten übertragen. Findet dieser Vorgang mehrfach statt, können Erreger entstehen, die gegen viele Antibiotika resistent sind (multiresistente Erreger).

5 *Um diese Aufgabe vollständig bearbeiten zu können, sind Sie auf Material 4 angewiesen. Vergleichen Sie die Grafiken mit denen aus Material 2. Beide Aufgaben sind thematisch miteinander verbunden. Markieren Sie ruhig wichtige Aussagen im Text und Unterschiede in den beiden Grafiken, sodass Sie diese schnell finden und in Ihre Formulierung integrieren können. Gehen Sie nun bei der Formulierung so vor, dass Sie den Gegenstand kurz benennen, nachfolgend Ursachen verdeutlichen und abschließend Folgen herausarbeiten.*

Ursachen:
Im Material 4 wird ersichtlich, dass das Enzym Transpeptidase bei Methicillin-resistenten *Staphylococcus aureus*-Stämmen (MRSA-Stämmen) in veränderter Form vorliegt. Es muss eine Mutation stattgefunden haben, die jedoch keine hemmende Wirkung auf die normale Enzymfunktion aufweist.
Das aktive Zentrum ist jedoch dahingehend verändert, dass viele Antibiotika (wie Methicillin) nicht mehr so gebunden werden, dass sie als Inhibitor fungieren. Die Synthese von Peptidbindungen ist also auch unter Anwesenheit von diesen Antibiotika weiterhin möglich, sodass es zum Aufbau einer funktionstüchtigen Zellwand und damit zur weiteren Vermehrung des Bakteriums kommt.
Das Antibiotikum hat seine Wirkung auf die MRSA-Stämme verloren, eine Resistenz ist entstanden.

Folgen:
In der Folge können diese ursprünglich harmlosen Bakterien nicht mehr durch Antibiotika bekämpft werden, wenn sie durch eine Verletzung oder über eine Operationswunde in den Körper gelangt sind. Dort können sie zu Wundinfektionen, Lungenentzündungen oder gar Blutvergiftungen führen.

6 *Der Operator „diskutieren" verlangt von Ihnen, den Einsatz von Bakteriophagen zur Bekämpfung von multiresistenten Erregern wie MRSA aus verschiedenen Blickwinkeln zu betrachten und diese anhand von Argumenten und Beispielen (pro und kontra) gegeneinander abzuwägen. Beziehen Sie Ihre Argumente unbedingt auf die speziellen Eigenschaften sowie die Lebensweise von Bakteriophagen. Fertigen Sie sich zuvor eventuell Stichpunkte an, sodass Sie die Argumente sinnvoll strukturieren können. Das abschließende Fazit gibt die persönliche Meinung wieder, sodass viele individuell unterschiedliche Lösungen möglich sind. Im Folgenden ist nur ein denkbares Beispiel notiert.*

Pro-Argumente:
Der Mensch kann sich Bakteriophagen prinzipiell zur Bekämpfung resistenter Bakterien zunutze machen, da diese jeweils spezifische Bakterienzellen befallen (Schlüssel-Schloss-Prinzip), um sich selbst zu vermehren, wobei die Wirtszellen absterben (Lyse). Dadurch werden die schädlichen Bakterien gezielt bekämpft, nützliche Bakterien (z. B. Darmflora) jedoch nicht beeinträchtigt. Auch die Zellen des Menschen, der therapiert werden soll, werden nicht befallen und tragen keinen Schaden davon, da Phagen zur Vermehrung ausschließlich Bakterienzellen als Wirte nutzen. Ein weiterer Vorteil ist, dass sich die Phagen exponentiell vermehren, sodass zu Beginn der Behandlung nur wenige Exemplare benötigt werden. Wenn alle Bakterien abgetötet wurden, sind keine Wirtszellen mehr für die Phagen vorhanden, sodass deren Vermehrung gestoppt wird.

Kontra-Argumente:
Da Bakteriophagen im Hinblick auf ihre Wirtszellen sehr spezifisch sind, müssen für die zu bekämpfenden Bakterien die passenden Phagen gefunden werden, um eine Behandlung zu ermöglichen. Weiterhin könnten Bakterien in seltenen Fällen Resistenzen gegen Bakteriophagen entwickeln, sodass diese für den Menschen als Heilmittel unwirksam werden. Zudem sind noch unbekannte Wechselwirkungen zwischen Bakterien und Bakteriophagen, die sich auf den Menschen negativ auswirken könnten, nicht auszuschließen.

Fazit:
Bakteriophagen bieten eine Chance bei der MRSA-Behandlung, da sie sehr spezifisch wirken und gezielt MRSA-Bakterien angreifen. Allerdings sollte in diesem Bereich noch weitergeforscht werden, um mögliche Nebenwirkungen ausschließen und eine erfolgreiche MRSA-Behandlung mit hoher Wahrscheinlichkeit gewährleisten zu können.

Grund- und Leistungskurs Biologie (Brandenburg)
Abituraufgaben 2021

Das Corona-Virus hat auch im vergangenen Schuljahr die Prüfungsabläufe beeinflusst. Um Ihnen die Prüfung 2021 schnellstmöglich zur Verfügung stellen zu können, bringen wir sie in digitaler Form heraus.

Sobald die Original-Prüfungsaufgaben 2021 zur Veröffentlichung freigegeben sind, können sie als PDF auf der Plattform **MyStark** heruntergeladen werden (Zugangscode vgl. Farbseiten vorne im Buch).

Prüfung 2021

www.stark-verlag.de/mystark